地面无人系统原理与设计

范喜全　何明利　蒋晓红　华春蓉 ◎ 著

西南交通大学出版社
·成　都·

图书在版编目（CIP）数据

地面无人系统原理与设计 / 范喜全等著. —成都：西南交通大学出版社，2021.8（2022.8 重印）
ISBN 978-7-5643-8208-7

Ⅰ. ①地… Ⅱ. ①范… Ⅲ. ①无人值守－系统设计 Ⅳ. ①TN925

中国版本图书馆 CIP 数据核字（2021）第 171653 号

Dimian Wuren Xitong Yuanli yu Sheji

地面无人系统原理与设计

范喜全　何明利　蒋晓红　华春蓉 / 著

责任编辑 / 何明飞
封面设计 / 何东琳设计工作室

西南交通大学出版社出版发行
（四川省成都市金牛区二环路北一段 111 号西南交通大学创新大厦 21 楼　610031）
发行部电话：028-87600564　　028-87600533
网址：http://www.xnjdcbs.com
印刷：四川煤田地质制图印刷厂

成品尺寸　185 mm × 260 mm
印张　14.5　　插页　16　　字数　342 千
版次　2021 年 8 月第 1 版　　印次　2022 年 8 月第 2 次

书号　ISBN 978-7-5643-8208-7
定价　89.00 元

前言

当今时代正处在机械化、信息化和智能化融合发展的特殊历史时期，新一轮的科技革命、产业革命乃至军事革命正在加速演变，谁具有技术变革的敏感性并首先实现技术上的突破，谁就能掌握未来“战争游戏”的话语权、占领打赢未来战争的制高点。在这一变革的进程中，无人系统建设发展突飞猛进，在人工智能等新兴技术的支撑下不断实现技术突破，大量无人机、无人车等无人平台逐步走入战场，担负越来越多的行动任务，无人作战平台在多个热点地区，向世人充分展示了无人系统在现代战争以及未来战争中的巨大优势，无人系统建设发展已经成为世界各国发展建设的重中之重。

地面无人系统作为无人系统的一个分支，一直以来都是各国发展建设的重点，走在世界前列的主要有美国、俄罗斯和以色列等国家。美国从20世纪80年代初期，自DARPA（美国国防部高级研究计划局）发布的战略计算启动SCI计划开始，持续开展地面无人系统的研究，先后形成了DEMO无人车、Crusher无人车、“大狗”四足机器人以及“派克波特”系列机器人等一大批地面无人平台，部分已经投入战场使用。俄罗斯先后推出了“天王星”“平台-M”和“阿尔戈”等多种地面无人平台。其他国家也纷纷推出各自的地面无人系统，如以色列的“前卫”和“守护者”等。在这方面，我国虽然起步较晚，但发展迅速。

伴随地面无人系统的迅速发展，世界各国不断加大相关领域核心技术的研发投入，地面无人系统的平台构型、行走机构和能源供给等关键技术，特别是探测感知、信息处理和行动控制等技术不断取得突破。当前，随着地面无人系统逐步由单平台、遥控应用向自主行为、群体应用，进而向体系聚合方向发展，需要从体系设计的角度对地面无人系统进行整体设计，以实现自主机动、自主感知、自主认知和自主遂行任务的一体化建设目标。

本书是作者团队近年来从事地面无人系统原理与设计等科研学术工作经验和研究成果的总结，吸收了地面无人系统领域的新思想和新理论。本书以国内、外地面无人系统相关装备和技术的发展现状为背景，系统阐述了地面无人系统的体系框架，并介绍了地面无人系统的探测感知技术、底盘信息处理技术、任务规划技术、远程控制技术、智能通信技术和学习与训练技术，结合对未来无人化、智能化作战样式和应用需求的思考，对地面无人系统的原理和设计技术进行了系统性探索。

由于地面无人系统涉及的知识面广，相关技术仍然处在高速发展过程中，作者团队对相关领域的知识了解有限，书中所提出的观点或设计思想都是作者团队实践过程中的总结或体会，难免存在不足之处，敬请读者不吝赐教。

本书在撰写过程中得到了西南交通大学、广州海格通信集团股份有限公司等单位的支持，范喜全和何明利负责本书第 1、2、5、9 章的撰写，华春蓉、杨馥宁和吕路梅负责本书第 3、4 章的撰写，蒋晓红、葛金鹏和冷伟峰负责本书第 6、7、8 章的撰写，在本书的撰写过程中还参考了大量的电子信息文献，在此谨对这些文献作者表示衷心的感谢。

作　者

2021 年 5 月

目录

1 绪论

1.1 地面无人系统概述

广义来说，地面无人系统主要包括地面无人平台和指控、通信以及相关配套保障系统，并可搭载车载式或便携式低空无人平台。一般来讲，地面无人平台[1]是指具备地面自主行动能力，可遥控操作和部署的技术装备。低空无人平台主要指小型、微型固定翼或旋翼无人机或机群，可以携带探测、通信、干扰或攻击等有效载荷，辅助和拓展地面无人平台执行各种作战任务。由于无人机的功能特性与设计相对独立，本书从技术分析的独立性考虑，重点围绕地面无人平台进行介绍。

1.1.1 分 类

地面无人系统有多种分类方式，按照无人平台的自主性水平可以分为遥控型、半自主型、平台中心自主型和网络中心自主型[2]；按照行走机构类型可以分为轮式无人车、履带式无人车和腿型机器人；按照执行任务可以分为无人侦察、武装突击、扫雷排爆、运输保障以及伴随支援无人平台等；按照质量可以分为重型（大型）、中型、轻型和便携型（微型）等。其中，按质量划分各国虽略有不同，但仍是目前主流的分类方式。

美国和俄罗斯地面无人系统按质量划分的各平台典型型号见表 1.1 和表 1.2。

表 1.1 美国地面无人系统（按质量分类）

类别	典型无人平台
大型	DEUCE-CRS（18 t），D7 G-CRS（28 t），A-AOE（34 t），Panther-CRS（40 t）
重型	武装机器人 MULE（2 268 kg），M160 遥控式反单兵地雷清除系统（5 500 kg）
中型	扫雷机器人 Mini-Flail（1 134 kg）
轻型	机器人 PackBot（18.1 kg），TALON“鹰爪”（36.3 kg）
便携型	抛投式侦察机器人 FirstLook（2.3 kg）

表 1.2 俄罗斯地面无人系统（按质量分类）

类别	典型无人平台
重型	“乌兰”-14（14 t），“旋风”地面无人战车（14.7 t）
中型	BAS-01 G BM Soratnik 无人地面车辆（7 t），“虎”-M 无人地面车辆（8.2 t），“乌兰”-6（7 t），“乌兰”-9（10 t）
轻型	“平台”-M 履带式战斗机器人（0.8 t），“暗语”轮式战斗机器人（1 t）
轻小型	RS1A3 Min Rex 地面战术机器人（23 kg），MRK-27BT 战斗机器人（180 kg）

不同种类无人平台的适用场景和功能特点有所差异，见表 1.3。

表 1.3　不同无人平台质量等级及功能特点

类别	功能	特点
重型	攻击、远程侦察和监视、载人运输、工程、布雷、扫雷等	主要与重型地面装备共同构成体系作战能力
中型	攻击、侦察、监视、运输、补给、爆炸物处置、搜排雷/弹等	主要与中型地面装备共同构成体系作战能力
轻型	攻击、侦察引导、安置炸药、运输、班组支援、搜排雷/弹、核生化监测等	主要与轻型地面装备共同构成体系作战能力
便携型	侦察、排爆、打击、输送等	主要由士兵携行方式形成体系作战能力

1.1.2　应用特点

地面无人系统可以代替士兵执行战场侦察与监视、后勤保障、清除爆炸装置、提供火力支援、通信中继和医疗救助等任务，可降低战斗中对士兵生命的潜在威胁。由于智能化水平尚处于起步阶段，地面无人系统还无法完全代替人类作战，但是其价值已获得普遍认同。随着人工智能、大数据和云计算等技术的发展，地面无人系统在未来战场中的广泛应用将颠覆作战形态，成为新的军事制胜手段。

（1）能够执行“枯燥的、恶劣的和危险的”任务。在战争中，秉着“非接触和零伤亡”的最高目标，士兵的生命必须得到保障。将一些必须执行的“枯燥的、恶劣的和危险的”任务交由无人系统去执行，既可克服人的情感、情绪等因素忠实执行任务，也可极大地降低士兵伤亡的风险。另外，在与有人系统协同作战时，无人系统还可以在关键时刻牺牲自己以保全有人系统人员的安全，从而大幅降低作战人员的伤亡。

（2）具有全方位和全天候执行任务的能力。无人系统无须考虑人类的生理极限，可以在冲击波、辐射、生化污染以及极端自然环境等极为恶劣的条件下工作。无人系统不会受到疲倦和劳累的影响，对地形地物和任务载荷能力具有更强的适应性。

（3）具有较强的生存能力。与有人装备或作战士兵相比，轻小型无人平台体积小巧、结构紧凑、隐蔽性好；大型无人平台由于无须考虑人类生理约束，防护能力更加完备，补足有人装备的防护短板；在高密度能源技术及低功耗设计技术的支撑下，无人平台能够长时间潜伏，不易被敌方发现。

（4）具有多样化任务执行能力。通用化、模块化、系列化设计已经逐渐成为无人系统设计的主流思想，通用化设计的无人平台可以通过搭载各类模块化任务载荷，扩大应用领域，适应不同的作战需求。

（5）作战效费比高。无人平台不需要伴随人员以及与之相对应的生命保障设备，大大降低了使用成本。借助工厂化生产，其生产速度远远超过培养人类士兵的速度，只需培训相关操作人员，无人平台出厂即形成战斗力，从而缩短战斗力生成周期。

（6）更强的辅助决策能力。随着 AI 算法和 AI 芯片技术的进步，基于深度学习的人工智能技术取得了一系列成果，使得无人系统智能化水平得到不断提高。人工智能越来越多地参与作战指挥决策，充分利用其超越人类的信息处理速度和准确度，辅助指挥员准确判断情况，做出正确决策。

（7）更加丰富的战法设计。随着无人系统的不断涌现和规模应用，“平台无人，系统有人”的“无人作战”将颠覆传统的作战概念，无人系统以其独特的无畏、低成本和适应恶劣环境等特性，将不断催生新的作战样式和战术战法。

1.2 地面无人系统的发展历程

1.2.1 总体发展历程

20 世纪 80 年代以前，对于地面无人系统国内外主要以遥控应用为主开展了相应的研究工作。20 世纪 80 年代至 90 年代初，伴随着传感器技术的进步以及以“专家系统”[3]为代表的人工智能浪潮，以美国为代表的军事发达国家开始研究自主性地面无人系统。DARPA 通过“战略计算计划”开展自主陆地车辆项目研究，研制出首辆车速达到 20 km/h 的自主越野无人车。20 世纪 90 年代至 21 世纪初，这一时期的研究以美国的 DEMO Ⅱ和 DEMO Ⅲ计划为代表，研究重点是无人车半自主越野机动技术。DEMO Ⅲ计划的试验无人车在公路上的行驶速度达到 65 km/h，在野外环境下可以达到 35 km/h，正障碍和负障碍都能检测和避让。部分地面无人系统由试验进入实战，参加了 20 世纪末和 21 世纪初的几场局部战争，检验了其作战能力，极大提高了各国研发地面无人系统的热情，掀起了研究高潮。

21 世纪以来，半自主地面无人系统发展成熟并投入使用，以色列装备的“守护者”半自主无人车最高车速为 80 km/h，能够探测与规避障碍，可自主“跟随”车辆或士兵行进。这一时期美、英、以等国还开始开展有人-无人系统以及无人系统间的协同技术研究，以发展地面无人系统协同作战能力。地面无人系统进入快速发展阶段，已经被逐步纳入新一代武器装备体系。目前，世界各国发展的地面无人系统超过 300 种，列装的约 200 余种。其中，便携式系统占比达到 85%，主要应用于侦察和监视等辅助作战任务；车载式系统大约占 10%，可用于执行探测、摧毁和路线清障等作战任务。美国装备的种类和数量最多，综合研制水平最高，美国、俄罗斯和以色列的地面无人系统已经在阿富汗和叙利亚等战场实战环境中应用。随着无人作战飞机、无人地面战车和仿生机器人等差异化无人平台以及 AI 芯片和 AI 算法等新技术的飞跃式发展，以及多样化任务需求的增长，群体协同和群愚生智等理念的出现，智能无人集群作战系统的概念开始被关注。各国纷纷制定地面无人系统的长远研究规划，如美国的联合机器人计划、未来作战系统机器人项目和机器人合作项目联盟等，英国的高速行驶无人地面系统机动平台防御计划，德国的实验性机器人计划等。地面无人系统技术从单平台遥控为主，快速向自主机动、群体应用和自主协同随行多样化任务方向发展。

1.2.2 国外发展情况

1. 美军地面无人系统

美国真正意义上的地面无人系统技术的研究[4]，最早出现在 20 世纪 80 年代初期美国国防部 DARPA 发布的战略计算启动 SCI 计划，自主地面车辆 ALV 是其中三大重要组成部分之一。其目的是，一方面开发一种用于战场巡视，能够发现敌军部队的地面无人车辆或设备；另一方面通过研发 ALV，促进人工智能、控制、计算机等学科的相互交叉和协作。20 世纪 90 年代，无人车在军事与智能交通领域得到了快速发展。1995 年美国国家自动公路系统协作组（National Automated Highway System Consortium，NAHSC）启动了自动化高速公路系统计划（Automated Highway System，AHS），1997 年进行了示范性试验。1997 年后，提出了智能车辆先导（Intelligent Vehicle Initiative，IVI）计划。从 1992 年到 2002 年，DARPA 负责实施的“联合机器人计划”先后研制了 DEMO Ⅰ ~ Ⅲ共计 10 辆无人车实验样车，主要研究复杂环境下满足军事需求、具有自主导航能力的无人车，卡耐基梅隆大学也先后研制了 Navlab 等共 11 个型号的实验样车和多种视觉导航系统，如图 1.1 所示。

DEMO Ⅲ无人车

Navlab-Ⅴ无人车

图 1.1 DEMOⅢ无人车和 Navlab-V 无人车

2001 年，美军提出了“2015 年前实现 1/3 地面作战车辆为地面无人系统”的目标，有力推动了小型无人车（SUGV）、班组任务支援系统和“大狗”等地面无人系统的发展。之后，为引导社会力量投入研究，美陆军陆续发布了《机器人战略白皮书》（2009 年）、《陆军无人地面车辆战略》（2010 年）和《地面无人系统路线图》（2011 年）等文件，为发展地面无人系统提供指导。为加强统筹管理，美国 2009 年以陆军训练与条令司令部（TRADOC）下属的机动卓越中心为核心，成立了联合地面机器人集成团队，专门负责地面无人系统发展。

2006 年，美国卡耐基梅隆大学公布了其研制的 Crusher 无人车，该无人车采用 6×6 分布式轮毂电机驱动形式。2007 年，履带式无人战车 Black Knight 在美国肯塔基州正式亮相。2010 年，美国洛克希德·马丁公司所研制的 MULE 无人车问世，同样采用了 6×6 分布式驱动形式，且每个轮胎都配有摇臂式独立悬架，使车辆在机动性与越野性等方面均具有优秀的表现。2011 年，美国洛克希德·马丁公司研制的 SMSS 无人车被正式投入阿富汗战场，该无人车辆以 6×6 land tamer 轮式底盘为基础，采用速差转向方式，具备全地形越野能力，可适应山地、沙漠、绿洲等错综复杂的地形，如图 1.2 所示。

（a）Crusher

（b）Black Knight

（c）MULE

（d）SMSS

图 1.2　美军地面无人系统

2014 年，美陆军研究实验室组织开展了有人/无人编队演习，演练无人系统与步兵的编队作战，目的是研究步兵在作战环境中应如何利用自主系统。试验进一步证明了发展自主系统的重要性，之后美陆军将无人系统研究的重心逐步转向自主能力的提升。

2015 年，美陆军发布了《机器人与自主系统战略》，报告阐述了陆军机器人与自主系统（RAS）战略的近期、中期和远期目标以及实现目标的方式与所需资源。战略中提出了五大能力目标，即增强态势感知能力、减轻士兵负重与认知负荷、增强后勤配送和吞吐量及提高效率、提高行动与机动能力和保护军力。在实现方式上，将通过发展优先事项和创新来实现 RAS 战略五大能力目标，优先发展自主性、人工智能和通用控制技术，并将这些技术的发展贯穿于该战略的始终。

2016 年，美陆军经过“里程碑 C”决策，M160 遥控式反单兵地雷清除系统进入低速生产和小规模部署阶段，按照计划于 2017 年 3 月列装首支部队，2019 年完成全面列装。该系统是美国科学应用国际公司（SAIC）与克罗地亚 DOK-ING 公司合作，以 MV-4 遥控排雷车为基础，按照美国陆军需求的改进型号，如图 1.3 所示。

图 1.3　M160 遥控式反单兵地雷清除系统

由于美军以往采购的机器人大多只有一种功能且型号众多，对后勤工作产生巨大挑战，从 2016 年开始，美陆军地面无人系统的研究方向逐步向通用化方向转变。为尽快建立通用化机器人平台系列，2017—2018 年，美陆军陆续发布了“人员便携式机器人系统增量Ⅱ”（MTRS inc.Ⅱ）、“通用机器人系统—单兵”（CRS-Ⅰ）和“班组任务装备运输”（SMET）等多个项目。

2019 年 8 月开始，美国机器人研究公司在国际无人系统协会国防、防卫与安全展上展出飞马座可变形自主无人机/无人车混合系统。该系统的无人机和无人车模式均可自主操作，飞行续航能力为 20 min，地面续航能力为 4 h，有效载荷 9.5 kg，可携带情报搜索侦察载荷和化生防核爆任务载荷，有、无 GPS 均可使用。其潜在应用包括 3D 地图生成、地下作业、远程干扰、通信中继以及情报、监视与侦察等。与现有的有人平台和无人平台相比，该系统环境适应性更好，能够在陆上和空中机动，可自动起降和变形，有效躲避地面障碍物，能够在 GPS 受到干扰时正常工作，可在未来复杂城市环境甚至地下环境中使用，多个无人平台既可单独使用也可集群应用，大幅提高了无人系统的应用灵活性。

2019 年初，DARPA 联合位于加利福尼亚州二十九棕榈村的美海军陆战队空地作战中心，再次开展“班组 X”（Squad X）项目战场试验，如图 1.4 所示。此次试验的两个系统仍来自洛·马公司的 ASSAULTS 系统以及 CACI 公司 BITS 系统分部的“电子攻击模块班组系统”（BSS），前者致力于提升班组的态势感知能力，后者致力于提升班组的情报与侦察能力。此次试验验证了两个能力互为补充的人工智能和自主系统与步兵班组协同作战的能力，使作战人员可在复杂、时敏型作战环境下做出更好的决策。

（a）概念示意　　（b）试验现场

图 1.4 “班组 X”概念示意和试验现场

美国地面仿生无人系统研制的“大狗”和“猎豹”四足仿生机器人代表了美国在地面仿生无人系统研制方面的进展，如图 1.5 所示。“大狗”四足机器人重约 109 kg，最大负载 180 kg，最高行驶速度 8 km/h，可以完成急走、奔跑、跳跃、下蹲和爬行等动作，适用于山地等复杂地形环境。

图 1.5 美军“大狗”四足仿生机器人

目前，美国是地面无人系统装备型号和数量最多的国家，其中大部分为轻小型平台，包括“魔爪”系列、“派克波特”系列、M160 远程遥控扫雷系统和“侦察兵”XT

机器人等，且许多型号已在阿富汗和伊拉克战场得到了广泛应用。

同时，每隔两年美国国防部都会组织发布一版《无人系统综合路线图》，2018 年发布的《无人系统综合路线图 2017—2042》，为海、陆、空多个领域的无人系统发展提供了统一指引。

2. 俄罗斯地面无人系统

俄罗斯地面无人系统研发启动较晚，但进展迅速，自 2010 年以来，开始集中科研力量和资金进行无人系统攻关，并在 2013 年由其国防部制定了 2025 年前俄军特种机器人发展专项规划，计划到 2025 年使机器人在俄军装备中所占比重达到 30%。为实现这一目标，俄罗斯国防工业委员会组建了“机器人技术实验室”跨部门工作组，将其作为订购方、科研机构和工业企业之间的管理中心和一体化平台，借助有人地面作战车辆领域的技术积累，俄罗斯地面无人系统的研发速度很快，已实现了批量生产和装备。目前，俄罗斯现役机器人有十余种型号，在研有二十余种型号，并且还在持续不断地推出新型机器人。

2015 年，俄国防出口公司公开展示了三款分别用于扫雷、战斗和消防任务的“天王星-6”“天王星-9”和“天王星-14”地面无人车辆。同年年底，俄罗斯陆军南部军区工程兵部队接收了首批“天王星-6”量产型号（图 1.6），并将其部署到高加索地区的车臣共和国和印古什共和国执行扫雷任务，经过实战检验，该型无人车使俄罗斯工兵在该地区的扫雷效率提高了 15%。

图 1.6　俄罗斯“天王星-6”的无人扫雷战车

2015 年底，叙利亚政府军在俄罗斯无人战车的支援下打了一场强攻伊斯兰极端势力据点的战斗，这是一场典型的以无人系统为主，有无人协同的攻坚战。俄罗斯投入了 4 台履带式“平台-M”无人战车、2 台轮式“阿尔戈”无人战车和至少一架无人机。这些无人系统均由俄军遥控指挥，与叙利亚军队配合作战，围攻拉塔基亚省一处由伊斯兰极端势力据守的 754.5 高地，战斗持续了 20 min，约 70 名武装分子被击毙，而参战的叙利亚政府军只有 4 人受伤，显示出无人系统的巨大优势。

2016 年 4 月，俄罗斯将“天王星-6”派到叙利亚帕尔米拉古城展开排雷工作，共拆除了 152 枚恐怖分子埋设的各类爆炸装置，无人员伤亡。

2019 年 2 月，俄罗斯发布“标记”武装无人车，装备红外摄像机、目标探测跟踪设备等，可遥控操作或与士兵协同工作，采用开放式信息架构，便于集成未来技术[4]。2019 年 6 月，在俄罗斯库宾卡举行的军队 2019 防务展上，俄罗斯空降兵部队展示了奥罗拉设计局研制的火星 A-800 无人车。火星 A-800 是一款履带式无人车，为空降班组提供战场支持，有跟随、路径追踪、循环行驶和视频控制 4 种工作模式。

2020 年开始，俄罗斯地面部队将完成“木船”（Kungas）机器人系统的部署并开展作战试验，如图 1.7 所示。该系统包括 5 种不同型号的机器人，分别为 12 kg 的便携式机器人、200 kg 的轻型机器人、2 t 的可机动机器人、“涅列赫塔”战斗机器人和无人驾驶型 BTR-MDM 装甲人员输送车，所有机器人可由单个控制系统进行操控。其中，200 kg 的轻型机器人于 2017 年 12 月首次在俄罗斯国防部的阿拉比诺训练场亮相，该机器人采用轮式底盘以及特殊设计的行走系统，有 4 个驱动轮，越野机动能力突出，装有遥控武器站，其上配装 1 挺 7.62 毫米机枪和 4 具反坦克导弹发射器。无人驾驶型 BTR-MDM 装甲人员输送车重 17 t，可搭载乘员和机器人。

图 1.7 “木船”机器人系统

“木船”机器人系统与传统机器人系统不同，该系统涵盖 5 种不同型号、不同质量级别和不同任务类型的机器人，可协同执行侦察、火力打击和运输等多种任务，其设计理念类似美国的由多种不同类型的平台组成编队实施协同作战的概念。而且，该机器人系统可由同一个控制中心进行控制，这是首次在统一信息网络架构下、从同一个节点上对多种机器人进行控制，便于机器人系统中的各种机器人实施协同作战，与单平台独立作战相比，将大幅提升机器人的联合作战能力。

3. 其他国家无人地面系统发展

以色列、英、法、德等国是除美国之外，地面无人系统发展最快的西方国家，目前正在积极发展多款地面无人系统。

其中，以色列发展重点集中于中型自主无人车领域，其装备和研制水平均处于世界前列。现已装备了“前卫”和“守护者”无人车，其中“守护者”MK.1 是目前世界上第一种已经装备部队、具有一定自主能力的地面无人系统，代表国外现役地面无人系统的最高自主水平，最高行驶速度达 80 km/h，能自主设定行驶路线、规避障碍，具有自主“跟随”行进模式，可与其他地面无人系统协同作战。

“守护者”MK.2 无人车有效载荷为 1 200 kg，可配装障碍探测与规避模块、指挥控制系统、各种模块化武器站、通信组件和后勤保障组件等，具备全天候感知能力，能够自主决策，可自主“跟随”车辆或士兵行进。正在研发的“守护者”MK.3 型无人车，半自主模式下的最高车速可达 120 km/h，首辆样车已在 2012 年交付以色列国防军进行评估测试。

2019 年 9 月，以色列通用机器人公司展示新型杜高 MKⅡ战术机器人，用于特种作战和近战，只需点击屏幕即可操作机器人精准移动、瞄准并使用武器。

加拿大 Gahat 机器人公司在 2019 年的国际防务与军警展上，展示其新型 4×4 阿尔戈全地形无人车。该车配备了装有 7.62 毫米机枪的遥控武器站，与目前市场上其他版本相比，这款阿尔戈全地形无人车载重更大，遥控操作时可在极端天气条件下穿越困难地形。在展会上，Gahat 机器人公司还同时披露了另外两种版本的阿尔戈全地形车：8×8 两栖型和可自动运送军事装备或受伤士兵的 8×8 平台型。

英国现有“手推车”MK.8 和 CYCLOPS 小型地面无人系统，正研发 SATURN 侦察地面无人系统、MACE 大型多用途地面无人系统；法国现装备有 AMX-30 B2、“卡梅伦”和“卡博”等地面无人系统，正研发 CITV 和 CMAG-1 等地面无人系统；德国现装备有“地雷破坏者”扫雷地面无人系统、TELEMAX 排爆机器人和 TEODOR 排爆地面无人系统，正研发 FOXBOT 和 ROBOSCOUT 等地面无人系统。

2019 年 12 月，瑞士桑德 X 汽车公司与 URS 实验室推出联合研制的无人驾驶 T-ATV1200 战术全地形车。这款战术全地形车采用 URS 实验室开发的智能遥控系统，配备三轴摄像头、GPS 跟踪系统、语音与无线电双路通信和耳机，可在 10 km 视距范围内控制车辆，或在 4 km 非视距范围内控制车辆，互联车辆多达 10 辆，且能互相提供中继服务，将遥控范围扩大至 100 km 以上。无人驾驶型战术全地形车可根据预编程的任务和路点导航进行自主操作，具备自动返回和跟随功能。配备智能遥控系统的战术全地形车可用于边境和关键基础设施的安防系统。

1.2.3 国内发展情况

我国在地面无人系统方面的研究[5]开始于 20 世纪 90 年代初期，经过二十余年的发展，目前相关科研院所已研制了多款先进的地面无人平台，但具有较高自主能力的无人装备还处于探索研究阶段。为加速推进地面无人系统的发展与技术进步，我国相继开展了多项针对不同领域的地面无人系统挑战赛，以任务需求和技术突进“双驱双动”，全面带动自主行走、环境避障、探测感知、任务规划、自主决策、网络通信以及机动平台等领域的良性发展。

目前，我国科研团队在无人平台的探测、行驶和越野跨障等技术方面取得了长足的进步。从技术实现上看，一种是由国产越野车改造而成的无人车，重点聚焦环境探测和车辆控制等，能够实现多车交互协同驾驶和战时人员物资输送，具有较强的复杂环境感知、自主规划路径和无卫星导航行驶等能力，如图 1.8 所示。

图 1.8　基于国产越野车改造的输送型无人车

另一种是采用模块化设计理念，集成多种可自由选配的传感器和任务载荷，实现越野机动与感知控制并重，能够快速形成指定线路巡逻、敏感区域防控和反恐防暴等特种作战能力，具备分队伴随行进、视距遥控、潜伏侦察和火力打击等多种功能，如图 1.9 所示。

图 1.9　支援型无人车

仿生机器人方面，我国相关科研院所针对山地和城市特殊环境下协同作战需求，研制了山地四足仿生平台，如图 1.10 所示[6]，与美国研制的军用机械狗十分相似，采用了相同的四足设计，由四条修长的腿和一个机身组成，平台一体化程度高、稳定性好，具备一定的物资输送能力。

图 1.10 国内典型四足仿生平台

1.3 本章小结

本章从地面无人系统的内涵出发，首先对地面无人系统的分类方式进行了说明，重点介绍了基于质量的装备分类和功能特点，分析了地面无人系统应用特点：能够执行“枯燥的、恶劣的和危险的”任务，具有全方位、全天候执行任务的能力，具有较强的生存能力，具有多样化任务执行能力，作战效费比高，更强的辅助决策能力等，能够极大地降低战斗中对士兵生命的潜在威胁，正在成为新的军事制胜手段。

其次，介绍了地面无人系统的发展历程。总体来看，世界各军事强国都在加快无人装备和技术的研究，纷纷制定了地面无人系统的长远研究规划；美、俄等国家都已经有型号产品装备部队，在局部作战中进行了实战检验。发展趋势方面，地面无人系统技术正在从单平台遥控为主，快速向自主机动、群体应用和自主协同随行多样化方向发展。近年来，国内在无人平台及其关键技术领域发展较快，但具有较高自主能力的无人平台还处于探索研究阶段。

2 体系设计

地面无人系统通常包括重型、中型、轻型和便携型等无人平台，高度融合机械化、信息化和智能化技术，能自主或在遥控辅助下完成指定任务。系统以可靠低延时通信网络为依托，在时间、空间、模式和任务等多维度进行有效协同，形成任务准备、任务规划、行动规划、行动控制、结果报告、任务评估等完整链条，从而在未来一段时间内形成以有人/无人协同为主的应用模式。

2.1　体系框架概述

2.1.1　应用视图

1. 总体架构

地面无人系统是以先进的无人平台、软件和算法为抓手，以人工智能、认知无线电、虚拟现实和大数据等核心技术为支撑，结合有人与无人、受控与自主、实际应用与持续学习的有机整体，能够有效融入联合作战体系，具备遥控、自主以及单体、群体等多种应用能力。地面无人系统体系架构如图 2.1 所示。

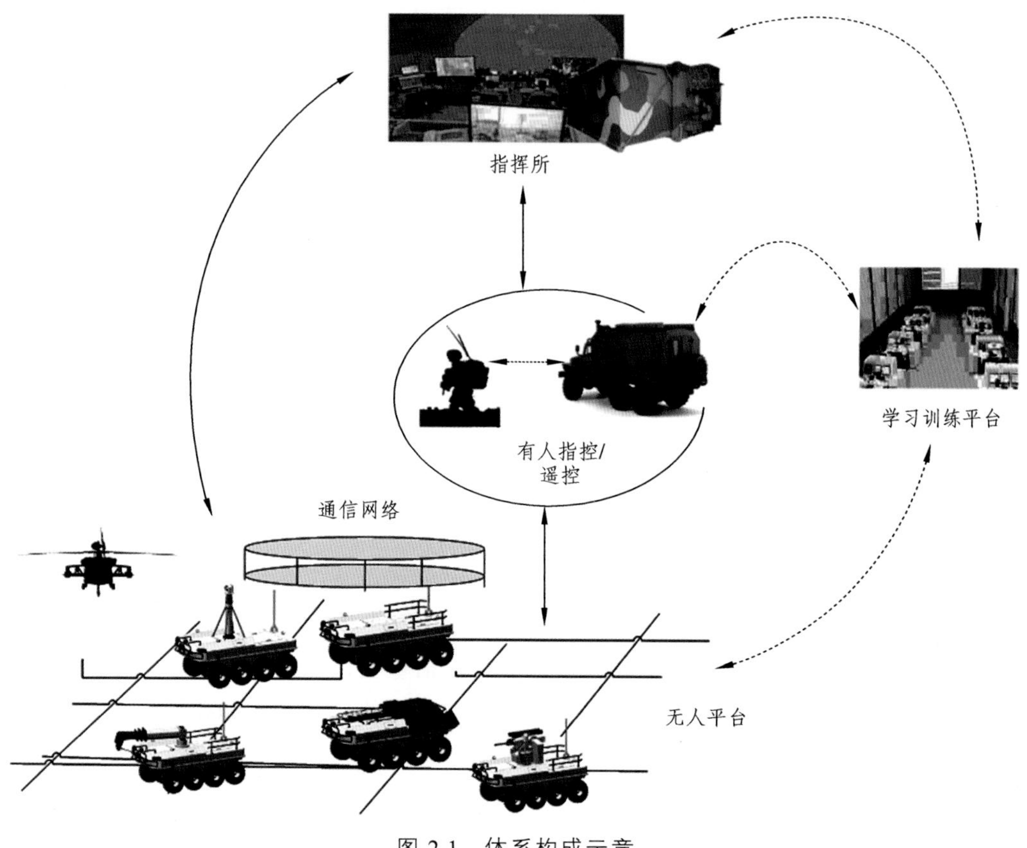

图 2.1　体系构成示意

2. 节点连接关系

节点连接关系主要描述组成系统的各个部分之间的关联关系。地面无人系统按其应用特点主要分为指挥节点、情报节点、保障节点、遥控节点以及无人节点等，其中无人节点一般也可细分为重型、中型、轻型和便携式。在系统应用中，一般情况下指挥所的指挥节点、情报节点、保障节点和遥控节点为有人系统。无人节点在遥控节点远程控制下完成任务，随着无人平台自主性能提升，也可直接接受指挥节点指挥，自主完成任务。节点连接关系如图 2.2 所示。

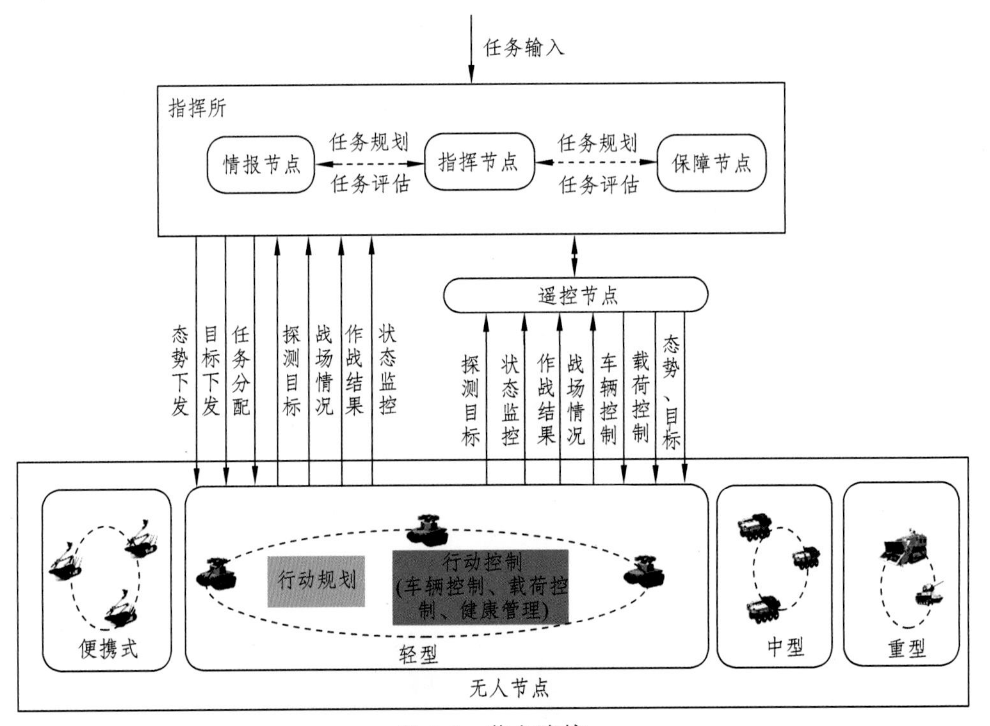

图 2.2　节点连接

指挥所指挥节点受领上级指挥机构下达的作战任务，在情报节点、保障节点等其他指挥要素支撑下，完成各类信息的采集处理与任务规划，将形成的场景约束、配置参数和预案等直接或通过遥控节点发送至无人节点。

遥控节点或无人节点接收任务指令并完成行动规划，无人节点在遥控节点远程控制下或以全自主的方式进行环境探测感知、平台及载荷控制等，任务完成后通过遥控节点或直接报送战损战果等报告，由指挥节点完成任务评估。

任务执行中，无人节点也可将自身位置信息、状态信息以及所发现的目标、战场情况等报送至指挥所情报节点，支撑战场情报综合处理。当出现任务调整时，指挥节点或遥控节点也可根据情况开展动态规划，并实时更新到无人平台。

在应用过程中对各节点所形成的数据进行格式化记录，任务结束后可向训练学习平台提供数据，进行训练和测试，利用智能算法优化调整模型参数并加载于相应的系统中。

3. 应用活动

地面无人系统在完成赋予的机动、侦察、打击或保障任务中，一般需要经过任务准备、任务规划、行动规划、行动控制、结果报告和任务评估 6 个应用活动过程。其中，任务准备、任务规划和任务评估主要由作战指挥人员完成，行动规划、行动控制和结果报告由无人平台自主/半自主完成，各活动过程如图 2.3 所示。

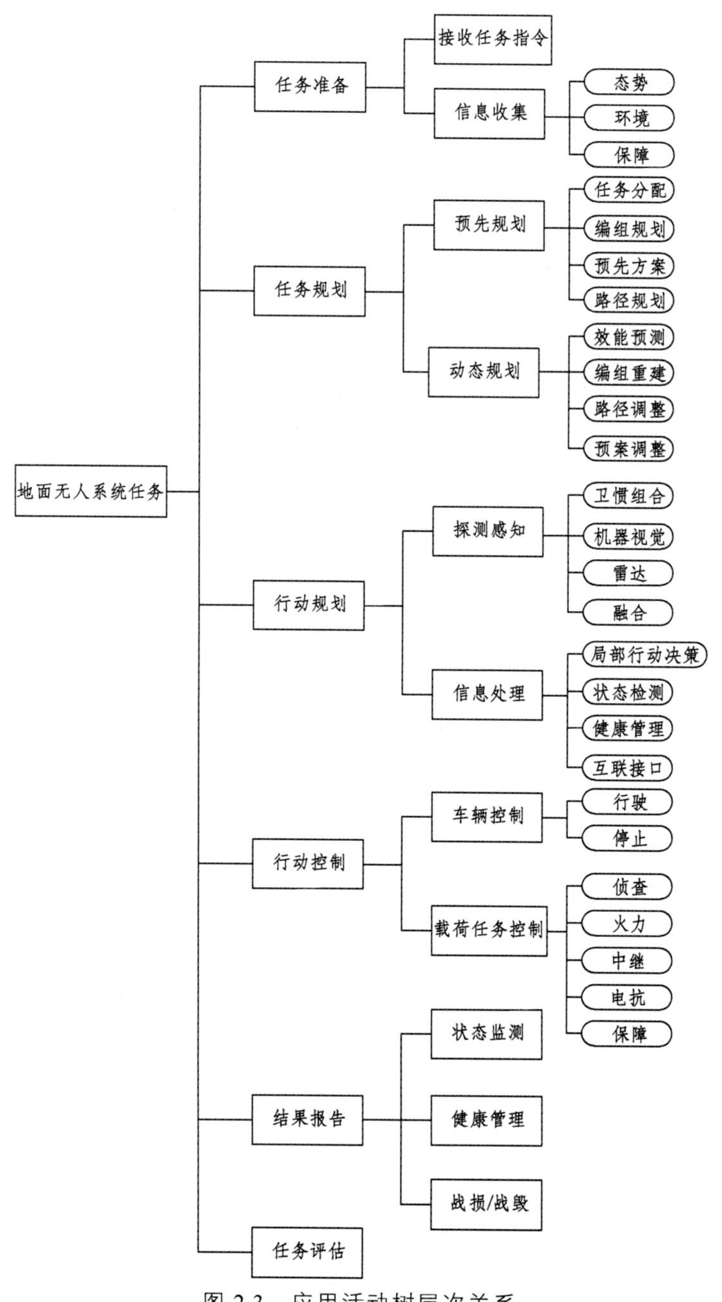

图 2.3　应用活动树层次关系

（1）任务准备主要包括接收任务指令，收集环境、态势和保障信息等。

（2）任务规划包括预先规划和动态规划。预先规划实现任务分配、编组规划、路径规划和形成预先方案等；动态规划在环境变化后对规划进行效能预测、编组重建、路径调整和预案调整等。

（3）行动规划包括探测感知和信息处理。探测感知主要利用卫星惯导组合、机器视觉和雷达完成定位和多源融合环境感知；信息处理包括局部规划、状态监测、健康管理和无人平台安全互联。

（4）行动控制包括平台控制和载荷任务控制。平台控制包含行驶和停止等活动；载荷任务是地面无人平台执行任务的根本目的，包含侦察、火力、中继、电抗和保障等任务。

（5）结果报告包含状态监测、健康管理和战损/战毁等内容。

（6）任务评估对任务执行过程中或执行完成后的效果进行评估。

各应用活动通过信息交互实现连贯运行，如图 2.4 所示。任务准备阶段输入任务信息、保障信息、态势信息和地理信息等；任务规划阶段结合任务、目标信息和平台能力等形成任务场景配置参数、规划预案及动态规划，并作为行动规划的主要输入；行动规划按照任务要求，形成探测感知和行动方案，依托指挥网络或遥控网络，对地面无人平台进行行动控制，包括平台控制和载荷任务控制；结果报告生成的实时监视信息、位置信息和状态信息等输入任务评估，任务评估对相关结果进行处理后持续给任务规划反馈，为实时优化行动规划和行动控制提供输入。在集群应用时，多个无人平台之间依托协同通信网络进行协同行动规划和行动控制。

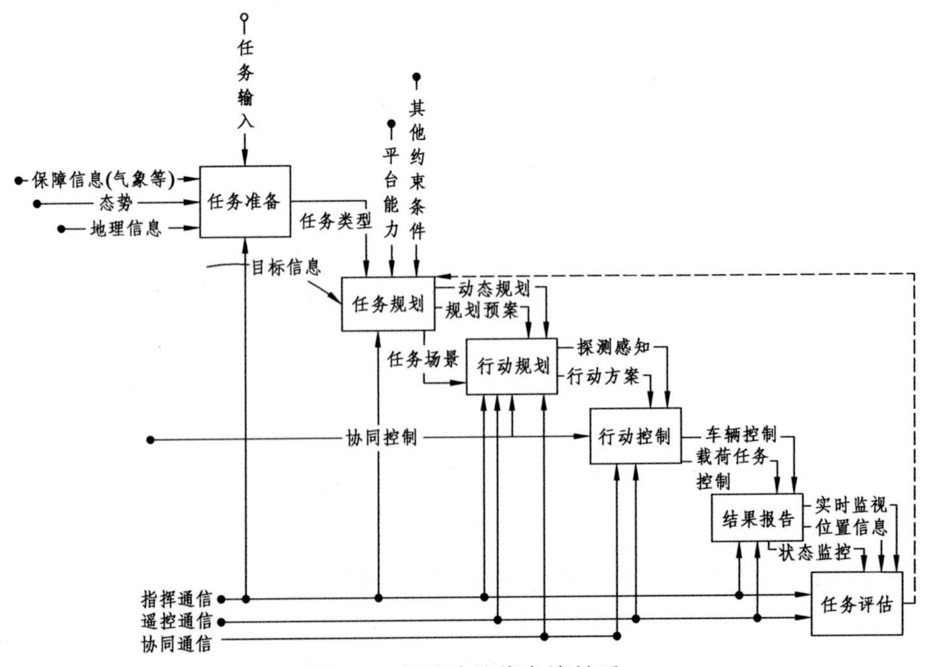

图 2.4　各活动的信息流关系

4. 信息交换矩阵

地面无人系统执行各种任务时需要多种信息的交换，表 2.1 列出了构成地面无人系统的各个节点之间的信息交换关系。其中，强关联关系是指节点间关联紧密、不可或缺，节点信息交互频繁、种类多样、交互时效性高等，往往以实时或准实时方式进行交互；而关联关系是指节点间具有一定的交互关系，可根据执行任务按需进行相关信息的交互。

表 2.1 信息交换矩阵

	指挥节点	情报节点	保障节点	遥控节点	无人节点
指挥节点	—	●	●	●	○
情报节点	●	—	●	●	○
保障节点	●	●	—	●	○
遥控节点	●	●	●	—	●
无人节点	○	○	○	●	—

注：●表示强关联，○表示关联。

指挥节点与情报节点、保障节点之间主要以准实时方式交互命令、请示、态势和保障等信息；指挥节点与遥控节点之间主要以准实时方式交互命令、态势、无人系统状态和战果战损等信息；指挥节点与无人节点之间按需交互紧急命令等信息。

情报节点与遥控节点之间主要以准实时方式交互战场环境和目标等信息；情报节点与无人节点之间主要按需交互态势信息。

保障节点与遥控节点之间主要以准实时方式交互支援保障、装备保障和后勤保障等信息，在必要时也可直接与无人节点交互上述信息。

遥控节点与无人节点之间主要以实时方式交互载荷控制信息、平台控制信息和健康管理信息等。

2.1.2 系统视图

1. 系统组成

地面无人系统在未来战场执行任务时并不是孤立的，而是与其他系统相互衔接、相互支撑，是联合作战体系的重要组成部分，受联合指挥控制系统的统一指挥，依赖通信、导航和安全保密等公共信息基础设施，接入联合共享信息环境，结合联合情报侦察系统形成对战场态势的认知，在联合指挥控制系统的统一指挥下完成作战任务。

地面无人系统作为联合作战体系的前端和触角，既是战场感知力量和支援保障力量，更是一种重要的打击力量，在未来战场可充分发挥其灵活多变、临机集成和广泛适应等特性，为联合作战体系提供末端、近程、前出、无畏的侦察、保障、打击能力。在作战运用中，联合作战体系接收、处理和分发来自天基、空基、地基和海基等的信息，实现图像、信号、测量、特征和人工等多种情报的横向融合，并为地面无人系统提供分层、分类和分布式的实时情报信息，为无人平台规划和执行等提供了良好的情报基础。联合作战指挥系统在作战任务规划和编成力量应用中，结合地面无人系统的平台特性进行任务分配，并依托指挥网络对地面无人系统进行指挥控制，达到作战力量联合运用、一体化调度和高效协同的目的。

地面无人系统与其他系统的关系如图 2.5 所示。

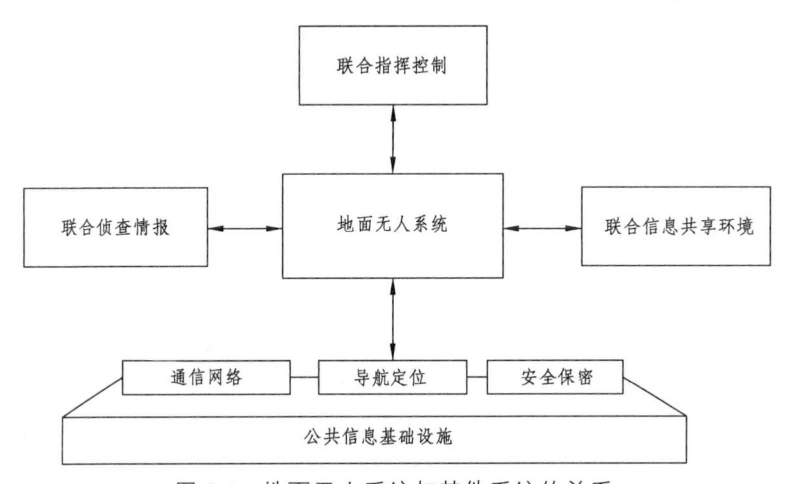

图 2.5　地面无人系统与其他系统的关系

从系统构成来看，地面无人系统主要由无人指挥节点、情报节点、保障节点、通信系统、无人平台和学习训练平台等构成。其中，无人平台由综合信息处理单元、行驶控制单元、感知单元、通信单元与平台系统（机械底盘和任务载荷）组成，如图 2.6 所示。

多个无人平台可通过协同网络形成多平台协同系统或集群，由遥控节点通过遥控网络远程控制执行各种任务，也可自主完成行动任务，并通过指挥网络接受指挥节点的指挥。通过学习训练平台，采集执行任务中的各种数据并持续学习训练，不断提升地面无人平台的自主化和无人编组智能协同等能力。

2. 系统功能

地面无人系统应具有自主机动功能、态势感知功能、察打一体功能、自主协同功能、指挥控制功能和人机交互功能[7]，其功能描述如图 2.7 所示。

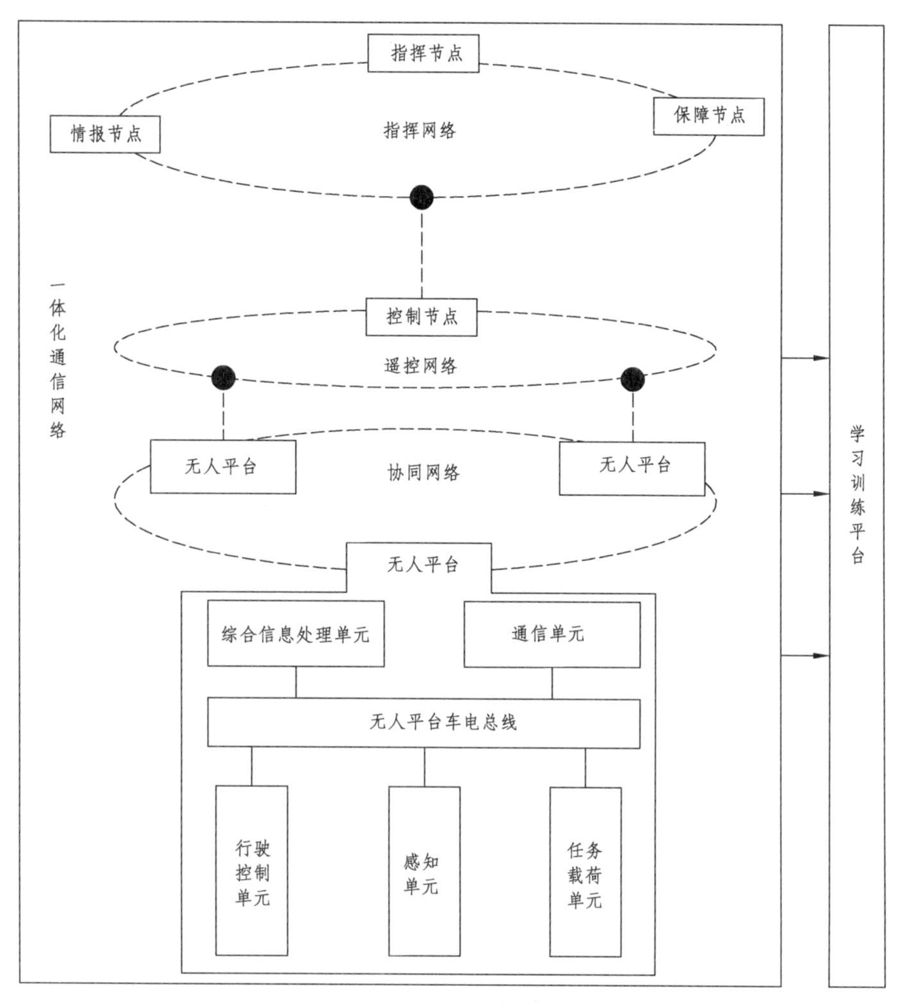

图 2.6　系统构成

地面无人系统强调“车、人、环境”的三维感知与交互，当地面无人系统脱离人的操作时，要求其具有自主机动功能，并且能适应复杂的环境。为了有效地完成任务，且确保自身的生存能力，地面无人系统必须具备全方位的感知能力，构建机动地图，方能正确地进行行动决策和机动控制。

态势感知能力是地面无人系统执行侦察、火力控制和打击等任务的前提。在具有卫星导航条件下，能正确感知自身位置；在卫星拒止条件下，也可利用自身的传感器来确定自身位置；指挥所能够综合各类情报、战场情况信息等融合形成战场态势图，能够实时或近实时向所属有人/无人系统进行态势分发，支撑各种作战行动。

察打一体是指兼具侦察和打击功能，既可搭载侦察载荷，也可搭载破甲、攻坚等多用途攻击载荷，并可拓展电子对抗等任务载荷，实现目标定位与定向、火力控制等，多个无人平台可围绕共同任务目标实施协同侦察和协同打击。

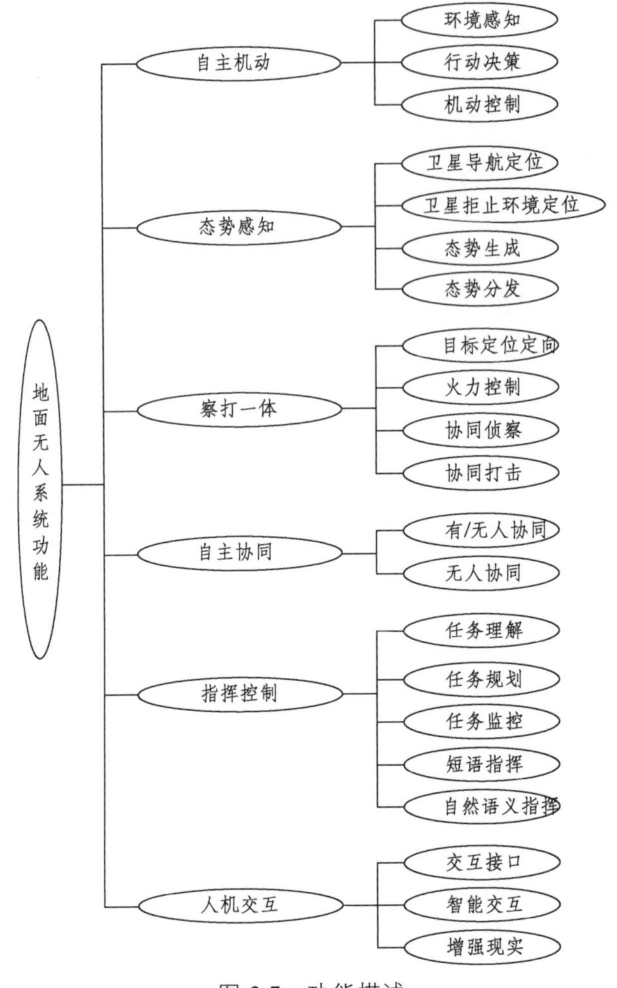

图 2.7 功能描述

自主协同包含有/无人协同和无人协同。其中，有/无人协同具有根据任务需求，进行任务规划和任务控制的能力，能够通过有人系统对无人平台进行远程、实时和安全控制，操控地面无人平台执行各种任务；无人协同则可依托无人平台间的协同网络，自主完成行动规划、行为决策与行动控制。

指挥控制是地面无人系统执行各种任务的保证，能够对任务进行分析理解并形成相应任务，根据各类无人平台的特性进行任务规划。在执行任务中，可通过格式命令、短语或自然语义等方式对无人平台进行有效控制。

人机交互是指人与无人平台之间的交互与控制，主要通过人机交互接口将人的行为意图以机器能够识别的方式，如数据、语音和手势等，直接或间接通过遥控终端实时传递给无人平台，从而实现对无人平台的行动控制。

2.1.3 技术体系

地面无人系统的技术架构包括探测感知技术、底盘信息处理技术、任务规划技术、远程控制技术、智能通信技术和学习与训练技术，如图 2.8 所示。本书将在后续各章节详细介绍相关技术。

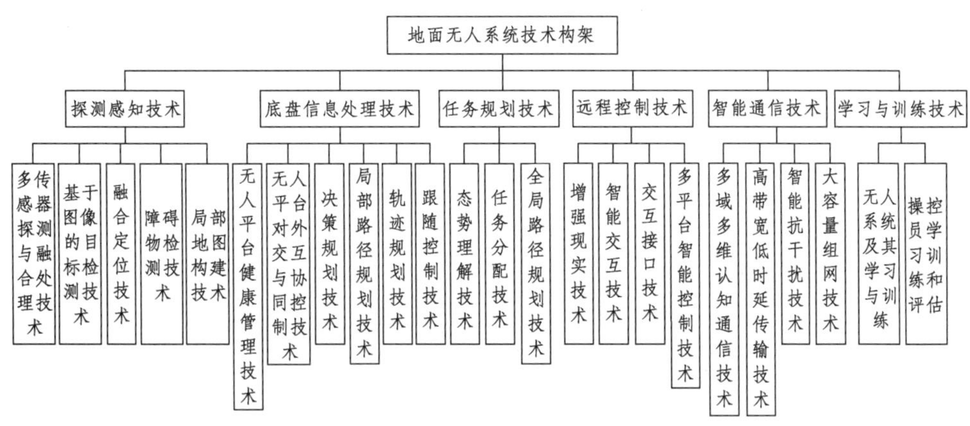

图 2.8 技术架构

1. 探测感知技术

无人平台的智能应用需要环境探测和认知的能力，环境信息获取的及时性、准确性和可靠性依赖于平台环境感知技术。探测感知技术着重研究复杂、动态和多样化环境下的多传感器探测与融合处理技术、基于图像的目标检测识别技术、障碍物检测技术、局部地图构建技术和融合定位技术。将环境粗感知应用于传感器的自适应组合化应用以提高环境适应性，合理组合配置设计以降低成本。

2. 底盘信息处理技术

底盘信息处理技术主要解决无人平台自身状态管理和行动规划决策，以及无人平台对外交互控制两方面的问题，涉及的主要技术包括无人平台健康管理技术、无人平台对外交互与协同控制技术、决策规划技术、局部路径规划技术、轨迹规划技术和跟随控制技术等。

3. 任务规划技术

任务规划技术主要用于实现无人平台对行动任务的理解和执行，包括态势理解技术、任务分配技术和全局路径规划技术等。态势理解技术是指在任务范围区域中的时间和空间内对各元素的感知、环境的理解、目标的状态和企图的解读以及对未来状况的预判[8]。任务分配技术和全局路径规划技术，是指围绕任务目标，综合利用无人平台资源、能力和通信环境，结合全局地图和态势信息，实现任务的最优分配和动态调整。

4. 远程控制技术

远程控制技术主要用于实现人与无人平台之间的交互与控制，包括交互接口、交互协议、交互界面、交互方式和交互流程等。针对野外复杂任务环境和不确定的通信环境，应重点关注增强显示技术、智能交互技术和交互接口技术，这些是可靠、便捷地实现远程控制的基础。考虑多平台协同应用是未来无人系统应用的重要趋势，本书将对多平台智能控制技术情况进行介绍。

5. 智能通信技术

通信网络系统是地面无人系统在复杂野外环境下安全和可控地执行行动任务的基础，典型的地面无人系统通信网络架构包括指挥网络、遥控网络和协同网络三层网络。无人平台相对有人平台，缺少人的控制因素，要求通信网络具备更高的智能化水平。在本书中，无人系统智能通信技术主要包括多维多域认知的自适应通信技术、高带宽低时延传输技术、智能抗干扰技术和大容量组网技术等。

6. 学习与训练技术

学习与训练技术主要面向无人平台以及操控员两个方面。在无人平台自主性能提升方面，通过对大数据的采集、标注，基于深度学习、强化学习和人机对抗学习，对复杂多变的不确定道路行驶环境进行感知，对目标识别、行为决策控制模型等进行训练，提升模型泛化能力、准确性和实时性，使无人平台更具有环境适应能力、多样化无人平台的迁移性、准确的决策能力和轻量化运行能力。在操控员学习训练方面，通过模拟训练和实装训练相结合的方式，在操控能力、协同能力以及对抗能力上进行分阶段训练和评估，并以结果导向、行为导向和特质评估方式进行综合评价。

2.2 无人平台

2.2.1 组成结构

无人平台是构成地面无人系统的基础。无人平台通常采用分层架构，典型的组成结构包括行驶平台、硬件平台和软件平台等，如图 2.9 所示。

软件平台主要由操作系统和数据库等基础运行环境，地图引擎、定位服务、预测服务、规划服务、控制服务、操控服务、安全服务以及任务互联服务等共性支撑服务，以及态势感知、任务规划、行动决策、指挥控制和任务载荷控制等应用软件共同构成，在硬件平台的支撑下为无人平台提供各种软件功能支撑。

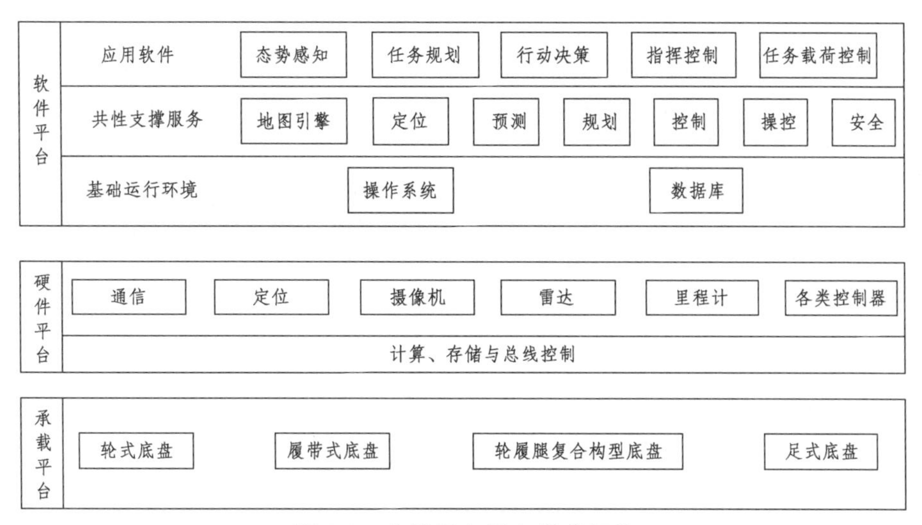

图 2.9 典型无人平台组成架构

硬件平台主要由通信设备、定位设备、各类感知传感器（摄像机、激光雷达、毫米波雷达、超声波雷达、里程计）、各类控制器（火力控制、侦察载荷控制、防护控制、动力控制、传动控制等）、计算存储和总线控制等组成，为无人平台控制设备和处理信息等提供硬件环境支撑。

承载平台是地面无人平台的基础，主要包括轮式车辆底盘、履带式车辆底盘、复合式车辆底盘和足式车辆底盘等受控行驶平台，如图 2.10 所示。针对不同任务环境，需要采用不同结构和驱动方式以满足针对无人平台的多样化任务需求。

（a）轮式车辆底盘

（b）履带式车辆底盘

（c）轮履复合构型底盘

（d）“足”式机器人

（e）六轮摇臂式车辆底盘

（f）桥臂式轮履复合车辆底盘

（g）铰链式车辆底盘

图 2.10　多种行走机构

2.2.2　硬件架构

地面无人平台硬件环境如上节所述主要包括各类硬件处理设备，按照各类硬件设备用途、结构和功能等，一般可以分为感知单元、信息单元和行驶单元[9]三大类，如图 2.11 所示。

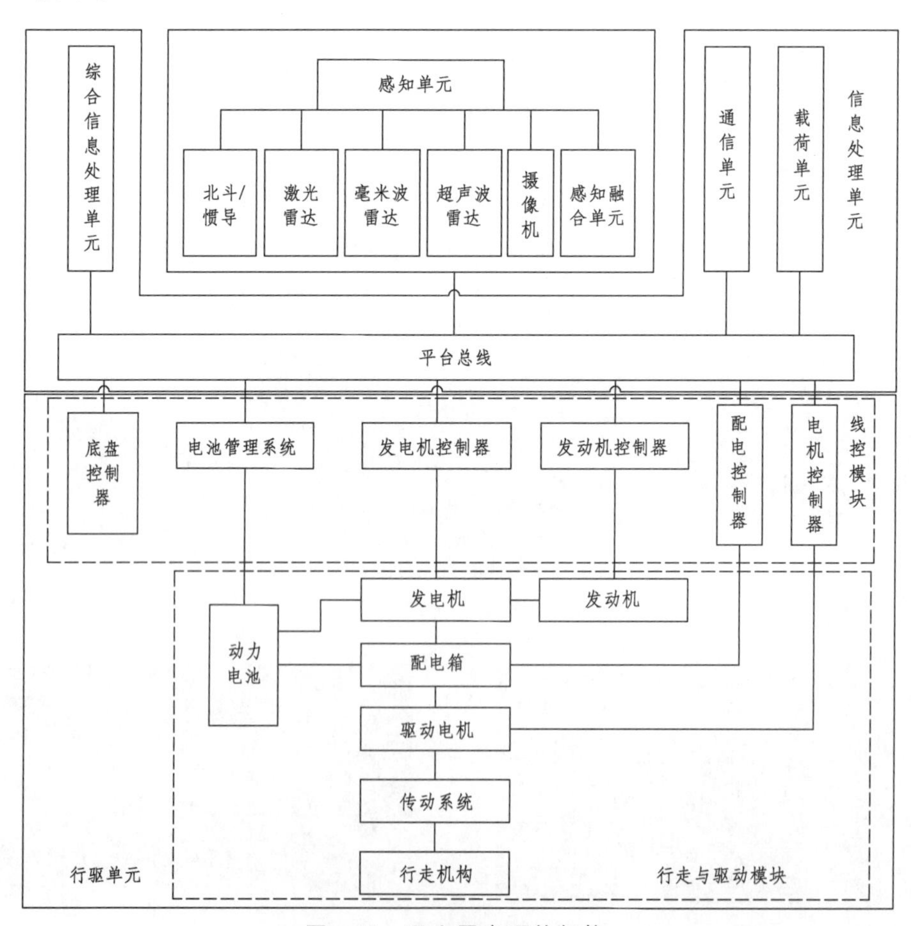

图 2.11　无人平台硬件架构

1. 感知单元

感知单元硬件包括两部分，一部分可通过北斗/惯导、激光雷达、毫米波雷达、超声波雷达或摄像机等设备提供自身定位信息，另一部分可由感知融合单元进行信息的基础标定、融合处理，形成能够反映实际环境表征的信息，为行动规划提供基础[10]。

（1）定位。

定位主要用于确定自身所在位置，为到达目的地进行路径规划提供基础。

定位的主要手段包括以北斗导航系统为主的卫星定位系统、基于地基增强的高精度系统、IMU（惯性测量单元）和里程计（轮速计）等。另外，在卫星拒止条件下，也可结合高精度地图、视觉标识等进行局部定位。为了提高定位精度，可通过对多种不同类型传感器数据的融合处理，得到更加精确的位置信息。

① 卫星定位系统：是无人平台定位应用最广泛的手段，也是实现无人化应用的基础支撑环境，一般精度误差在几米到十几米，当使用地基增强系统或其他一些特殊增强手段时，其定位精度可达到厘米级。

② 惯性测量单元：通过轴加速度计和陀螺仪，测量物体的线速度和角速度。惯性测量单元存在持续累计误差，与卫星导航相结合互相修正，可以在一定时间内获得稳定精准的实时位置信息。

③ 里程计：是以车轮周长计算位移距离的方法。其基本原理是将轮子周长固定为基础，通过计算圈数来进行距离的测算。里程计计算方法简单，但是车行进的转向等动作，会带来误差，并且存在累计误差较大的问题。

④ 其他辅助定位：基于无线、网络等技术获取辅助定位信息。通过无线网络获取的定位信息，可以通过信息传播的方式获取，因此可以实现多车共享。

（2）感知传感器。

感知主要包括基于摄像机的视觉感知和基于雷达的感知，其应用的传感器有摄像机、激光雷达、毫米波雷达和超声波雷达等，将在第 3 章详细介绍。

（3）感知融合硬件单元。

感知融合硬件单元主要是对无人平台多种不同传感手段获取的周边环境信息进行信息融合处理，实现对无人平台周边环境的感知，获取准确、丰富的环境信息，为态势增强、安全快速行驶等提供可靠保障。

感知融合硬件单元的一般以 GPU、NPU 为平台，具有强大的图形计算、并行计算能力，以满足计算量大、实时性高、需要适应恶劣的车载环境等要求。

2. 信息处理单元

信息处理单元主要为无人平台规划决策、接收有人控制、上级共享信息、无人互协同控制信息以及处理和上传整车状态监控信息提供硬件资源。其主要包括综合信息处理单元、通信单元、载荷单元和无人平台车电总线[11]。

通信单元一般包括地面无人平台与有人之间的遥控通信，当开展编组应用时，还包括与其他地面无人平台之间的协同数据链路，“2.4 通信”章节将对其进行详细介绍。

载荷单元是地面无人平台执行特定任务的核心，按照无人平台承载能力及执行任务不同，一般可搭载侦察、通信、火力、攻击等独立载荷或多功能一体的集成化载荷，如察打一体载荷、通抗一体载荷等。

综合信息处理单元运行感知算法、决策算法和控制算法等，要求计算能力强、实时性好、功耗低和可靠性高，通常采用实时操作系统与 ROS 操作系统结合的方式。综合信息处理单元通过平台总线与底盘，以及感知设备、通信设备等互联。

平台总线是实现无人平台各个单元之间以及单元内部模块之间互联与控制的核心设备，通常情况下平台总线采用 CAN 与 LAN 相结合的方式，既满足底盘控制的实时性要求，也能保证雷达、图像、通信等大数量数据的交换要求。

3. 行驶单元

行驶单元是地面无人平台行走机动的基础，主要由线控模块、行走与驱动模块等组成，通过平台总线获取控制指令、行动指令等并实时控制无人平台做出正确的行为动作。

（1）线控模块。

线控模块主要包括底盘控制器、发动（电）机控制器、配电控制器、电机控制器等各类控制器，由平台总线接收各种控制指令，并通过各类控制器实现对底盘的动力、传动、行动、供配电等部件的控制和状态信息采集与监控。

（2）行走与驱动。

地面无人系统的行走装置可分为轮式、履带式、复合式和“足”式等多种结构，如图 2.12 所示。

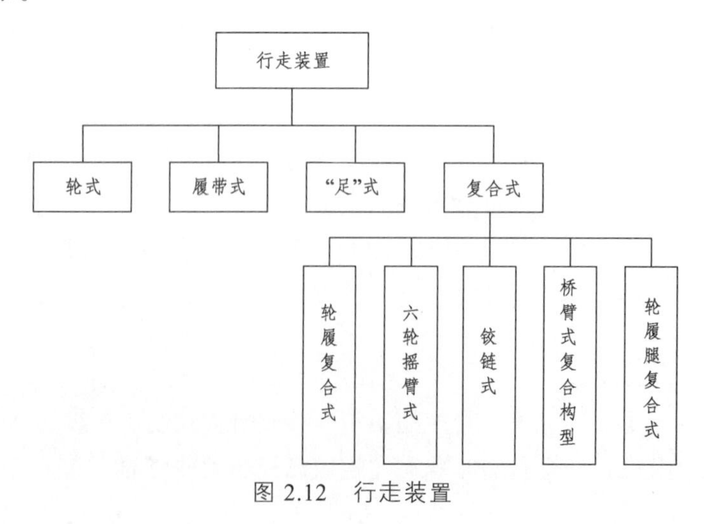

图 2.12　行走装置

轮式结构简单、行驶噪音低、可靠性高，相对履带式机动速度快，也有利于降低成本和车重。

履带式在洼地、山地以及雪地等恶劣地形条件下有更好的机动性，噪声较大。

“足”式无人平台与轮式、履带式相比可以任意选择着地点进行移动，对非结构化环境具有良好的适应能力，一般可分为串联足、并联足和混联足。串联足结构简单，易于加工制造。并联结构足结构复杂，设计制造难道大，但其具有更大的承载能力，通过合理的布置可以让驱动系统全部集中在身体内，足部只有机械结构，这样的巧妙设置，使得其易于在复杂环境下进行防护。

复合式结构综合了两种或三种驱动方式的优点，包括轮履复合式、六轮摇臂式、铰链式、桥臂式轮履复合构型和轮履腿复合式等。轮履复合式综合了轮式和履带式的特点，可在不同路面采用不同的行动装置，以获得满意的机动性能。六轮摇臂式采用6 个独立可控摇臂悬挂，结合电动轮的高适应行走系统，通过主动控制悬挂角度以及协调控制电动轮驱动，具备良好的越野性能和对障碍物的高通过能力，当独立驱动轮遭到破坏后，也不影响整体的行驶。铰链式采用双体车体，通过中间连接相互铰接构型，由于其分体的结构特性，在越障速度和高度上具有很大优势，但在任务载荷的搭载上减少了空间。桥臂式轮履复合结构采用具备高通过性的橡胶等三角履带轮与普通圆轮混合的结构形式，整车体结构配合桥臂，在垂直障碍、壕沟、泥泞路面和深水路面条件下具备良好的通过性，该构型具备中心转向、底盘连续可调、铺装路面快速机动、翻越垂直障碍和便于武器装备搭载功能。轮履腿复合式是由轮式升降机构、履带臂、支撑腿、驱动装置和车体构成，可根据不同的地形条件变换运动模式，利用轮子实现高速远距离运动，利用四条单独摆动的履带腿提高越障能力和环境适应性。

2.2.3 软件架构

地面无人平台的软件系统一般可分为基础运行环境、共性支撑服务和应用软件三个部分。

1. 基础运行环境

地面无人平台的实时操作系统一般为 ROS（Robot Operation System）操作系统。ROS 提供了硬件抽象描述、底层驱动程序管理、公共功能的执行、程序间的消息传递、程序发包管理。其运行架构是一种使用 ROS 通信模块实现模块间松耦合的、网络连接的处理架构，可执行若干种通信，包括基于服务的同步远程过程调用（RPC）、基于主题异步数据流通信以及参数服务器上的数据存储等。

地面无人平台通常采用嵌入式实时数据库系统，用来处理大量时效性强且有严格时序的数据，它以高可靠性、高实时性和高信息吞吐量为目标，其数据的正确性不仅依赖逻辑结果，而且依赖逻辑结果产生的时间[12]。

2. 共性支撑服务

共性支撑服务主要是在基础运行环境的基础上，基于硬件资源提供的服务以及对硬件的控制，包括无人平台各种传感器的数据服务、无人平台的行动控制及状态上报等。

（1）行动控制及状态采集：接收规划决策层输出的速度等信息控制无人平台前进、后退或转向，同时采集无人平台的状态信息供上层应用软件使用。

（2）传感器采集：采集无人平台所有的传感器数据。

（3）通信服务：提供无人平台和遥控端进行信息交互的数据通道。

3. 应用软件

应用软件主要是在共性支撑服务的基础上，为地面无人平台各种功能实现提供软件支持。典型的软件架构分为 4 层，分别为交互协同接口模块、感知模块、规划决策模块和控制及反馈模块，如图 2.13 所示。

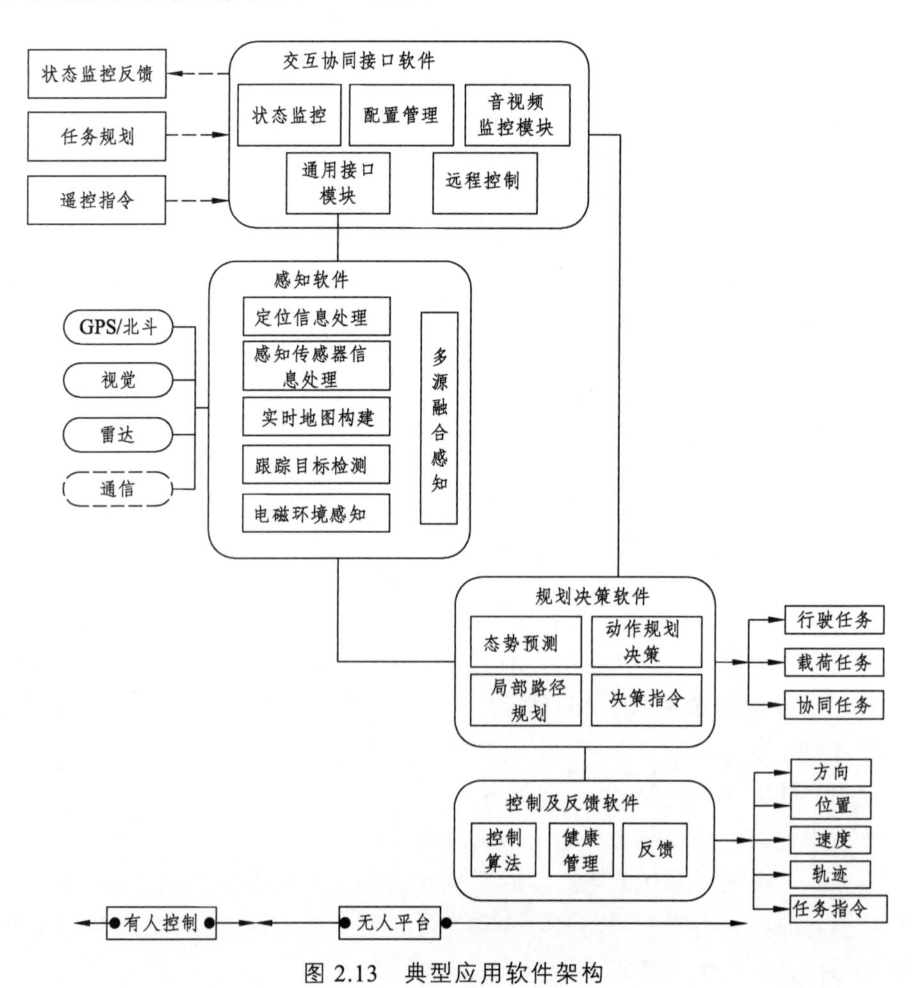

图 2.13 典型应用软件架构

应用软件可以分布式部署在多个计算或者控制板卡上，相互之间通过以太网总线进行标准消息的交互。交互协同接口、感知与规划决策等各模块之间采用基于消息传递通信的分布式多进程框架，每个软件都是一个独立的节点，只需要发布或订阅消息，软件间就可通过消息服务关联，各软件的开发语言、运行环境等都具有良好的独立性。

（1）交互协同控制软件。

交互协同控制软件是实现系统互联互通互操作的重要核心模块，它主要承担对上的互联、对编组协同的互联以及向上状态的收集、反馈，包括接收有人的控制指令、配置管理的输入、编组协同的态势共享信息，负责进行无人平台的状态收集、感知传感器的互联、对接音视频接口，以及完成从远程控制指令到平台控制指令的转换。

（2）感知软件。

感知软件主要用于对无人平台所处环境的快速、准确理解，实时准确地探测无人平台自身状态和周围环境的信息，通过融合技术和标准化编码，实现数据共享。

状态感知包括自身状态感知、静态环境感知以及动态态势感知。其中，自身状态感知主要为无人平台的状态信息；静态环境感知要素包括道路信息、天候信息、时间信息、建筑场景信息和电磁环境信息等；动态态势感知包括运动中的协同物体/人员、对抗方的物体/人员等。

该模块的主要由定位信息处理、多传感器信息标定和匹配、跟踪目标检测、多传感器信息集成、实时地图构建（障碍物）以及多源融合感知组成。

（3）规划决策软件。

规划决策软件根据感知信息，开展态势预测、局部路径规划和动作规划，并形成决策指令，从而控制无人平台运动行驶。

规划决策软件获取道路、障碍物和目标等信息后，动态预测环境的变化，结合定位数据和平台反馈信息，进行动作规划决策（加速、减速、转向）和局部路径决策，并形成控制指令，控制无人平台执行。其中，局部路径规划需要适应结构化道路上行驶规划和非结构化道路的位置、方位和行驶方向的规划；动作规划需要结合最优路径和任务场景，形成离散运动目标的局部任务，如跟随方式、编组应用方式时车距保持、特定速度行驶和特定路线行驶等。

该软件的输入包括感知软件的融合信息以及控制层反馈信息；输出为决策指令，包含跟车、加速、刹车、减速、转向和急停等。

（4）控制及反馈软件。

控制和反馈软件主要是根据规划决策软件下发的指令，对无人平台实施具体的控制，包括速度、方向、停车和动力源的控制等，并将控制后的无人平台的实时速度、方向和电机状态等信息进行反馈。反馈中还包括健康管理信息，实时获取和处理无人平台状况传感器的输入信息，如电压、电流、温度、压力和油耗等，为无人平台或操控人员做出正确的平台控制决策提供依据。

2.3 通信网络架构

2.3.1 网络架构

通信网络是构成地面无人系统的重要支撑，是实现系统对内、对外互联互通的基本保证。一般而言，通信网络架构的设计与系统要素组成、业务需求和应用特点有密切的关系。按照前文所述地面无人系统的体系架构，地面无人系统的通信网络可分为指挥网络、遥控网络和协同网络 3 个组成部分，通过网关、路由等集成设计形成一体化通信网络，支撑各类业务信息的交互。典型通信网络结构如图 2.14 所示。

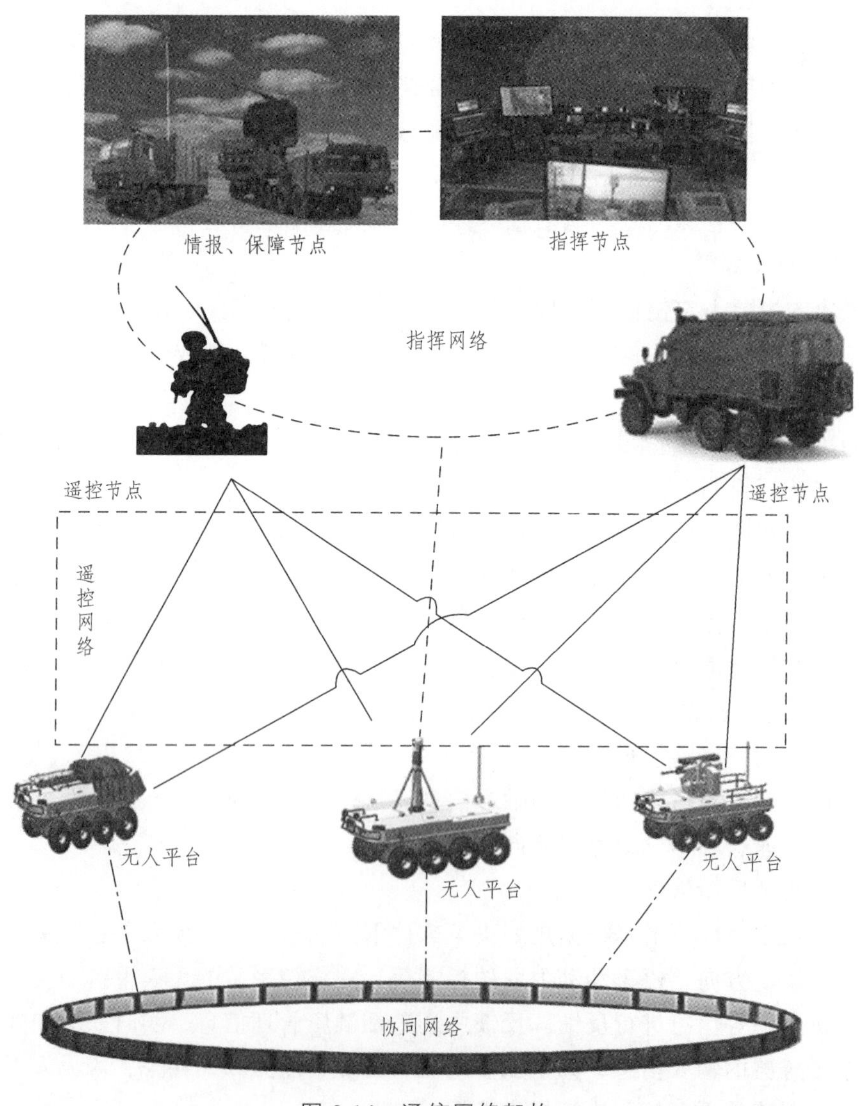

图 2.14 通信网络架构

1. 指挥网络

指挥网络主要用于支撑对有人、无人系统的指挥控制。指挥网络对上可接入战场联合通信系统，接受上级指挥机构的统一指挥；对内在指挥所内部指挥、情报以及保障节点等之间构建高速宽带通信网络，支持以准实时方式交互各类信息；对下一般采用网络或专线方式对有人遥控站点进行指挥控制，必要时也可直接与无人平台进行信息交换。

2. 遥控网络

遥控网络也可以称为测控网络，其用途就是实现有人系统对无人平台的指挥和管控。遥控网络是典型的业务不对称网络，通常情况下无人平台到有人系统的上行业务量较大，包括无人平台行驶周边环境探测信息和视频回传信息等，而从有人系统到无人平台的下行业务量较小，包括控制指令和管理参数下发等。遥控网络由于承载着对无人平台的操控与指挥业务，因此对其实时性、可靠性的要求都比较高，通常设计为有中心的接入型网络，遥控终端、无人平台等均可作为用户接入中心台站，并由中心台站进行信道资源的动态分配，以保证遥控链路的可靠性、实时性，以及视频回传等大数据量业务交换的可实现性。

3. 协同网络

协同网络是多个无人平台之间进行行动协同和任务协同的网络，主要用于在执行任务过程中无人平台位置、行驶状态、探测感知和规划决策等信息的实时交互。当前在以远程遥控为主的模式下，无人平台之间的交互信息量较少，但随着无人平台自主化能力的提升以及集群应用的发展，无人平台间的信息交互将大幅增长，以适应群体行动、群体决策等要求。同时，在强对抗环境下无人平台本身的高机动性，以及电子干扰和战场损毁等，会导致链路质量不稳定和拓扑变化频繁等问题。为此，协同网络一般设计为无中心的自组织网络，考虑到集群应用趋势愈加明显，网络节点容量需求大，自组织网络一般采用分层分簇的架构，如图 2.15 所示。

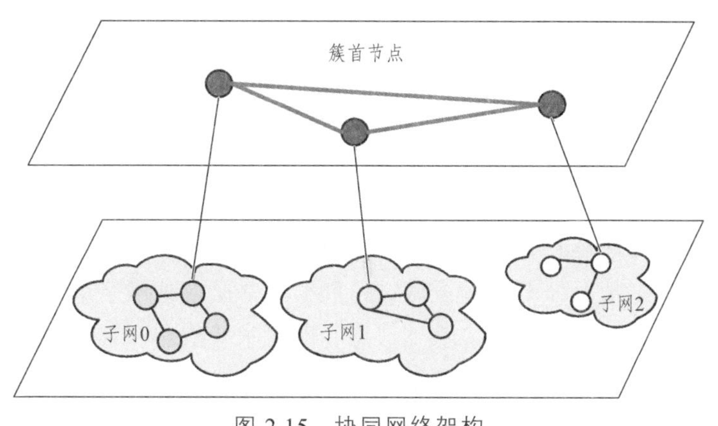

图 2.15 协同网络架构

采用这种网络架构的优点：一是各子网同一时刻可复用同一频率集资源，提高频谱利用效率；二是各子网间具有公共时隙资源，通过簇首节点互连，可以在区域内组建一个大的同步网络，支持数百个节点同时连接，提高网络容量；三是全网时间同步，末端节点可在区域内随遇接入，各子网可基于既定策略灵活融合和拆分，提高接入效率和组网灵活性；四是结合宽带传输以及高效的路由算法，全网节点的感知信息高速交互，提高各无人平台对环境感知的速度和范围，进而为网络系统的智能化决策提供依据。

2.3.2 技术架构

地面无人系统的通信网络设计需要在遵循通信网络一般设计原则、满足系统互联互通要求的基础上，聚焦地面无人平台本身及应用环境特点，为地面无人系统提供稳定可靠的通信保障，典型的通信网络技术架构如图 2.16 所示。

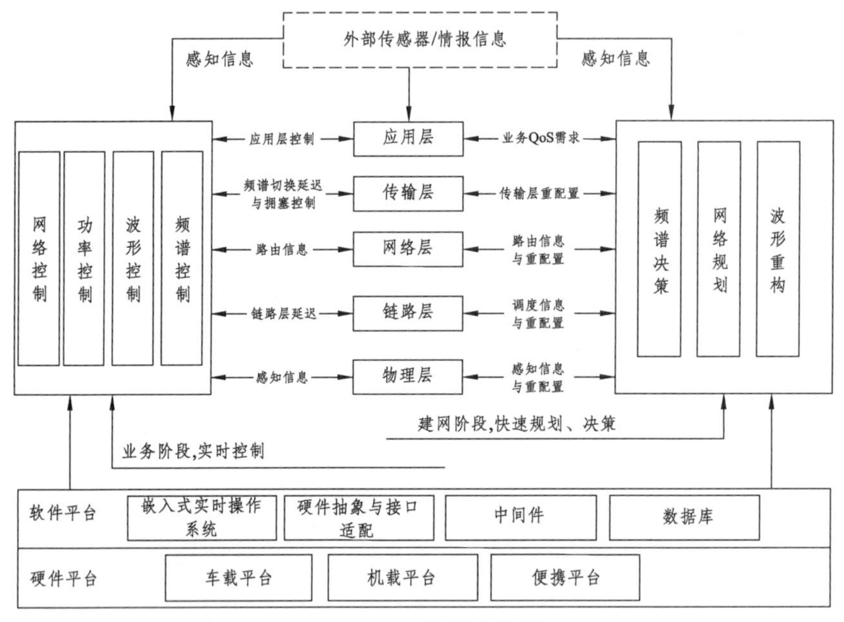

图 2.16 通信技术架构

整个通信网络采用分层设计。其中，物理层主要负责对本地的电磁环境进行感知，然后通过通信网络进行频谱共享；链路层实现频谱共享信息的快速接入和信道资源分配，并根据链路层延迟情况和业务量，对接入策略进行实时调整或规划；网络层根据链路层信息和上层传输信息，实时控制路由策略，实现子网和全网的路由更新；传输层通过感知传输拥塞情况，对传输策略进行调整，并反馈到网络层，为路由计算提供依据；应用层综合本节点电磁环境感知信息、网络感知信息和其他传感器信息，在建网阶段对波形体制、网络规划和频谱策略进行调整，业务阶段对发射功率和波形参数等进行实时调整。

在设计实现时，可充分利用软件无线电的设计思想，设计通用硬件平台（含基带处理和射频信道）和软件平台，采用面向对象的、开放式的模块化设计完成波形和组网协议的软件平台。在关键技术上，重点围绕适应复杂物理与电磁环境的多维认知与自适应、综合抗干扰和高带宽低时延传输等方面展开设计。同时，随着各种地面无人平台规模化的应用，适应不同无人平台的通用化设计，以及适应群体应用的大容量组网设计等也将成为设计的关键。

2.4 控制体系

2.4.1 控制结构

控制体系是地面无人系统完成各项行动任务的根本保证，具有无人化应用、智能化推动的人机互融合、机-机协同的特点。在控制对象上既包括构成地面无人系统的指挥节点、情报节点、保障节点、遥控节点和无人节点等，也包括各类无人平台的任务载荷和行驶机构等。在控制方式上，既包括有人系统对无人平台的远程控制，也包括多无人平台之间的协同控制等。在控制要求上，既要形成感知、决策、行动、控制的闭环，也要敏捷高效、即插即用。典型的控制架构如图 2.17 所示。

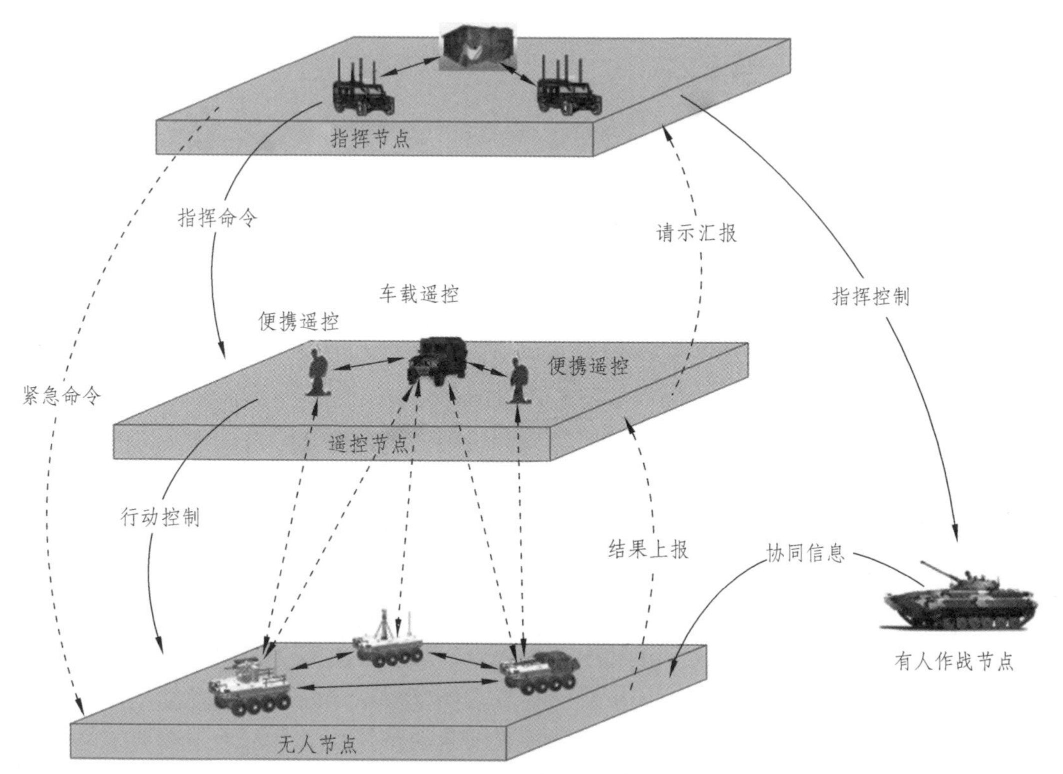

图 2.17　控制应用体系

其中，面向有人/无人协同的人机协同控制和面向多无人平台应用的机-机协同控制是地面无人系统控制体系设计的关键，典型控制流程如图 2.18 所示。

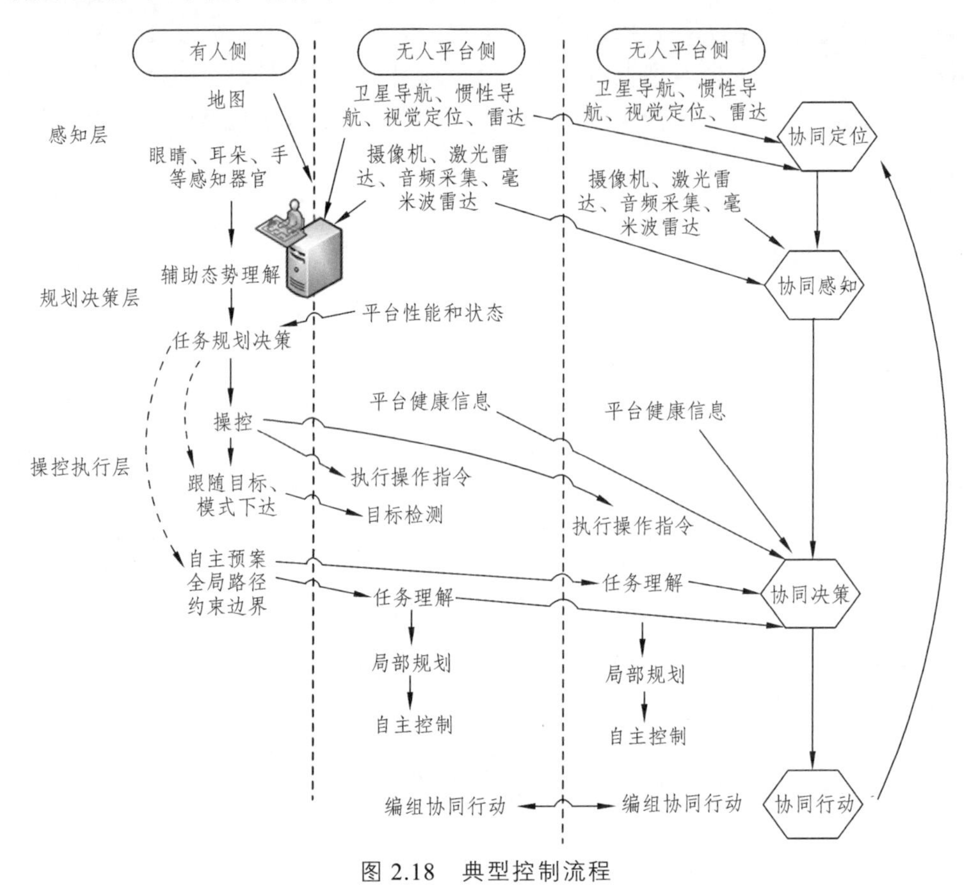

图 2.18　典型控制流程

1. 人机协同控制流程

地面无人系统人机协同控制流程如下：

（1）在感知层，将人的五官感知到的主观信息和各类传感器采集到的客观信息相结合，经计算机融合处理后辅助形成态势理解。

（2）在规划决策层，指挥员根据态势理解后的信息结合任务需求、无人平台性能和状态，开展任务规划工作，形成任务规划决策结果。

（3）在操控执行层，根据决策结果，采用不同的有人/无人协同模式，对无人平台进行控制。采用有人操控时，无人平台根据操控指令执行相应的动作。当采用跟随模式时，有人侧下达跟随目标、模式，无人侧根据要求进行目标检测和跟踪，并实时计算行动规划参数控制平台运动。跟随中，根据模式进行有人、无人的交互控制，如手势控制、语音控制等。当采用自主模式时，有人侧发送全局路径或者终点、行动约束条件等，无人侧进行任务的理解，并根据接收的全局路径或者自主全局规划结果，进行实时的局部规划、行动控制。

2. 机-机协同控制流程

多无人平台机-机协同控制包括协同定位、协同态势感知、协同决策和协同行动几个流程。

（1）协同定位：无人平台之间、有人平台与无人平台之间除了可通过绝对定位来获得相对位置关系外，也可以通过雷达、视觉定位结合地图信息等相对定位来感知协同成员的方向、距离，达到编组行动的部署要求。同时，也能通过一方的绝对定位信息的共享，以及本节点与绝对定位点的相对位置关系，来获得本节点的定位信息，弥补本节点在丢失绝对定位情况下（如故障或遮蔽）自身位置的获知。

（2）协同感知：来自多个无人平台的多源环境感知信息通过数据融合，相互弥补或者相互印证形成局部或全局的场景信息，并通过按需共享分发的方式，提供给无人平台作为协同决策的输入。

（3）协同决策：来自协同感知的信息、来自任务理解的解构和分析以及结合当前的平台编组状态，多个无人平台按照既定规则进行协同决策，形成协同控制参数（如时间、空间和相应的行动任务等）。

（4）协同行动：以协同决策的参数为依据，各平台对自身的具体行动进行规划，并控制平台的执行，期间同步进行协同感知，不断调适行动。

2.4.2 技术体系

地面无人系统控制体系的关键技术主要包括任务理解/决策技术、平台控制技术和协同控制技术等，如图 2.19 所示。

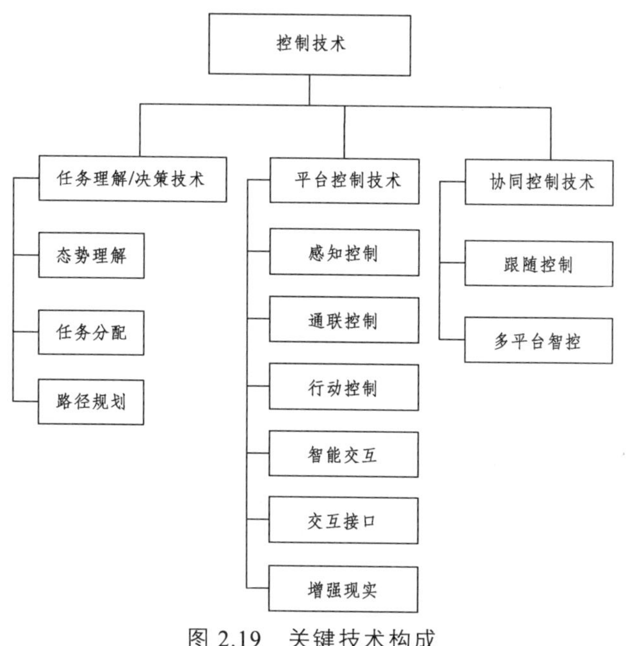

图 2.19 关键技术构成

其中，任务理解/决策技术实现无人系统对作战任务和实时态势的理解，并在此基础上，进一步开展任务分配和路径规划；平台控制技术主要指实现对单个平台控制所涉及的关键技术，包括无人平台感知控制技术、行动控制技术、对外通信控制技术、增强现实技术、智能交互技术和交互接口技术等；协同控制技术主要用于多个无人平台协同应用时的行动控制，包括跟随控制技术和多平台智控技术等。典型的技术实现与部署方式如图 2.20 所示。

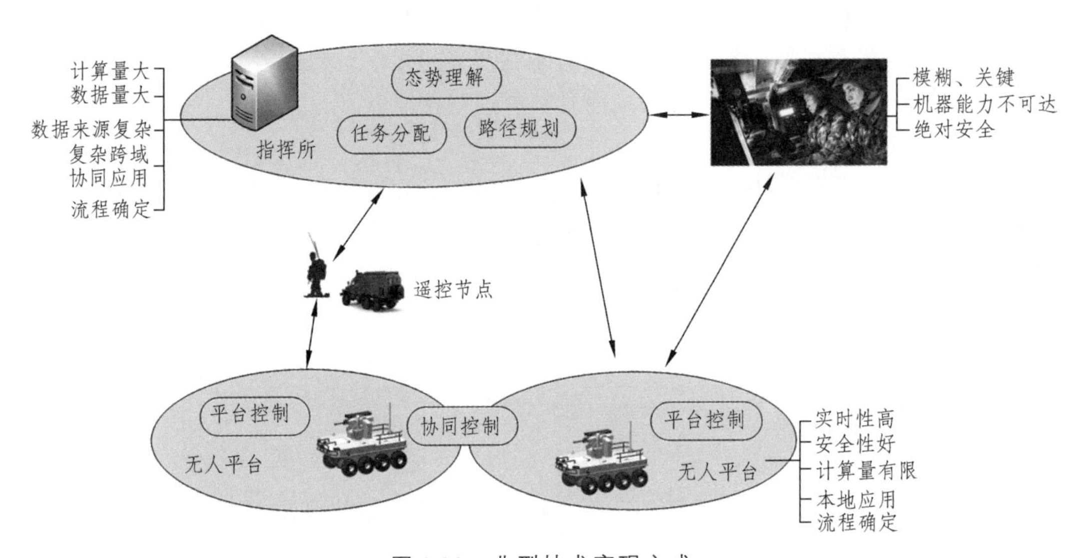

图 2.20　典型技术实现方式

图 2.20 所示的技术实现与部署方式主要从以下几个方面进行考虑：

（1）任务理解与决策方面，态势理解、任务分配和路径规划等通常在指挥所内采用“人在环”的方式完成。对于明确流程和要求的控制，以及数据量大、处理方法确定或有人工智能算法实现的功能，由机器进行决策和执行；对于流程和要求存在动态不确定性的控制，以及模糊的、关键的问题处理，由机器分析提出辅助建议，由人进行决策，并最终由机器进行执行；对于没有确定流程和要求或者技术条件未能达到智能化水平的场景和要求，由人进行分析和决策，机器作为执行者。

（2）平台控制方面，对于实时性、安全性要求高，且仅限于本地应用的控制，一般由无人平台自主完成；对于因平台计算能力或信息关系受限，不能基于无人平台实现的控制功能，由遥控节点人工执行或者由部署在指挥节点的信息处理系统执行。

（3）协同控制方面，一般包括有/无人的协同控制和无人平台间的协同控制。对于无人平台与无人平台的协同,通常采用集中式或分布式多平台智控技术实现任务协同、态势协同和行动协同。

2.5 本章小结

本章首先对地面无人系统从应用视图、系统视图和技术体系结构三个方面进行了体系框架的设计。在应用视图上分别从总体架构、连接关系、应用活动和信息交换矩阵方面进行了阐述；在系统视图方面对系统组成、功能描述加以说明；在技术体系上，系统梳理了地面无人系统核心技术，它包括探测感知技术、底盘信息处理技术、任务规划技术、远程控制技术、智能通信技术和学习与训练技术等。

其次，本章对无人平台、通信和控制分别开展了体系架构设计。在无人平台体系架构中，按照承载平台、硬件平台、软件平台和服务平台由下向上分层架构的方式构建系统。在通信网络架构方面，提出了上级指挥所的通信（指挥网络）、无人平台与指挥控制平台之间的通信（遥控网络）及无人平台之间的协同通信（协同网络）三层网络架构体系。在控制体系上，介绍了指挥节点、遥控节点、无人节点分层控制以及有人无人协同控制架构，设计了典型控制流程。

探测感知技术

3.1 概　述

探测感知技术是地面无人平台实时获取环境和目标信息的基本手段。一方面可利用视觉、雷达和定位等传感器实时获取周围环境信息并进行融合处理，为规划决策提供信息支持，使无人平台具备全天时、全天候的自主机动能力；另一方面可利用白光、红外、雷达和激光测距等传感器获取目标信息，通过自主识别，使无人平台具备目标发现、跟踪、威胁判断、预警和引导等能力。

探测感知的对象主要包括行驶道路、周边物体、跟随对象、行驶状态和目标信息等。

（1）行驶道路：对于结构化道路，包括行车线、道路边缘、道路隔离物和恶劣路况等。对于非结构化道路，包括无人平台行驶前方环境状况和可行驶路径。

（2）周边物体：车辆、人员、路面上可能影响无人平台通过性和安全性的其他各种移动或静止物体。

（3）跟随对象：要跟随的车辆和人员等目标。

（4）行驶状态：无人平台自身行驶状态、路面状态和天气情况等。

（5）目标信息：目标位置、速度、方向和人员、车辆和设施等。

3.1.1　功　能

探测感知技术实现的主要功能一般包括以下几个方面：

（1）融合定位：融合视觉、里程计、卫星定位和惯导定位等数据，获取高精度的定位信息。

（2）自身位姿感知：能够感知自身的速度、加速度和倾角等状态信息。

（3）局部地图构建：通过激光雷达或双目视觉输出的实时点云信息构建无人平台前方的局部栅格地图，并且在地图中标注可行驶区域和障碍物信息。

（4）目标检测识别：能够识别跟随的车辆/人员目标；能够检测行进路径上或周边环境人、车、物等凸起正障碍；能够识别壕沟、弹坑、悬崖等凹陷负障碍；能够识别典型路面及预测行驶方向与轨迹。

3.1.2　分　类

无人平台的探测感知对平台的行动有重要的影响，感知内容主要分为自我状态感知、静态目标感知和动态目标感知三类。

1. 自我状态感知

自我状态感知主要有自身位姿的感知和路网级姿态、车道级姿态的感知。无人平台自身位姿信息主要包括无人平台自身的速度、加速度、倾角和位置等信息，可用驱动电机、电子罗盘、倾角传感器和陀螺仪等传感器进行测量。路网级姿态和车道级姿态主要通过无人平台周围环境感知系统获取，通常会融合三维激光雷达、二维激光雷达和视觉相机等多种传感器数据，通过目标检测、语义分割等多种环境感知技术来获取。

2. 静态目标感知

静态目标感知主要指对道路标识和静态障碍物的感知，如车道线、指路牌、路沿、壕沟以及弹坑等；通常会调用多种传感器，结合二维与三维目标检测、同时定位与地图构建（simultaneous localization and mapping，SLAM）等技术，获取目标的二维和三维信息，供无人平台路径规划与决策使用。

3. 动态目标感知

动态目标感知主要指对行驶路径上动态变化物体的感知，如车辆、人员和其他动态变化的障碍物等；结合激光雷达和相机等多种传感器采集的数据，进行目标检测与识别以确定目标的存在，再结合目标跟踪等技术获取目标状态，并对目标进行实时状态监测以及变化趋势预测，使得无人平台提前做出规划与决策。

3.1.3 发展现状

21 世纪以来，各个国家都越来越重视地面无人系统技术的发展，从美国 DAPAR 挑战赛到近期的 Google 无人车，引领着技术发展的方向，许多民用领域无人驾驶车辆的设计理念、设计技术都是从其衍生而来，本节以部分有代表性的无人驾驶车辆为例，分析探测感知系统和技术的发展情况。

1. BOSS 无人驾驶汽车

BOSS 无人车由 Tartan Racing 团队开发设计，由多种传感器融合组成其环境感知系统，覆盖了在无人车行驶过程中需要感知的所有范围[13]。传感器包括 2 个相机、1 个三维激光雷达、6 个二维激光雷达、2 个 IBEO 激光扫描仪和 2 个毫米波雷达，布置如图 3.1 所示。

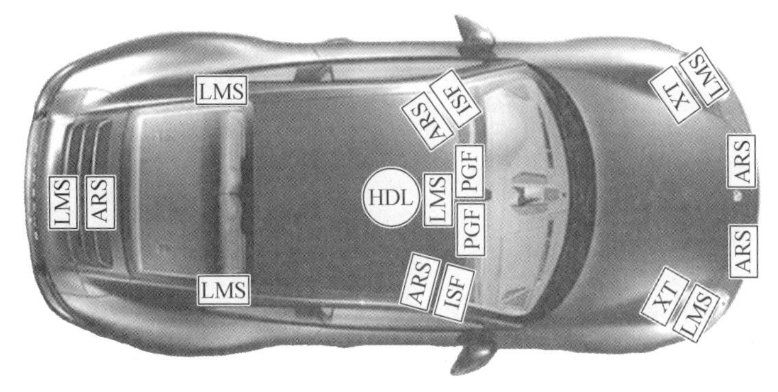

图 3.1　BOSS 无人车传感器布置

BOSS 无人车感知系统中的多个激光雷达可用来检测静态的障碍物，同时生成即时和暂时过滤的障碍地图。即时障碍地图用于移动障碍假设的验证，暂时过滤障碍地图去除运动的障碍和减少在地图上出现虚假的障碍，最终用于路径规划与决策。

2. Junior 无人驾驶汽车

Junior 无人车由 Volkswagen Passat Wagon 改装而成，车辆环境感知系统总共搭载了 5 种激光传感器（IBEO、RIEGL、SICK 和 Velodyne），GPS 惯导系统，5 个 BOSCH 雷达，2 个英特尔四核计算机系统，车辆的外观如图 3.2 所示。车辆的两侧安装了 SICK LMS291-S14 激光扫描仪，用以测量车侧方道路，RIEGLLMS-Q 120 激光传感器测量车前方道路，多线激光雷达实时获取周围的三维信息，为无人车提供近距离 3D 道路结构。

图 3.2　Junior 无人车

安装在车辆上方的 Velodyne HDL-64E 检测静止和移动障碍物。为防止出现检测盲区，在车尾部装有 2 个 SICK LDLRS 激光扫描雷达，在车前方保险杠装有 2 个 IBEO ALASCAXT 激光雷达，前栅格周围安装 5 个 BOSCH 长范围雷达，为车辆提供额外的信息。

Junior 无人车除对传感器信息进行横向融合外还进行了纵向融合，将激光雷达数据缓存到局部地图上，随着时间的推移将多个传感器测量的结果累积到地图上，通过对周围环境的完整映射以解决某些盲区问题。同时，为了防止少量虚假数据的干扰，采用标准的贝叶斯框架对地图进行更新。

3. Talos 无人驾驶汽车

Talos 无人车感知系统由 7 个 SICK 雷达传感器、1 个 Velodyne 激光雷达传感器、5 个相机和 15 个毫米波雷达组成。车顶的 Velodyne 激光雷达的检测频率为 15 Hz，在对车周围的环境进行感知时存在部分的盲区。SICK 雷达的检测频率为 75 Hz 弥补了 Velodyne 雷达的检测盲区。5 个 SICK 雷达安装于车顶的行李架位置，俯视向下用于观测路面情况，配合车顶的 Velodyne 雷达检测道路的不连续性以进行危险评估。无人车周围安装的 5 个 Point Grey Firefly MV 相机可进行 360°视觉感知，辅以 SICK 路牙检测信息与 RNDF 文件（路网描述文件）提供的车道先验信息，实现车道检测与跟踪。同时使用 15 个毫米波雷达实现对中远距离快速移动的障碍物的检测与测速。

4. Google 无人驾驶汽车

Google 无人车的环境感知系统由 1 个三维激光雷达、2 个二维激光雷达、2 个毫米波雷达、1 套惯性导航系统和 3 个相机（2 个可见光相机和 1 个红外相机）组成，其外观如图 3.3 所示。

图 3.3　Google 无人车

三维激光雷达为 64 线的 Velodyne 激光雷达，安装在无人车车顶上，可实时对周围障碍物的检测，返回障碍物的位置与距离，同时构建三维地图供上层决策。毫米波雷达可以辅助解决激光雷达盲区问题，在激光雷达盲区检测到障碍物时，报警防止车辆发生意外。可见光相机安装在无人车挡风玻璃上，通过视角差形成立体视觉系统，对前方环境进行实时三维建图，用于车道线和行人检测，保证对无人车行驶的控制。红外相机同样安装于挡风玻璃上，用于夜间视觉感知，通过前车灯发射红外光线到前方，再通过红外相机检测红外标记，最后将红外图像显示在仪表盘显示器上，对形成的图像进行处理，提取需要的信息供决策层使用。安装在车底部的惯性导航系统可以实时提供无人车三个方向的加速度和角速度信息，结合 GPS 信息对无人车进行实时定位。

3.2 传感器

传感器是地面无人系统探测感知的基础关键部件，通常由敏感元件、转换元件和转换电路组成，如图 3.4 所示。其中敏感元件是指能直接感受或响应被测量的部分，转换元件是将上述测量的非电量转换成电参量的部分，转换电路是将转换元件输出的电信号处理转换成便于处理、显示、记录和控制的部分。

图 3.4　传感器工作流程

根据传感器功能用途的不同，可以分为微机电传感器和智能传感器两大类。微机电传感器是无人平台的“神经元”，是能感受到被测量信息的检测装置，依照功能可以分为压力传感器、位置传感器、温度传感器、加速度传感器、角速度传感器、流量传感器、气体浓度传感器和液位传感器等，表 3.1 列出了常见微机电传感器的类型及工作原理。

表 3.1　微机电传感器

传感器类型	传感器样式	工作原理
压力传感器		压阻式、硅电容式、陶瓷电容式
位置传感器		霍尔效应、磁电阻效应
温度传感器		热敏电阻式、热电偶式
加速度传感器		惯性原理
角速度传感器		科里奥利原理
流量传感器		霍尔效应、磁电阻效应
气体浓度传感器		化学类原理
液位传感器		静压测量原理

智能传感器是无人平台的“眼睛”，一般带有微处理器，具有采集、处理和交换信息的能力，是传感器集成化与微处理机相结合的产物。目前，应用于环境感知的主流传感器产品主要包括毫米波雷达、激光雷达、超声波雷达和摄像头等，其工作原理见表 3.2。

表 3.2　智能传感器

传感器类型	传感器样式	工作原理
摄像头		通过摄像头采集外部信息并根据算法进行图像识别
超声波雷达		发射超声波信号，接收返回信号并进行综合分析
毫米波雷达		发射毫米波信号，接收返回信号并进行综合分析
激光雷达		发射激光信号，接收返回信号并进行综合分析

1. 毫米波雷达

毫米波雷达是指工作在毫米波波段（频域 30 ~ 300 GHz，波长 1 ~ 10 mm）的探测雷达，通过天线向外发射毫米波，波束在接触到目标物体后反射，被雷达接收后，通过计算单元的处理，来获取目标的运动状态信息，包括位置、速度、运动方向、运动角度等。

毫米波雷达的优势主要有以下三点：

（1）探测性能稳定、作用距离较长和环境适用性好。

（2）与超声波雷达相比，具有体积小、质量轻和空间分辨率高的特点。

（3）与光学传感器相比，毫米波雷达穿透雾、烟、灰尘的能力强，具有可全天候和全天时工作的特点。

目前，无人车载毫米波雷达的频率主要为 24 GHz 和 77 GHz 频段，见表 3.3，与 24 GHz 毫米波雷达相比，77 GHz 毫米波雷达的距离分辨率更高、体积更小且探距更长。

表 3.3　毫米波雷达

频率	24 GHz	77 GHz
探测距离	短距，中距	长距
特点	探测距离短，探测角度大，在中短距离应用中有明显优势	探测距离长，角度小，天线是 24 GHz 的 1/3，雷达本体可缩小，识别精度高且穿透力强
其他	与其他设备共享频段	独占频段
车速上限	150 km/h	250 km/h

续表

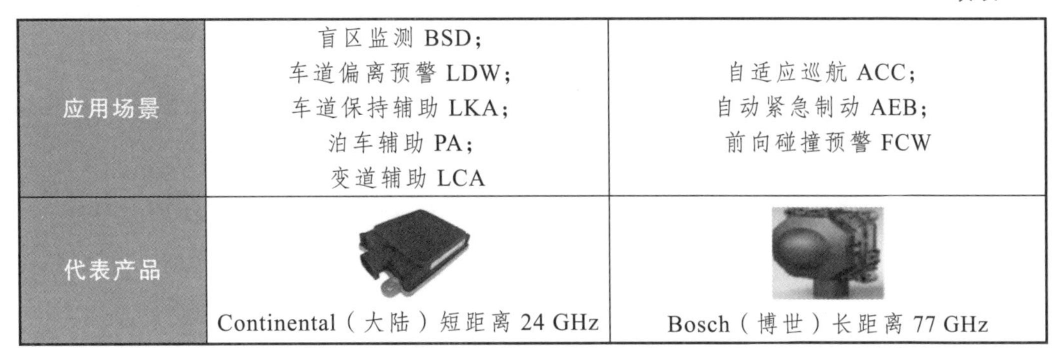

应用场景	盲区监测 BSD； 车道偏离预警 LDW； 车道保持辅助 LKA； 泊车辅助 PA； 变道辅助 LCA	自适应巡航 ACC； 自动紧急制动 AEB； 前向碰撞预警 FCW
代表产品	Continental（大陆）短距离 24 GHz	Bosch（博世）长距离 77 GHz

2. 激光雷达

激光雷达是一种综合的光探测与测量系统，通过向目标发射探测信号（激光束），将接收到的从目标反射回来的信号（目标回波）与发射信号进行比较，处理后获得目标的距离、方位、高度、姿态以及形状等参数，工作流程如图 3.5 所示。

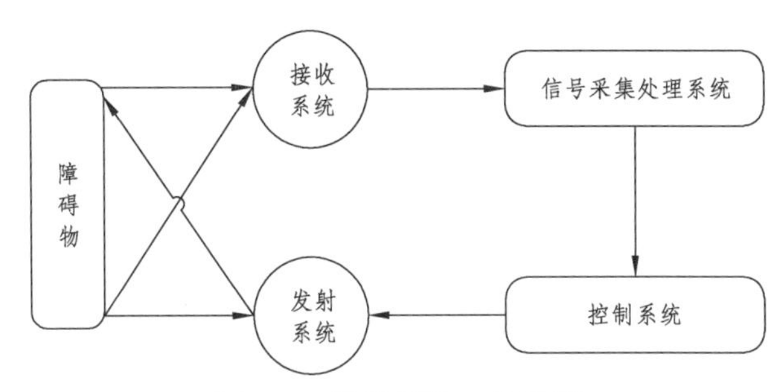

图 3.5　激光雷达工作流程

根据扫描方式的不同，激光雷达分为一维激光雷达、二维激光雷达和三维激光雷达，为了便于对空间建模，无人平台物体检测通常使用二维激光雷达和三维激光雷达。二维激光雷达在平面上进行扫描，用于检测无人平台周边部分障碍物，重点解决盲区问题。三维激光雷达可以在除了雨、雪、雾等极端天气以外的环境下使用，其检测距离较远，检测角度较大，能够更全面获取空间三维信息。目前，常见的有 32 线、64 线和 128 线激光雷达，线束越多，测量精度越高，安全性越高。

3. 超声波雷达

超声波雷达发射装置向外发出超声波，传播途中遇到障碍物立即反射，通过接收器接收到反射波与发射装置发出超声波的时间差来测算距离。超声波雷达在无人平台中的基础应用为中近距离障碍监测、辅助预警以及车盲区碰撞预警。

超声波雷达成本低，在短距离测量中具有优势，测量精度较高，但测量距离有限。

超声波雷达的类型有两种：一种安装在无人平台的保险杠，用于测量平台前后障碍物，称为 UPA；另一种安装在无人平台侧面，用于测量侧方障碍物，称为 APA。无人平台超声波雷达系统一般需要 6～12 个超声波雷达，典型配置是 8 个 UPA＋4 个 APA，如图 3.6 所示。

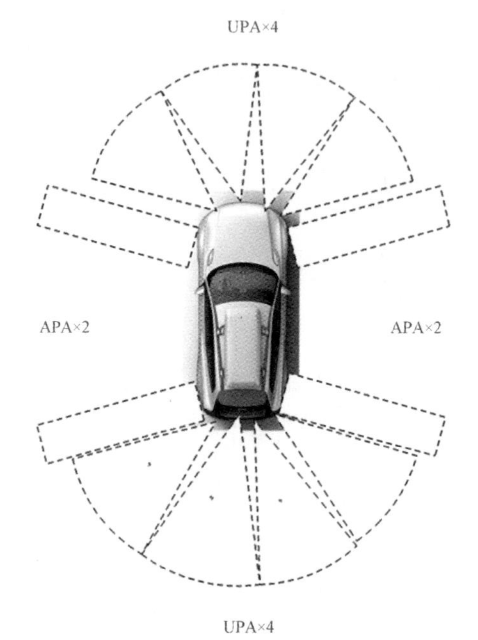

图 3.6 超声波雷达典型配置

4. 摄像机

无人平台利用摄像机镜头采集图像后，摄像机内的感光组件及控制组件对图像进行处理并转化为计算机能处理的数字信号，从而实现感知无人平台周边的路况，如图 3.7 所示。摄像头分辨率高、可以探测到物体的质地与颜色，但在逆光或者光影复杂的情况下（如低噪度）视觉效果较差，极易受恶劣天气影响。

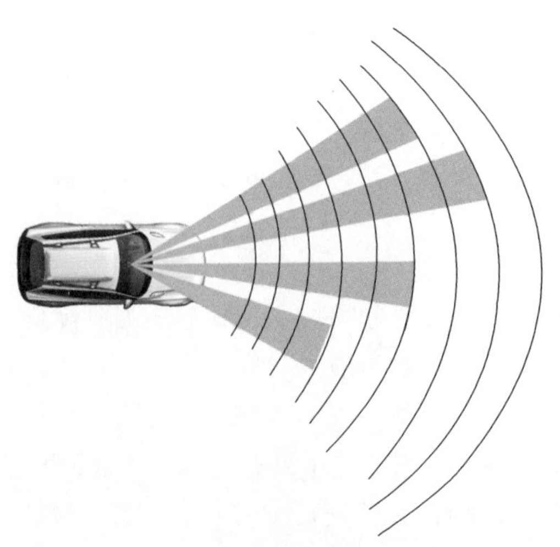

图 3.7 无人车载摄像头

前视摄像机系统可分为搭载单目摄像头和搭载双目摄像头两种技术路线。相比单目摄像头，双目摄像头的功能更加强大，测度更加精准，但成本较高。双目立体视觉系统是无人系统中常用的一类视觉传感器，其基本原理是利用两台参数性能相同、位置固定的摄像机，从两个视点观察同一目标，从而获得在不同视角下的两幅图像，然后利用成像几何原理计算两幅图像的视差来恢复景物的深度信息。这一过程与人类的视觉立体感知过程是类似的。无论是结构化的道路场景还是机动越野环境，双目立体视觉系统都是一种很有前途的检测方法，但是目前还有很多问题需要解决，主要是研究具有健壮性的轻量级视差像素点匹配的新方法。基于双目摄像头的方案在成本、制造工艺、可靠性、精确度等综合因素的制约下，在无人车领域大规模使用还需要逐步优化完善。单目摄像头作为低成本可靠性的解决方案，搭配其他传感器，完全可以满足无人车各场景下的功能，因此短期内前视视觉感知一般采用单目摄像头为主流的技术路线。

3.3 探测感知核心技术

探测感知系统支撑无人平台完成全天时、全天候的自主行驶和目标跟随等任务的技术难点主要有以下几点：

（1）全天候、全天时、越野地形等环境的适应能力。能够适应雨、雪、雾等恶劣天气，具有昼夜全天时工作能力。越野环境下的障碍物种类繁多，除了凸出地面的障碍物，还有低于地面的壕沟或者坑洞，以及水面、陡峭的山坡等危险地形，需要能够感知越野环境并理解地形。

（2）高精度的感知能力。能够准确感知跟随的目标、远近距离静止或运动状态的障碍物，具备高精度的定位与导航能力。

（3）快速高效的感知能力。具备无人平台在快速运动过程中实时感知环境和及时提供目标、障碍物等信息的能力。

（4）低成本设计。在能满足基本功能、性能指标的前提下，采用最优的解决方案，降低整体的成本。

因此，地面无人系统探测感知技术主要集中在行驶环境、目标检测等方面的研究与突破，关键技术包含多传感器探测与融合处理技术、目标检测技术、融合定位技术和局部地图构建技术等。

3.3.1 多传感器探测与融合处理技术

通过不同类型的多个传感器满足多方位、多场景的环境探测、融合和感知，满足无人平台能适应全天候、全天时、复杂的行驶环境，主要研究内容包含多传感器感知技术、传感器标定技术和数据融合技术。

1. 多传感器感知技术

多传感器感知技术主要分为视觉感知技术和电磁波感知技术。视觉感知传感器有摄像机，电磁波感知传感器有激光雷达、毫米波雷达和超声波雷达等。

视觉传感器利用图像和图像序列来识别和认知三维世界，实现人的视觉功能，主要用于检测路面的车道线、路边各种标识物等，但容易受到外界不同光线环境的干扰。视觉传感器分为单目视觉和立体视觉，单目视觉是指仅用一个摄像头在物体成像期间连续输出图像，可以满足诸如前行碰撞、行人检测和车辆偏离等检测功能。单目视觉的算法成熟度高，可弥补获取信息为二维图像以及远距离检测精度下降等缺点。立体视觉是指利用两台或多台性能相近、位置确定的视觉传感器，从不同视点观察同一目标，将多幅图像处理后，确定三维空间信息。因立体视觉的信息处理过程较为烦琐，对目标的特征提取较困难，算法十分复杂，故目前还处于不断发展阶段。

电磁波传感器的原理是向目标发射探测波，将接收到的反射信号与发射信号做适当处理后，获得目标位置、速度等特征量，常用的雷达探测介质有激光、毫米波、超声波等。

在无人平台的环境感知中，目前主要用激光雷达完成大部分周围环境的三维空间感知，其次是用摄像机获取图像信息，再次是用毫米波雷达获取定向目标距离信息，以及用 GPS、北斗与惯导获取无人平台自身位置及姿态信息，最后是用超声波获取近距离的障碍物信息。

2. 摄像机标定技术

摄像机标定技术是实现多传感器融合的重要基础，其精确度直接影响后续融合匹配与三维重构工作的准确度。摄像机标定的原理在于找到空间中目标景物与摄像机几何模型在成像平面上对应成像点的几何关系，同时得到所建立摄像机几何模型对应参数。目前，摄像机标定技术可以概括为三大类，分别为传统标定方法、主动视觉摄像机标定法和自标定方法，各种标定方法的特点及优劣势见表 3.4。

表 3.4　标定方法对比

标定方法	特点	优势	劣势
传统标定方法	利用已知景物结构信息	灵活度兼容性高，适于所有摄像机几何模型，结果准确精度高	操作过程过于复杂，必须得到目标景物的高精度位姿信息，同时标定块的适用条件苛刻
主动视觉摄像机标定法	待标定设备一些特定运动属性已知	容错率高，环境适应性强	摄像机的移动必须遵从某种已知规律，即必须可以有效控制摄像机运动过程
自标定方法	关键在于找到目标景物在几幅相关图像中对应点间的几何映射关系	方法简单，扩展性灵活度好，可普遍推广	准确度、容错率相对低

3. 多传感器数据融合技术

多传感器数据融合通常是指对各传感器采集的信息按照预先设定的准则进行分析综合，从而得出最佳的合成结果。最基本的目标就是充分利用多传感器之间的协调和互补来提高系统的有效性和稳定性，得到比任意单一传感器更加可靠和准确的结果信息。例如，将视觉传感器摄像头、激光雷达和毫米波雷达结合起来可以加强对环境路况的预判，控制无人平台行驶速度。

信息融合涉及融合层次的问题，关于多传感器信息融合的层次问题有很多不同的看法，目前较为普遍的是分为三层融合结构：数据级、特征级和决策级，如图 3.8 所示。

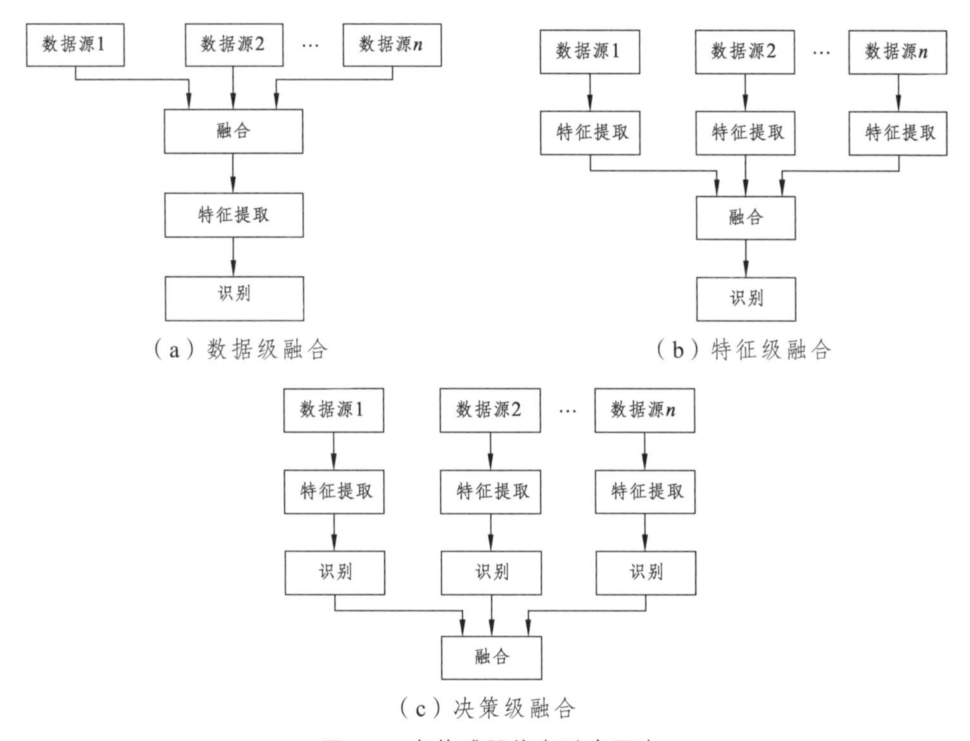

图 3.8　多传感器信息融合层次

数据级融合直接融合传感器采集的原始数据，然后对融合后的传感器数据进行特征提取和识别。如果要实现数据级信息融合，必须要求所有传感器是相同介质的或是相同量级的。典型的数据级融合技术包括如卡尔曼（Kalman）滤波和扩展卡尔曼滤波等经典的估计方法。

特征级融合首先从传感器数据中提取出观测信息的有效特征组成特征向量，随后输入模式识别处理模块，最后利用神经网络、聚类算法和模式分析等方法进行识别。

决策级融合方法中，处理不同类型的传感器对同一观测目标的原始数据，并完成特征提取和分类判别，生成初步结论。根据决策对象的具体需求，进行相关处理和高级决策判决，获得简明的综合推断结果。融合属性判决采用的主要方法有加权决策法、经典推理法、Bayesian 推理和 Dempster-Shafer 证据理论等。

对上述三个级别的融合方法进行分析可以看出：其一，融合的数据越接近信息源获得的精度越高，即数据级融合的精度一般是最高的，其次是特征级融合，决策级融合普遍精度较差。其二，随着融合层次的提高，系统对各传感器的同质性要求会降低，容错性也会增强。三个级别融合的特点对比见表 3.5。

表 3.5 融合层级对比

融合结构	信息损失	实时性	精度	容错性	抗干扰	计算量	融合程度
数据级	小	差	高	差	差	大	低
特征级	一般	一般	一般	较好	较好	一般	一般
决策级	大	好	低	优	优	小	高

多传感器数据融合涉及多方面的理论和技术，如信号处理、估计理论、不确定性理论、最优化理论、模式识别、神经网络和人工智能等。很多学者从不同角度出发提出了多种数据融合技术方案。由于各种方法之间的互补性，将两种或两种以上的算法进行有机集成，往往可以扬长避短，取得比单纯采用一种算法更优的结果。

遗传算法和模糊理论相结合，可以在信息源的可靠性、信息的冗余度、互补性以及进行融合的分级结构不确定的情况下，以近似最优的方式对传感器数据进行融合。

模糊理论和神经网络理论相结合产生的模糊神经网络可以看作是一种不依赖于精确数学模型的函数估计器。它除具有神经网络的功能外，还能处理模糊信息，具备模糊推理功能，性能优于单纯的模糊控制和单纯的神经网络。

遗传算法和模糊神经网络相结合，模糊神经网络和单纯的模糊控制与单纯的神经网络相比，具有更优的性能，但仍然存在不足。因此，有研究将遗传算法与模糊神经网络结合起来以取得更好的数据融合效果。

模糊逻辑和 Kalman 滤波相结合，解决使用不精确或错误的模型和噪声统计设计 Kalman 滤波器时会导致滤波结果失真的问题。近年来，模糊 Kalman 滤波算法在实际中得到了非常广泛的应用，如目标跟踪、图像处理以及组合导航等。

模糊理论和最小二乘法相结合，可以更好地利用不同分辨率数据的互补信息，达到更佳的融合效果。

3.3.2 基于机器视觉的环境感知技术

环境感知在无人平台自主行驶领域扮演着重要的角色，也是自主行驶领域面临的最大挑战之一。通常无人平台在进行环境感知时，除了识别周围的障碍物以外，还要明确周围的障碍物具体是什么、有多大等信息，让无人平台更加贴近“人”的操控行为。环境感知通常融合激光雷达、相机等多种传感器进行识别，两种传感器各有优势，但在识别“是什么”“有多大”类型的信息时，图像具有天然的优势，其包含更加丰富的语义信息。

传统的视觉感知技术通常依据人为设计的特征，建立一定的模型，然后对图像数据进行计算获取识别信息，由于人为设计的手工特征会出现忽略目标细节特征的现象，常具有计算量大、识别精度低的特点，目前主流的视觉感知技术主要通过深度学习的方式实现，典型的视觉感知有目标检测、目标检测和语义分割等。

1. 目标检测

目标检测技术主要解决“目标是什么”“目标在哪里”和“目标在图像中有多大”的问题，图 3.9 所示即为目标检测的结果图，图中对公交车、自行车、行人等多种类别目标进行识别，并标记出了目标在图像中的位置、大小信息。目标检测技术可在特定图像中识别感兴趣目标的位置和大小，是计算机视觉和图像处理领域的重要分支，也是目标跟踪、语义分割和目标检索等其他图像处理任务的基础。

图 3.9　目标检测结果

目前，主流的基于深度学习的目标检测方法无须进行手工特征设计，只需大量的标注数据集和稳定的模型就可以获得优良的特征表达能力以及检测精度。根据卷积神经网络模型设计的思想，现有的基于深度学习的目标检测算法主要分为两类：第一类为单级检测框架，主要使用单个网络同时生成对象检测位置和类别预测，即一阶段法，代表算法有 YOLO、SSD 等；第二类为区域生成检测框架，主要将检测分为两个不同的阶段，首先生成感兴趣的候选区域，然后通过单独的分类器网络进行分类，即二阶段法，代表算法有 R-CNN。一阶段单级检测框架网络模型小、检测速度快、存储成本低，是目前无人平台中首选的检测方法。随着计算机性能的不断提高和深度学习理论的不断完善，具有更高精度的二阶段法正在逐步提升算法的实时性，并应用到无人平台目标检测中。

2. 目标跟踪

目标跟踪包含单目标跟踪和多目标跟踪，单目标跟踪常构建健壮的判别式跟踪模型，首先确定跟踪目标后，再在后续帧连续的分离出目标进行跟踪。目前，典型的算法有相关滤波跟踪算法，以及基于全卷积孪生网络的跟踪算法等。图 3.10 所示为单目标跟踪的结果，指定跟踪目标后在后续帧中只会不断定位指定目标。多目标跟踪适用于需对周围目标的行动方向和速度做出预测，主要依赖实时的高精度目标检测算法，检测出每一帧画面中的跟踪目标，再用关联算法关联相邻帧之间的相同目标，实现跟踪[18]，在图 3.11 所示的多目标跟踪结果中，在每一帧中检测所有需要目标的位置和大小，再给予同一个目标相同的 ID 编号表示同一个目标。

图 3.10 单目标视觉跟踪结果

图 3.11 多目标视觉跟踪结果

在三维空间进行目标跟踪时，以传统的数据过滤方法筛选出需要的目标，使用最近邻等方法在相邻帧的对象之间建立关联，确定目标的行进轨迹。目标跟踪选用一些先验数据进行多假设跟踪，避免出现关联错误的情况。对于线性模型，可采用卡尔曼滤波进行跟踪，对于非线性模型，可采用扩展卡尔曼滤波器和无迹卡尔曼滤波器。

3. 语义分割

目标检测是在特定的图像中识别感兴趣目标的位置和大小，语义分割则是比目标检测更加精细化的任务，是对图像中的每一个像素都进行分类，以实现对目标更加精准的检测与识别。图 3.12 所示为目标检测和语义分割的对比，可以看出目标检测只是对画面中的部分指定类别进行检测识别，语义分割则是明确指出画面中每一个像素所属的类别。对于无人平台来说，仅使用矩形框把目标框出来可能无法做出正确决策，尤其在道路与交通线对无人平台的约束方面，此时需要用语义分割拟合出具体的道路和车道线，甚至在更加精细化的任务中，需要进行实例分割，来区分不同轨迹和行为的对象[19]。

图 3.12　目标检测与语义分割

语义分割网络通常使用卷积操作提取包含目标多种信息的卷积特征，然后利用反卷积操作进行像素级的分类，实现目标的语义分割。除此之外，特征金字塔网络、扩散卷积等方法也引入语义分割中，使得语义分割的精度与速度逐步达到无人平台的要求。DeepLab[20]为目前一种典型的语义分割模型，其还使用到了稀疏卷积的思想，被广泛应用到无人平台系统中。

3.3.3　融合定位技术

定位是地面无人系统运动的基础条件，指确定自身和周围物体在特定的参考系中的位置。表 3.6 列举了常用的一些定位方式以及其健壮性、费用、准确度和计算力要求。绝对定位主要采用一些导航信标、组合地图与全球定位系统进行定位。里程表推测定位主要通过平台移动的距离与方位推算平台的位置，实现定位。下面主要介绍 GPS-IMU 融合定位、SLAM 定位和基于先验地图三种定位方式[21]。

表 3.6　不同定位方式对比表

方法		健壮性	费用	准确度	计算力要求
绝对定位传感器		低	低	低	很低
里程表推测		低	低	低	低
GPS-IMU 融合		中	中	低	低
SLAM		中高	中	高	很高
先验地图方法	地标搜索	高	中	高	中
	点云匹配	很高	很高	很高	高

1. GPS-IMU 融合

GPS-IMU 融合定位[22]的主要原理是用 GPS 的绝对位置来修正 IMU 推算的累积误差。在复杂的动态环境下使用 GPS 定位时，GPS 多路径反射现象会更加明显，得到的定位信息会出现较大的误差。在 GPS 信号被干扰或者因建筑、茂密植被遮蔽等情况下也会出现 GPS 信号丢失，常需要其他传感器辅助定位。IMU 是检测物体加速度与旋转运动的高频传感器，根据 IMU 数据，可以实时获取无人平台的位置和方向的变化，并对这些信息进行处理，通过位置推算法对无人平台进行定位。但 IMU 也存在累积误差的情况，因此它适于在局部或短时间 GPS 信号丢失时使用。

2. SLAM（Simultaneous Localization And Mapping）

SLAM 主要是在线构建周围环境地图，同时实现目标的定位，其优点在于不需要环境的先验信息，直接感知周围环境，构建地图，实现定位，常用于室内环境下的定位[23]。

SLAM 通常包括特征提取、数据关联、状态估计、状态更新以及特征更新等。常用的 SLAM 算法主要包括基于扩展卡尔曼滤波器的 SLAM 算法、基于概率的 SLAM 算法、基于粒子滤波器的 SLAM 算法、基于空间扩展信息滤波器的 SLAM 算法和基于集合理论估计的 SLAM 算法等[24]。不同 SLAM 算法的状态估计的收敛性、估计过程的一致性、状态协方差矩阵更新的计算复杂度影响着地图特征和目标位置估计的不确定性。

目前，已有很多开源的 SLAM 方案可供参考借鉴，常见的开源 SLAM 方案有 MonoSLAM、PTAM、ORB-SLAM、DVO-SLAM、RGBD-SLAM-V2、DSO、Elastic Fusion、Hector SLAM 以及 Kinect Fusion 等，常见的开源方案及特点见表 3.7。

表 3.7　常见的开源 SLAM 方案及其特点分析

方案名称	传感器	特点
MonoSLAM	单目	第一个实时的单目视觉 SLAM 系统，存在应用场景很窄、路标数量有限、稀疏特征点非常容易丢失等情况
PTAM	单目	早期的结合 AR 的 SLAM 工作之一，存在场景小、跟踪容易丢失等缺陷
ORB-SLAM	单目为主	提出于 2015 年，是现代 SLAM 系统中做得非常完善、非常易用的方法；支持单目、双目、RGB-D 三种模式；整个 SLAM 系统都采用特征点进行计算，特征点计算量大，无法实时提供导航、避障、交互等诸多功能
LSD-SLAM	单目为主	使用了直接法进行跟踪，所以具有直接法的优点（对特征缺失区域不敏感），但在相机快速运动时容易丢失

续表

方案名称	传感器	特点
SVO	单目	速度极快；俯视配置下是有效的，但在平视相机中则会容易丢失，为了速度和轻量化，舍弃了后端优化和回环检测部分，基本没有建图功能
RTAB-MAP	双目/RGB-D	支持一些常见的 RGB-D 和双目传感器，如 Kinect、Xtion 等，且提供实时的定位和建图功能。不过由于集成度较高，使得其他开发者在它的基础上进行二次开发变得困难

3. 基于先验地图定位

基于先验地图的目标定位技术核心为匹配，通过先验地图信息与传感器在线数据匹配，确定当前目标的位姿。这类方法定位的准确度高、健壮性好，但对计算力要求较高，也容易受光照变化、参考物速度等周围环境的影响。基于先验地图的定位方法的精度还依赖于先验地图的构建，构建和维护可靠高精度的地图需要较多的时间。同时，对于一些跨维度的匹配难度也较大，如二维路标匹配到三维地图、三维路标匹配到二维地图等，不仅会增大匹配的难度，也会加大计算量。

现有的基于先验地图的定位方法主要可分为基于路标的定位方法与基于点云的匹配定位方法。

基于路标的定位方法主要通过选定的传感器与检测算法对环境中特定的路标进行检测，与先验地图进行匹配，然后对目标的位姿做出判断。例如，将激光雷达与蒙特卡罗结合，通过匹配检测到的路标与路缘进行定位；还有提前保存全局数字地图，再通过视觉检测的方法检测路标[25]，进行匹配定位，最后再融合 GPS-IMU 的输出利用粒子滤波器进行位置和方向的更新。基于路标的定位方法计算成本较低，准确度高度依赖于路标数量。

基于点云的先验地图定位方法主要通过局部扫描获取点云数据，再通过平移和旋转与先验全局点云数据进行匹配，根据匹配的最佳位置推理无人车在地图中的相对位置。对于目标在地图中的初始位置，一般通过 GPS 确定。图 3.13 所示即为通过点云匹配获取的地图显示结果。

图 3.13　点云制作地图

3.3.4 障碍物检测技术

由于机动越野环境的复杂性，障碍物的检测是地面无人平台环境感知最大的难题之一。无人平台自主行驶所面临的障碍物除了凸出地面的障碍物（静止和运动的物体），还有低于地面的凹形障碍物（壕沟和坑洞），以及一般传感器难以检测的水面和陡峭的山坡等危险地形。障碍物检测的效果直接影无人平台的自主功能，障碍物检测传感器的选型以及检测算法的实现至关重要。

1. 障碍物检测基础技术

目前，障碍物检测方法主要分为基于视觉传感器的检测方法和基于激光传感器的检测方法等。采用的传感器如视觉相机、毫米波雷达、三维激光雷达和超声波雷达等，都具有各自的优势和劣势：视觉相机可以检测到障碍物的尺寸和形状，但是实时性较差，很容易受光照条件、天气的影响；毫米波雷达能够实时获取障碍物的位置、速度信息，但是无法获取障碍物的尺寸和形状；三维激光雷达虽然能够实时获取到障碍物的尺寸、位置以及速度，但是抗干扰能力弱，容易受到噪声干扰。所以，单纯依靠某一种传感器，很难适应复杂的机动越野场景，将多传感器进行融合可以实现不同传感器的信息互补，得到更加全面的环境信息，保证无人平台在障碍物检测时的准确性。

相对于基于视觉的障碍物检测，在机动越野环境中激光雷达系统是在无人平台中应用更广泛的一类传感器。根据扫描机构的不同，激光雷达分为二维激光雷达和三维激光雷达两种。大部分激光雷达都是依靠一个旋转的反射镜将激光发射出去，并且通过计算发射光和物体表面的反射光之间的时间差来测距。激光雷达具有波束窄、波长短和分辨力极高等独特优点，可以获取目标的多种信息，因此应用十分广泛。基于激光雷达的障碍物检测方法多种多样，大致可以归纳为两种：基于高度差的障碍物检测方法和基于点云分割的障碍物检测方法。

基于高度差的障碍物检测方法一般采用栅格地图表示方法。通常直接由三维激光雷达获取的数据非常大，直接处理极其耗时，因此将点云采用栅格地图的方式表示是一种简单快速的解决方法。栅格地图的核心思想是将环境划分为若干小栅格，每个栅格都有被激光雷达数据点占据的可能或者空白等状态。计算所有落入栅格中的三维激光雷达数据，得到其最大、最小高度差值，如果差值大于设定的阈值，则该栅格为障碍物点，反之则为地面点。这种基于栅格地图的最大最小高度差的障碍物检测方法，可以有效降低斜坡被误检为障碍物的影响，并且有一定准确性，从而实现在机动越野场景下的障碍物检测。

基于三维激光雷达点云分割的障碍物检测方法充分利用激光雷达生成的三维数据，可以得到丰富的障碍物信息。目前，基于点云分割的障碍物检测方法大致分为两种，一种是基于聚类的分割算法，另一种是基于随机采样一致性的分割方法。

聚类分割的基本原理是通过对 m 个数据点的研究，在 m 维空间内定义点对点之间的亲疏程度，设 m 个数据点分成 n 类，将具有最小距离的两类合并，并重新计算迭代类之间的距离，直到任何两个类之间的距离大于设定阈值，或类的数目小于指定值，完成分割。常用的聚类方法如基于距离的聚类算法 K-Means 算法，基于网格的聚类算法（Statistical Information Grid，STING）算法、Wave-Cluster 算法和基于密度的聚类算法（Density-BasedSpatial Clustering of Applications with Noise，DBSCAN）算法等。在实际应用过程中可以结合各算法的优缺点进行选择，以保证具有较好的分割效果，实现精确的障碍物检测。

基于随机采样一致性算法的分割是基于消除离群点的随机抽样，构造一个由局内数据组成的基本子集。基本思想是在参数估计中根据设计特定的准则模型，区别对待所有可能的输入数据，判断迭代准则，以消除与估计参数不同的数据，并且通过正确的输入数据来估计模型参数。点云分割的过程如下：从输入的三维激光雷达数据中随机选择一些点计算出用户模型，对所有数据集中的点设置距离阈值，如果该点到模型的距离小于该阈值，则将该点归类为局内点，否则归类为离群点；然后统计所有局内点的个数，如果大于设定的阈值，则用局内点重新估计模型并输出，将所有局内点存储起来作为分割结果，如果小于设定的阈值并且大于当前最大的局内点个数则取代当前最大局内点个数，并存储当前的模型参数进行迭代计算，直到分割出最后的模型。

2. 负障碍检测技术

目前，针对正障碍的检测技术研究已做了大量有效工作，但是针对非结构化环境下的负障碍检测技术相对较少。在正障碍检测常用的方法中，热红外图像、视频序列等方法，容易受到温度、光照条件的影响，具有一定的局限性，用于负障碍检测时健壮性不足。采用激光雷达进行越野路面负障碍检测是一种可行的方法，但也存在以下难点：一是可测深度有限，即随着到激光雷达传感器距离的增加，一定宽度的负障碍物能够观测到的有效深度值迅速降低；二是越野地面难以确定，由于地表起伏不定，非结构化环境下又没有标准的道路，所以很难像城市环境一样拟合或者分割出较好的“路面”，也就难以通过地面来推测负障碍物。

基于激光雷达检测负障碍检测的基础是根据激光扫描得到的负障碍特征。图 3.14 所示为负障碍的几何特征模型，其中 L 为负障碍的宽度，H 为激光雷达的高度，D 为激光雷达（无人平台）到负障碍的距离。负障碍检测中广泛应用的两点：当出现负障碍时，相邻扫描点的距离（d）会明显变大，反映在图中为 $d(p_1, p_2) \gg d(p_1, p_{22})$，$d(p_{22}, p_{33}) > d(p_2, p_3)$；并且同时总存在高度值低于周围的点，如 p_2、p_3 低于 p_1、p_4，这是负障碍的典型特征。

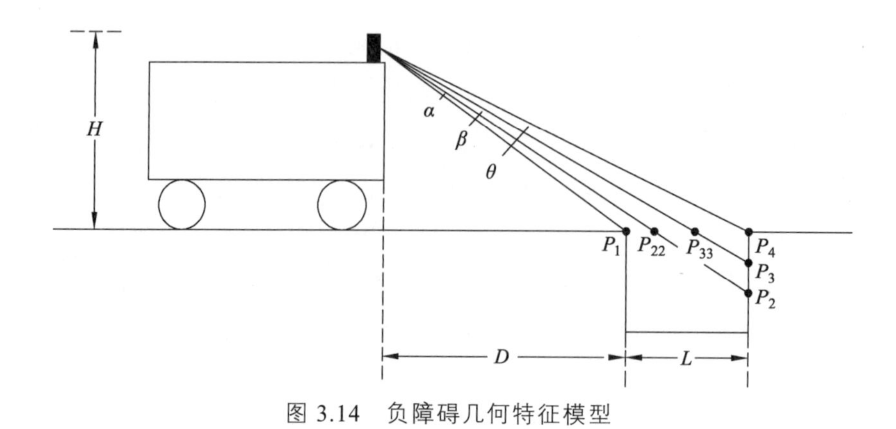

图 3.14　负障碍几何特征模型

传统的多线激光雷达扫描的每一帧数据量虽然比较大，但是在地面上的点是相对稀疏的，尤其是距离激光雷达较远的地方如果存在负障碍很有可能会扫描不到有效数据。为了解决上述问题，目前应用较为广泛的是多激光雷达的组合以及激光雷达与 IMU 的融合。

多激光雷达组合的方法首先在于激光雷达的安装和布局与传统方式不一致。传统方式在无人平台顶部水平安装一个多线激光雷达，如果能够扫描到负障碍区域，其扫描示意如图 3.15（a）所示，负障碍特征点散落在不同激光束扫描线上，并且随着距离的变远，扫面线越来越稀疏，能够扫描到的有效信息很少。改进的多激光雷达组合方式其水平安装的激光雷达不变，另外在车身两侧分别垂直安装两个多线激光雷达，如图 3.15（b）所示，一条扫描线就可以扫描到前方的负障碍特征点，相对传统方式能获取更丰富的点云信息，也便于计算特征点之前的关系。获取负障碍特征点之后可以通过对潜在负障碍区域进行聚类，得到精确的负障碍区域。

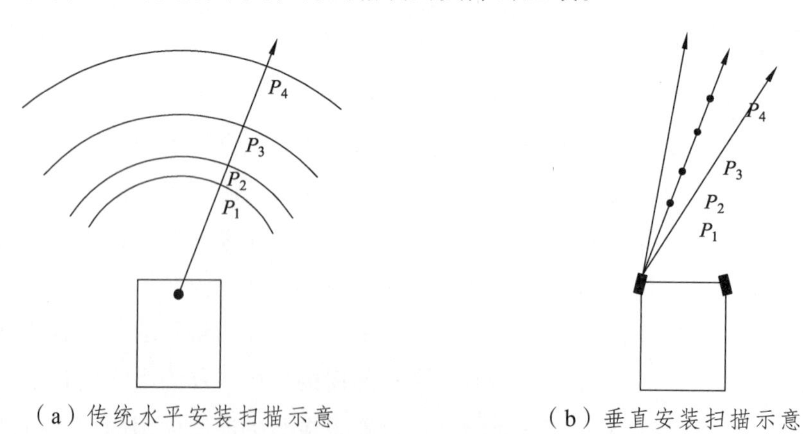

（a）传统水平安装扫描示意　　（b）垂直安装扫描示意

图 3.15　激光雷达扫描示意

激光雷达与 IMU 融合的方式主要思路也是在得到足够丰富的点云信息基础上，进行负障碍特征提取。这种检测方法在传统水平安装激光雷达基础上，通过 IMU 获得激光雷达的位姿信息，将历史点云数据和检测结果应用于当前这一帧下获得密集点云，然后再根据负障碍典型特征进行检测。

3.3.5 局部地图构建技术

地图构建在地面无人系统中占据着重要地位，是无人平台定位、导航、路径规划和避障的基础。局部地图构建是将车载传感器感知到的离散的、片面的、非完整的空间信息形成可应用于决策规划的知识，是对周围感知环境的一种表达方式，需要足够丰富的环境信息。地图的表示方式有多种，大致可分为特征地图、拓扑地图和栅格地图三类[23]。

1. 特征地图

特征地图是无人平台通过传感器获取外部环境信息之后，提取出有用的信息并将其转化为几何特征信息，用这些几何特征信息表示环境中的障碍物，可以更加直观简洁地看到环境中的障碍物信息，对于目标识别和提取很方便。但是在无人平台运动过程中，需要对全局地图进行实时更新，需将局部地图和全局地图的数据进行对比，把环境特征进行关联。特征地图在数据关联和特征提取上如果与真实环境有误差或者精度不足，很容易导致无人平台定位、导航不准确。因此，目前特征地图在无人平台领域未被广泛采用[23]。

2. 拓扑地图

拓扑地图的思想是将重要部分信息抽象表示为地图，把环境中物体信息表示为带结点和相关连接线的拓扑结构图。由于拓扑地图具有抽象度较高、消耗内存小和路径规划高效的优点，适用于环境范围大并且障碍物单一的场景。不过由于其只表示了节点之间的连通性，忽略了节点之间的最短可行路径，所以规划的路径很有可能不是最优的。拓扑地图的构建是对拓扑节点进行识别和匹配的过程，当周围环境中有非常相似的节点时，不能很好地区别开，也就不能很好地理解环境信息[23]。因此，地面无人系统进行地图构建时通常不建议单独采用拓扑地图模型。

3. 栅格地图

栅格地图（Grip map）又称占据栅格地图，其基本思想是将周围环境信息分成栅格形式，每一个栅格都有相应的值，用来表示栅格被占据的情况，1 表示被占据，0 表示未被占据，每个栅格被占据的概率是相同的。栅格地图的创建不受地形环境限制，精度高且易于维护，栅格地图的分辨率越大，地图越接近真实环境的地图，比较适合激光传感器和超声波传感器。栅格地图易于创建和保存，而且保留了环境中的重要信息，这对无人平台系统的导航和路径规划至关重要。但是当环境中的信息过多，环境范围过大的时候，详细存储障碍物信息增加了信息维护和更新的难度，同时也会带来人机交互设计、呈现和操控的难度。综合分析比较，目前大多数无人平台系统使用的还是栅格地图，或者是基于栅格地图改进的地图。

高程地图是对二维栅格地图的一种扩展，它是由二维的离散栅格和栅格所在位置的地形高度信息组成的 2.5 维地图。高程是指所在平面位置的地形高度，所以高程地图适合描述无人平台的工作环境的地形特点，可用于越野环境下的三维地图构建。

无人平台系统中栅格地图的构建通常有两种方式，一种是通过车载激光雷达扫描构建，另一种是通过相机获取环境信息进行构建，局部栅格地图构建流程如图 3.16 所示。

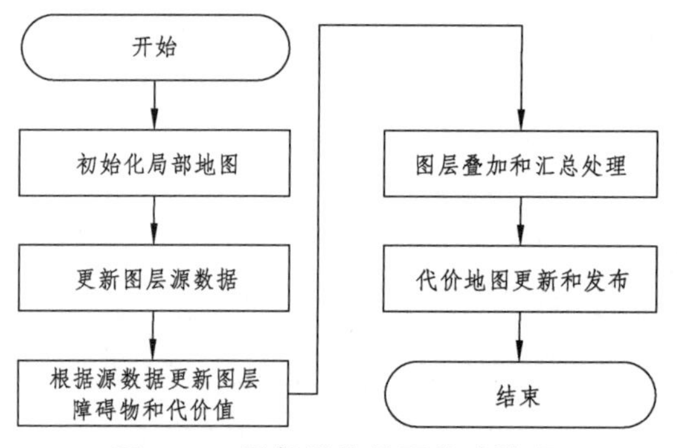

图 3.16　局部栅格地图构建流程

以上三种地图表示方式在实际应用时，都需要转化为代价地图（Cost Map），代价地图是通过表征无人平台到达地图上每个点所需要付出的代价值而形成的。代价地图是分层地图，一般分为静态地图层、障碍物层、膨胀层和其他类型地图层，这几层地图叠加构成总的代价地图。其中，静止地图层基本上是不变的地图层，通常是由 SLAM 构建完成的静态地图；障碍物层用于动态记录传感器感知到的障碍物信息；膨胀层用于膨胀所有图层中的障碍物，通常在静态地图和障碍物层叠加后得到全部障碍物的基础上，根据无人平台内切和外切半径在障碍物周围添加代价，从而让无人平台安全行驶。

代价地图采用网格（Grid）形式，每个网格（Cell）的值（Cost）分布于 0 ~ 255，数值越大代表代价值越大。网格的值被分为三种不同的状态：被占用（有障碍）、自由区域（无障碍）和未知区域[24]。

障碍物与无人平台中心的距离和无人平台内切圆与外切圆的半径关系如图 3.17 所示，其中矩形区域代表障碍物，多边形代表无人平台轮廓，半径较小的圆形为无人平台内切圆，半径较大的圆形为无人平台外切圆[24]。

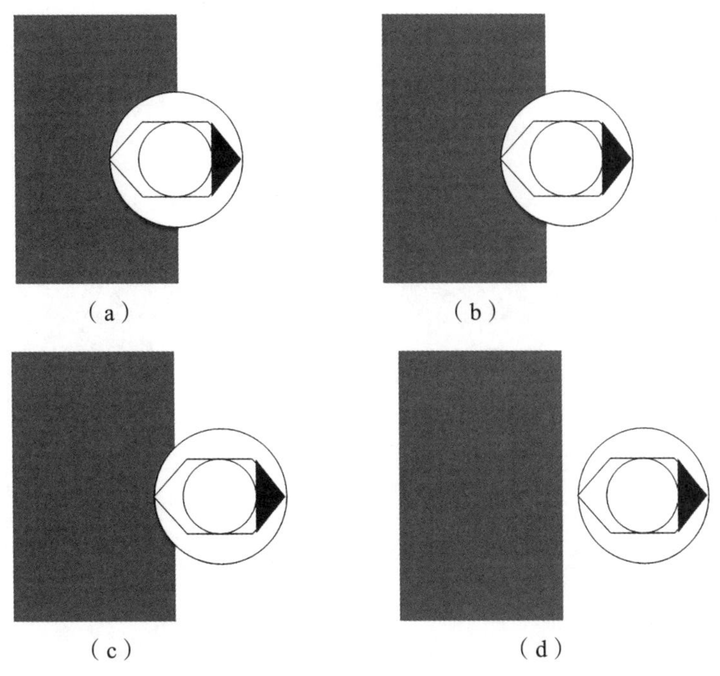

图 3.17　无人平台与障碍物关系

当无人平台中心所在位置有障碍物时，无人平台必定会与障碍物碰撞，图 3.17（a）的代价值为 254。当无人平台中心所在位置距离障碍物边缘小于无人平台内切圆半径时，无人平台也必定与障碍物碰撞，图 3.17（b）的代价值为 253。当无人平台中心所在位置距离障碍物边缘大于无人平台内切圆半径，但是小于无人平台外切圆半径时，无人平台在这种位置可能会与障碍物发生碰撞，取决于当前无人平台位姿，图 3.17（c）的代价值为 128 ~ 252。当无人平台中心位置距离障碍物边缘大于无人平台外切圆半径时，无人平台与障碍物不会发生碰撞，图 3.17（d）的代价值为 1 ~ 126。当代价地图的网格代价值为 0 时，代表这个网格不可能有障碍物。当传感器无法获取某个区域的信息时，无人平台无法判断这个区域是否有障碍物，这个区域是未知区域，代价地图在这种位置的网格代价值为 127[24]。

3.4　探测感知典型系统设计

探测感知作为无人平台的眼和耳，辅助无人平台实现全天时、全天候的自主行驶、目标跟随等多种机动模式以及满足多种环境条件的操控需求。典型设计将从硬件平台和软件平台设计两个方面介绍。

3.4.1 硬件平台

针对无人平台要具备全天候、全天时、越野地形等环境适应性，满足高精度、快速感知和低成本等要求，无人平台的典型配置如表 3.8 所示，各类传感器感知的范围如图 3.18 所示。

表 3.8 典型配置表

序号	设备名称	数量	备注
1	星光相机	1 个	远距离夜晚环境的感知
2	模拟摄像头	3 个	视觉补盲
3	激光雷达	1 台	远距离全天时环境感知
4	毫米波雷达	5 个	中近距离全天时、全天候环境感知
5	超声波雷达	1 套	近距离环境的感知
6	组合导航设备	1 套	高精度定位

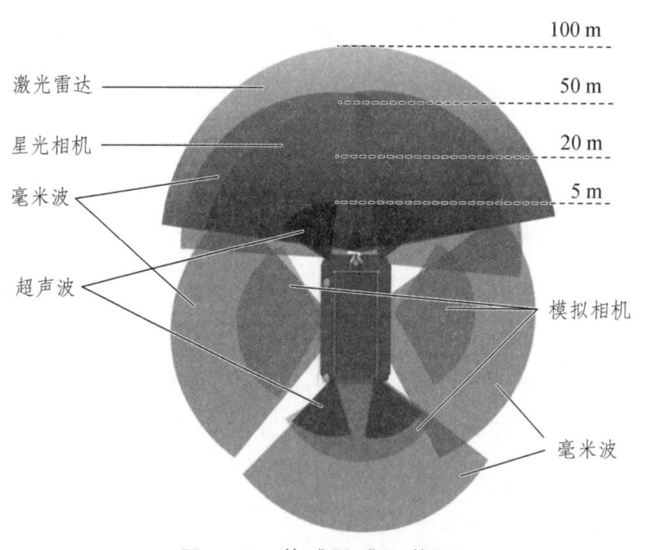

图 3.18 传感器感知范围

1. 相 机

相机的配置需要考虑白天、夜间全天时应用，以及视野的角度和距离。可以在前向配置 3 台星光相机，按照左、中、右安装在车头位置，提供前向 180°范围内、50 m 以上距离的高清视觉信息。左、右、后方分别安装 1 ~ 2 台（根据无人平台尺寸和相机性能）广角模拟相机，与星光相机共同构成 360°视野。星光相机和模拟相机均具备红外夜视能力。

2. 激光雷达

激光雷达水平安装在靠近车头方向的车顶中轴线位置，选用 16 线以上的激光雷达，垂直现场角为 ± 15°以上，以安装高度距地面 1.7 m 计算，激光雷达前方盲区距离为 5.4 m，如图 3.19 所示。激光雷达主要用于无人平台周围 360°障碍检测，利用激光雷达设备提供的二次开发库，可以直接得到激光点云图像。

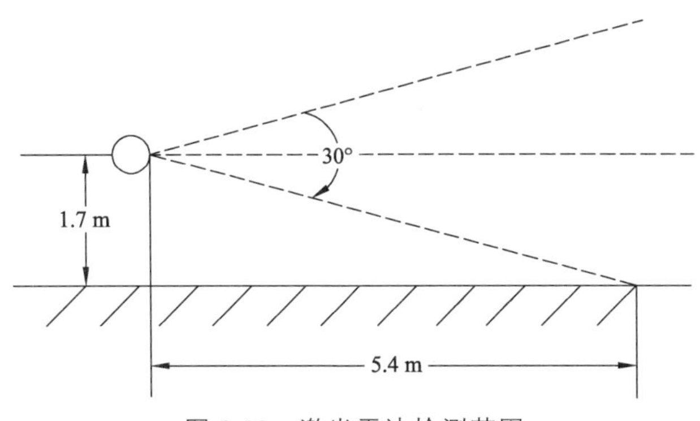

图 3.19　激光雷达检测范围

3. 毫米波雷达

选用具有高复杂度的 LFM + FSK 调制模式的毫米波雷达，最大监测距离 50 m 以上，能检测运动目标的距离、速度、角度，具有较高的测距与测速精度。为实现无人平台周边障碍物的检测，按照"前 2 侧 2 后 1"配置，无人平台前方设置 2 台、左右侧面及后方各配备 1 台毫米波雷达。每台毫米波雷达能在方位面探测到 100°范围内的运动目标，车头方向的两台毫米波雷达可实现车头前方 180°扇面无盲区全覆盖，并且车头正前方有 20°范围的双重覆盖，如图 3.20 所示。按此配置方案，无人平台周围毫米波雷达探测范围如图 3.21 所示。

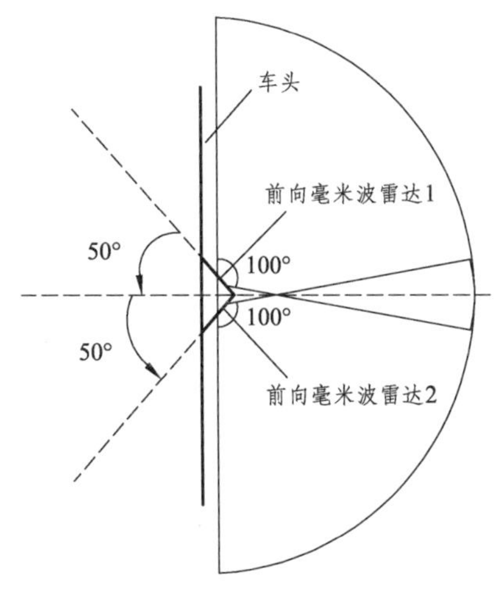

图 3.20　车头方向毫米波雷达配置方案

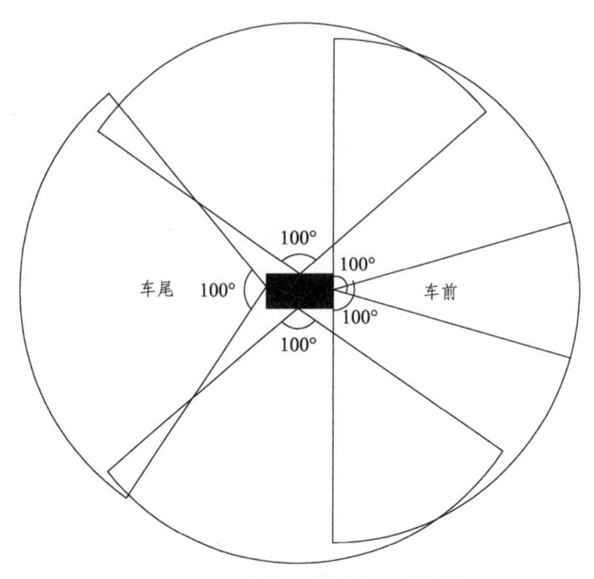

图 3.21　毫米波雷达探测范围

毫米波雷达俯仰面 – 6 dB 波度宽带为 17°，安装高度 0.5 m（距地面）计算，毫米波雷达前方盲区距离为 1.64 m，如图 3.22 所示。

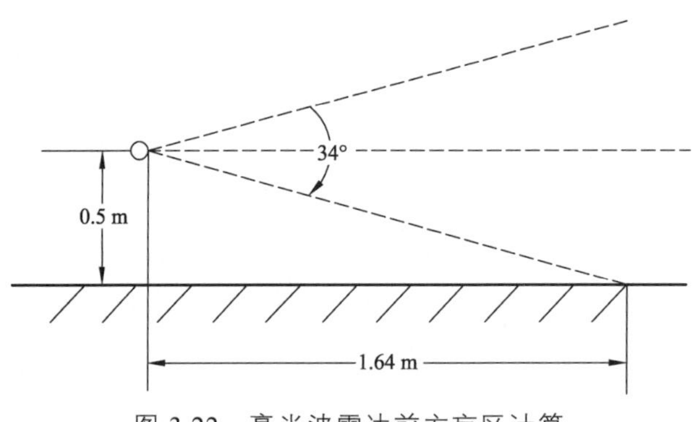

图 3.22　毫米波雷达前方盲区计算

4. 组合导航设备

组合导航选用复杂电磁环境和空间环境下具备适应能力、抗干扰能力、授时能力、姿态测量能力和定位测速能力的设备，可在恶劣条件下提供准确的时空基准，主要包括抗干扰高精度定位定向设备和位姿测量设备，典型设备及主要功能见表 3.9。

表 3.9　导航设备主要功能

设备	主要功能
抗干扰高精度定位定向设备	抗压制式干扰能力；RDSS 通信能力；定位、测速、授时能力；高精度测向能力
位姿测量设备	姿态测量，纯惯性下 2/30 min；卫星惯导组合

3.4.2 软件平台

应用软件平台基于 ROS 机器人操作系统，将探测感知的功能融合到 ROS 系统框架中，实现无人平台自身的姿态感知、行驶周边环境感知、跟随目标检测、局部地图构建和融合定位等功能。

应用软件逻辑架构如图 3.23 所示，根据业务分类和业务处理流程，应用软件分为激光点云、视觉信息处理、态势增强识别、局部地图构建、融合定位和目标跟踪 6 个模块。

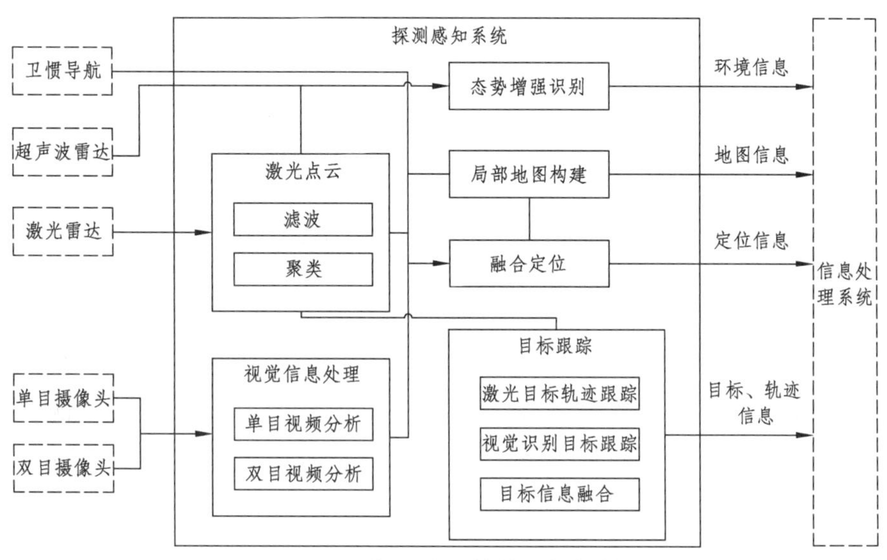

图 3.23　探测感知软件逻辑架构

1. 激光点云模块

激光点云模块对实时采集到的激光雷达传感器扫描的点云信息进行滤波、聚类处理，作为局部地图构建、态势增强识别和目标检测模块的输入。

激光点云处理包括点云的下采样滤波及地面滤除。下采样滤波采用体素滤波，每 0.001 m^3 保留一个点云。地面滤除主要是滤除地面干扰，只保留障碍物信息。首先根据平面拟合进行初次滤除地面，再根据射线地面法计算同一射线上相邻点的坡度值，如果坡度值小于设定的阈值则判定为地面，否则为障碍物信息，完成二次地面滤除，处理流程如图 3.24 所示。

2. 视觉信息处理模块

视觉信息处理模块对实时采集到的单目、双目摄像头视频数据，采用深度学习的方法，根据初始化训练的模型，进行对路面、障碍、目标的检测与识别。

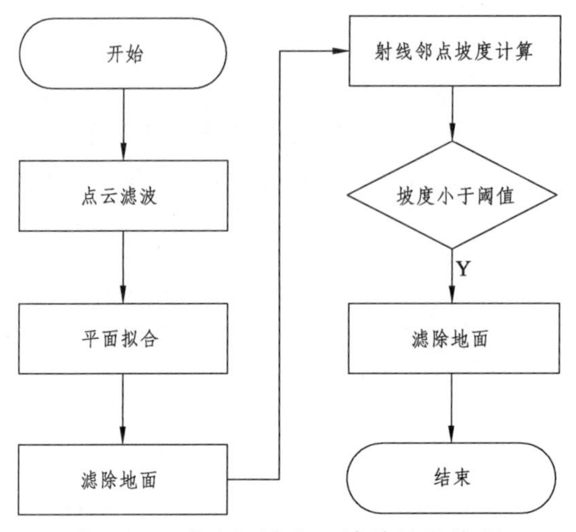

图 3.24　激光雷达点云滤除地面流程

3. 态势增强模块

态势增强模块基于激光雷达信息、视觉信息和超声波信息对驾驶环境要素进行提取、表达，用于底盘信息处理系统进行规划决策。

4. 局部地图构建模块

局部地图构建模块主要生成局部代价地图，通过读取激光点云处理信息，通过滤波、聚类和 SVM（支持向量机）等算法构建包含障碍物信息的 2D 栅格代价地图，用于底盘信息处理系统进行局部路径规划。

局部代价地图主要由激光雷达点云处理、信息更新和图层更新等组成，如图 3.25 所示。

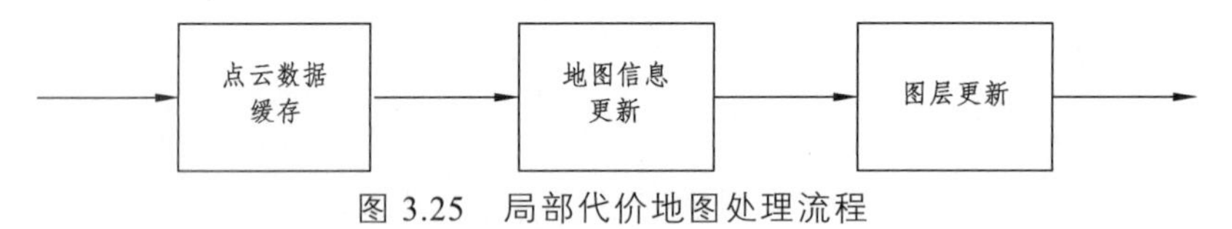

图 3.25　局部代价地图处理流程

激光雷达点云数据处理的基本流程如下：

（1）首先通过缓冲队列暂存接收到的点云数据，可缓冲一帧或多帧点云（具体结合算法需求和处理能力确定）；然后缓冲队列的大小通过时间或指定大小来更新数据，如将超出一定时间的数据弹出等。

（2）信息更新是将缓冲的点云映射到栅格代价地图，并区分障碍物和非障碍物信息，目前使用的主要方法有两种：

方法 1：按照点云的高度来判别障碍区域和非障碍区域。

方法 2：根据点云映射栅格上是否有多个不同高度的点云以及相邻栅格有无连续障碍来判定障碍和非障碍。

局部代价地图由多个图层按指定算法方法叠加组成，这里主要设计了障碍物层和膨胀层，代价地图更新的处理流程如图 3.26 所示。

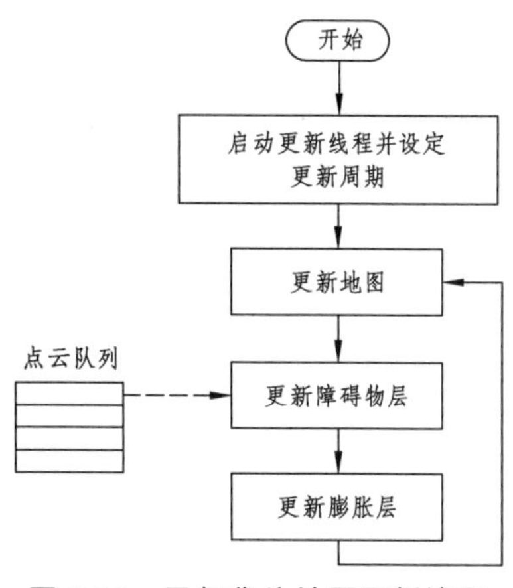

图 3.26　局部代价地图更新流程

5. 目标跟踪模块

该模块基于激光、视觉的感知结果，完成目标轨迹跟踪。

视觉目标检测跟踪主要采用深度学习的方法进行跟踪，流程如图 3.27 所示，在初始帧图片上通过目标检测方法选定跟踪目标，初始化训练跟踪模型，再开始后续帧目标跟踪；目标稳定跟踪时，根据跟踪结果对模型进行更新；目标出现丢失时，采用目标检测、匹配与重定位方法进行目标找回。

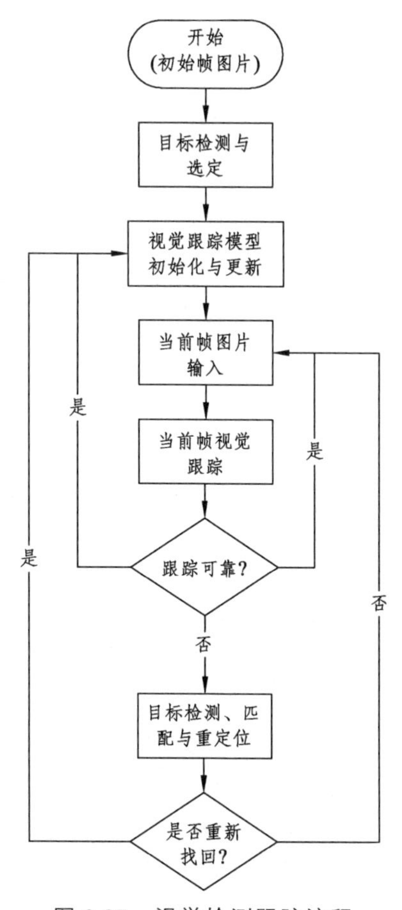

图 3.27　视觉检测跟踪流程

激光雷达目标检测跟踪程序在滤除地面采样的点云上进行点云聚类，依据目标要求（如车和人员）进行分类检测，然后对检测的目标进行卡尔曼滤波状态估计，最后采用最近邻关联算法对检测到的目标及跟踪的目标进行多目标关联，关联成功的则更新卡尔曼滤波器状态，关联失败的则生成新的跟踪目标，流程如图 3.28 所示，检测效果如图 3.29 和图 3.30 所示。

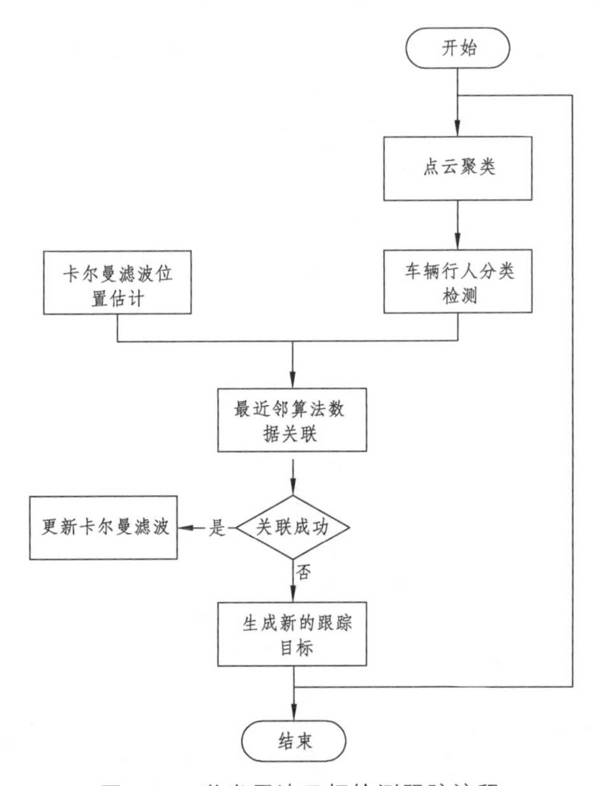

图 3.28　激光雷达目标检测跟踪流程

图 3.29　人员检测跟踪

图 3.30　车辆检测跟踪

视觉跟踪能较准确地辨别不同的车和人员目标，但是不能获得较准确的目标三维信息，激光雷达可以精确获取目标的三维信息。因此，采用视觉和激光雷达融合的方式跟踪车辆和人员目标，既能准确的辨别不同的目标，又能获取精确的目标三维信息。

由于传感器具有各自独立的数据空间向量，融合需要先将两者进行联合标定获得它们之间的映射关系，激光雷达三维点云目标可通过事先标定得出的映射关系进行坐标转换，投影到二维图像中。图 3.31 所示为投影变换矩阵将激光雷达跟踪的目标映射到图像中的结果。

图 3.31　图像投影激光检测的目标

图中方框为视觉跟踪到的车辆目标，圆点为激光雷达跟踪的目标投影到视觉位置。从验证结果可见，通过坐标投影变换，可以准确地将激光雷达跟踪目标和视觉跟踪目标进行融合，激光与视觉融合跟踪流程如图 3.32 所示。

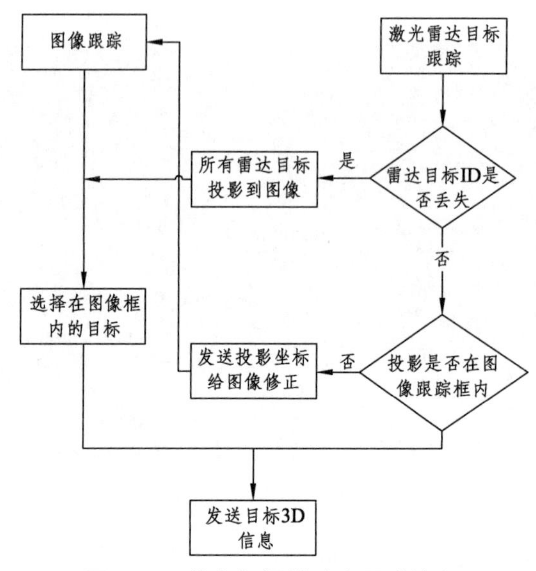

图 3.32　激光与视觉融合跟踪流程

6. 融合定位模块

该模块主要用于确定无人平台自身的地理位置，融合视觉、雷达、IMU 等传感器数据，采用扩展卡尔曼滤波算法（EKF）滤波，对系统状态进行递归估计，以测量误差为依据进行估计和校正，不断逼近真实值，为信息处理系统提供车辆自身准确的定位信息。

3.5　本章小结

探测感知技术在地面无人系统技术研究中占据非常重要的地位，它影响着整个行动过程的安全性、稳定性和环境适应性，也是其形成应用能力的基础。探测感知技术包括的内容非常多，如传感器知识、计算机知识、计算机图像处理、对图像的理解认知及传感器与计算机信息融合技术等，是地面无人系统研究的热点和难点之一。

首先，介绍了探测感知技术在地面无人系统中的功能定位和分类，然后以 Darpa 无人挑战赛相关无人平台和 Google 无人车为例介绍了探测感知技术发展情况，并对探测感知应用中的主要传感器进行了介绍。

其次，针对地面无人系统应用特点，重点介绍了多传感器探测与融合处理技术、基于机器视觉的感知技术、融合定位、障碍物检测技术和局部地图构建技术等核心技术。

最后，结合实际，给出了一个典型的无人平台探测感知系统的设计实例，可为读者开展相关设计提供参考。

4

底盘信息处理技术

4.1 概　述

底盘信息处理主要是依据探测感知获取的环境信息和自主机动需求进行任务决策，在能避开可能存在的障碍物前提下，以行动要求为约束，从全局角度规划出两点间多条可选安全路径，并在这些路径中选取一条最优的路径作为无人平台行驶轨迹，对无人平台进行行动控制，在无人平台运动中实时获取无人平台自身的姿态信息，并结合探测感知获取的局部环境信息来避免撞上未知的障碍物，最终到达目标点。

底盘信息处理技术的主要难点在于机动环境千变万化，对于环境的探测难以做到实时全面准确感知，在规划决策中要解决复杂环境中感知不确定的问题。在全局路径规划的基础上，必须自主实时地进行局部行动规划，以应对不断变化的环境，给算法的效率、计算平台的运算能力、规划的实时性带来了极大的挑战。因此，底盘信息处理技术研究和突破主要集中在行为决策、局部路径动态规划和跟随控制技术等方面。

4.1.1　功　能

底盘信息处理主要完成以下 6 个功能：

（1）无人平台任务决策：通过智能算法学习探测感知到的环境场景信息，从全局的角度规划具体行驶任务。在无人平台行进过程中实时监督无人平台运动状态和周围环境信息，当探测到当前道路遇到障碍时，能够重新规划机动方式。

（2）局部路径规划：在全局路径规划生成的可行驶区域指导下，依据传感器感知到的局部环境信息，如障碍物位置和道路边界，按照一定的评价标准，来决策无人平台当前前方路段所要行驶的可行和最优的路径轨迹，并且能在有障碍物的环境内寻找一条从起始位置到目标位置的无碰撞路径。

（3）轨迹规划：根据局部环境信息、任务决策和平台本身状态信息，在满足一定的运动学约束下，规划决断出无人平台期望的行驶轨迹、速度、方向和状态等。

（4）行动控制：根据规划决策的结果，实现对无人平台行为的控制。

（5）健康管理：实时获取和处理无人平台状态信息，借助各种智能算法监控和管理无人平台的运行状态，并对故障进行预测和诊断，及时做出正确的无人平台控制决策。可实现对无人平台主要硬件和总线实时状态监测。

（6）跟随控制：使用目标检测、识别和跟踪技术实现对人员目标和车辆目的动态跟踪，同时依据跟踪结果进行跟随距离和速度的规划，实现无人平台的跟随控制。

4.1.2 分　类

底盘信息处理所要收集和分析的信息主要有三类:一是来自无人平台的健康信息，二是来自操控端用户下达的控制、规划策略信息，三是自主行驶过程中感知的环境信息，这三类信息都是进行行为决策、路径规划和动作规划的主要依据。

（1）无人平台自身的健康信息处理：分析采集到的无人平台的振动、光强、电压、电流、温度、压力、油耗、转向、制动和加速等信息，评估监测无人平台系统部件和关键元器件等的健康状态并进行故障预测，给出合理的维修保障建议和动作规划参考。

（2）控制、规划策略信息处理：对用户下发的无人平台基本参数、行驶控制参数、自检参数、规划策略参数、任务数据和路径规划数据等信息的处理。

（3）动态感知环境信息处理：在无人平台自主行驶过程中，对可能影响到环境预测、行为决策、路径规划和动作规划的所有环境数据进行分析处理，以确保做出正确的规划决策，保证无人平台平稳、安全地到达目的地。

4.2 高性能计算平台

地面无人平台在进行规划决策时，会进行大量的运算，并且需要具备较高的实时性。计算芯片性能是影响无人平台信息处理速度的主要因素，目前主流的硬件解决方案主要基于 CPU、GPU、DSP、FPGA 和 ASIC 等芯片的不同组合。以下介绍几种典型的解决方案。

4.2.1 以 CPU 为核心的处理平台

1. 华为的数据处理平台

华为的 MDC 智能驾驶计算平台内部包含了 CPU 和 AI 处理器核心芯片。CPU 处理器基于华为自研的 ARM 处理器，鲲鹏 920s，12 核，2.0 GHz，7 nm 制程，最大功耗 55 W。AI 处理器是华为自研的昇腾 310 处理器，基于达・芬奇 AI 架构，可以提供 16TOPS@INT8 的算力，12 nm 制程，最大功耗 8 W。

MDC 内部分为两大模块，第一个是计算单元，第二个是安全 MCU 模块。计算单元内部包括四大模块，分别为 CPU、图像处理、AI 处理和数据交换。

（1）CPU 模块主要提供整型计算，可以用来部署后融合、定位等应用软件算法，内存是 16 GB。

（2）图像处理模块可以把摄像头的原始数据处理成 YUV 格式或者 RGB 格式的文件。

（3）AI处理模块主要用来做AI计算，主要是CNN计算，可以做摄像头的AI处理，或者摄像头和激光雷达一个前融合的AI计算，内存是64 GB。

（4）数据交换模块主要负责其余各个模块之间的数据交互。

2. NXP平台

NXP BlueBox能够为无人平台提供必要的性能、安全的功能和可靠性，运行在其上的是Automated Drive Kit软件平台。作为BLBX2-××系列的新成员，该器件集成了S32V234汽车视觉和传感器融合处理器、S2084A嵌入式计算处理器和S32R27雷达微控制器。其具有高性能计算能力，带有16 GB DDR4和256 GB SSD，ASIL-B计算，汽车接口，带有视觉加速功能，ASIL-D子系统，带有专用接口，汽车I/O，有多个接口，以太网100 M/1 G/10 Gbps，SFP+，8x100BASE-T1，CAN-FD，FlexRay™，8×摄像头。

3. Mobileye平台

Mobileye平台内部集成了英伟达TegraK1处理器、Mobileye的EyeQ3芯片以及Altera的Cyclone 5 FPGA芯片。Tegra K1用于4路环视图像处理，EyeQ3负责前向识别处理，Cyclone 5 FPGA负责障碍物、地图的融合及各种传感器的预处理工作。Mobileye平台具有实现模块化的优势，这有助于强调各个子系统的功能和网络安全需求，简化自动化算法的开发和部署，方便在各个子系统中扩展功能。

4. Qualcomm平台

采用的骁龙820A处理器，基于14 nm FinFET工艺，64位Kryo四核CPU和Adreno 530 GPU，支持600 Mbps的高速LTE移动上网，支持接入更多数据，如摄像头数据、传感器数据等，提供随时响应诸如3D导航、人脸识别、语音识别、娱乐系统、ADAS、环视泊车辅助等功能。

4.2.2 以GPU为核心的处理平台

NVIDIA的PX平台是目前领先的基于GPU的无人平台自主行驶系统解决方案，其硬件板如图4.1所示。每个PX2由两个Tegra SoC和两个Pascal GPU图形处理器组成，其中每个图像处理器都有专用的内存和指令以完成深度神经网络加速。为了提供高吞吐量，每个Tegra SoC使用PCI-E Gen 2×4总线与Pascal GPU直接相连，其总带宽为4 Gb/s。此外，两个CPU-GPU集群通过千兆以太网相连，数据传输速度可达70 Gb/s。借助优化的I/O架构与深度神经网络的硬件加速，每个PX2能够每秒执行2.4×10^7次深度学习计算。这意味着当运行AlexNet深度学习典型应用时，PX2的处理能力可达2 800 fps。

图 4.1　基于 GPU 的解决方案的硬件板

4.2.3　以 DSP 为核心的处理平台

德州仪器（TI 公司）提供了一种基于 DSP 的无人平台自主行驶系统解决方案，其硬件板如图 4.2 所示。其 TDA2x SoC 拥有 2 个浮点 DSP 内核 C66x 和 4 个专为视觉处理设计的完全可编程的视觉加速器，可提供 8 倍的视觉处理加速且功耗更低。类似设计有 CEVA XM4，这是另一款基于 DSP 的无人平台自主行驶计算解决方案，专门面向计算视觉任务中的视频流分析计算。使用 CEVA XM4 以 30 fps 的速度处理 1 080 P 的视频仅消耗功率 30 mW，是一种相对节能的解决方案。

图 4.2　基于 DSP 的解决方案的硬件板

4.2.4　以 FPGA 为核心的处理平台

Altera 公司的 Cyclone V SoC 是一个基于 FPGA 的无人平台自主行驶系统解决方案，其硬件板如图 4.3 所示，现已应用在奥迪无人驾驶产品中。Altera 公司的 FPGA 专为传感器融合提供优化，可综合分析来自多个传感器的数据以完成高度可靠的物体检测。类似的产品有 Zynq 专为无人平台自主行驶设计的 Ultra ScaleMPSoC。当运行卷积神经网络计算任务时，Ultra ScaleMPSoC 运算效能为 14 fps/W，优于 NVIDIA Tesla K40 GPU 的 4 fps/W。同时，在目标跟踪计算方面，Ultra ScaleMPSoC 在 1 080 P 视频流上的处理能力可达 60 fps。

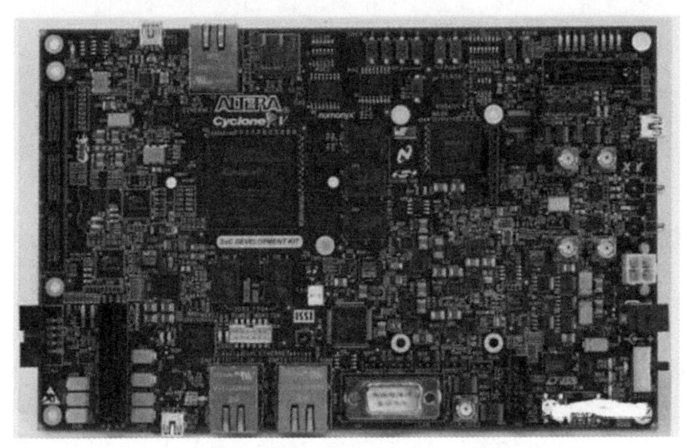

图 4.3　基于 FPGA 的解决方案的硬件板

4.2.5　以 ASIC 为核心的处理平台

Mobileye 公司的 ASIC 无人平台自主行驶系统解决方案，其 Eyeq5 SOC 装备有 4 种异构的全编程加速器，分别对计算机视觉、信号处理和机器学习等专有算法进行了优化。Eyeq5 SOC 实现了以 2 个 PCI-E 端口支持多处理器间通信。这种加速器架构尝试为每一个计算任务适配最合适的计算单元，硬件资源的多样性节省了应用程序的计算时间并提高了计算效能。

4.3　底盘信息处理核心技术

4.3.1　无人平台健康管理

地面无人平台健康管理系统是保障无人平台安全运行、自主行驶和降低维修保障复杂性的重要系统[27]，是无人平台系统的关键技术，对于无人平台的故障判断和维护具有重要的指导意义。健康管理系统包括平台端健康管理系统和操控端监控系统两部分。平台端健康管理系统主要包含传感器、传感器处理单元、状态监控单元和健康状态预警单元，除此之外还有车载电源、数据总线以及与通信系统相对应的接口单元等。操控端健康管理系统主要包含状态监测单元、健康诊断单元、模型管理以及健康状态识别单元等，框架如图 4.4 所示。

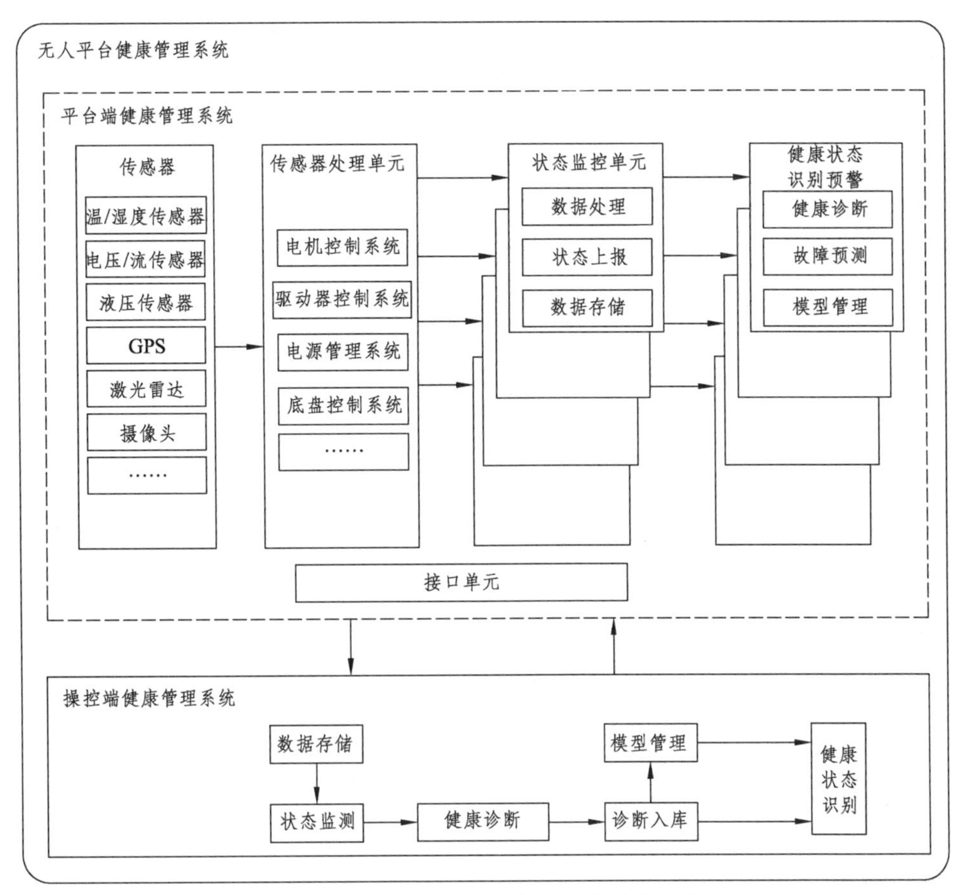

图 4.4　无人平台健康管理系统总体架构

无人平台传感器收集无人平台内部和外部环境感知信息，通过相应的接口单元将感知数据传送给传感器处理单元，传感器处理单元按照功能属性进行子系统划分，每个子系统单独处理相关传感器数据。状态监控单元针对各子系统上传的感知信息进行进一步处理，一方面通过通信接口上报至操控端进行监控显示，另一方面进行本地存储用于后续分析。

健康状态预警模块根据上一级的处理数据判断健康状态，并且可以基于模型预测故障，对可能发生的故障给出预警，并将判断和预测结果上传给操控端，为系统使用和维护保障提供依据[28]。操控端系统可以根据在线采集和历史记录的数据，对维修活动做出适当决策，并能够动态调整维修资源，生成自主维修保障策略。

接口单元是无人平台健康管理系统与用户的信息接口，也是健康管理系统运行结果的最终表达。其中包含了无人平台健康状态报表、故障分析报告以及无人平台关键部件的剩余可用寿命和维修需求的具体内容等结论性表达，为无人平台操控者和维护者等提供相应的操作数据支撑。

无人平台健康管理系统的工作原理如图 4.5 所示，当无人平台发生故障时，平台端健康管理系统与操控端健康管理系统相结合共同完成故障诊断以及提供维护措施[29]。从无人平台传感器采集的数据经过处理后，得到的无人平台状态参数超过设定的参数阈值或已发生故障时，平台端健康管理系统能够完成初步诊断，能够提醒操作人员通过操控端健康管理系统根据故障现象或者报警提示进行诊断，采用案例诊断和交互式诊断的方式进行故障排查和维修。过程中产生的故障信息、案例知识、规则知识以及维修措施形成无人平台健康记录并逐步构建知识库。

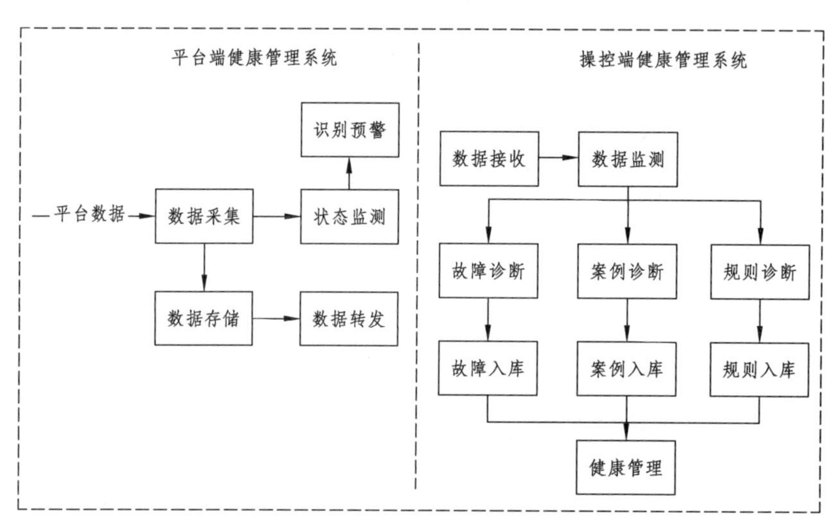

图 4.5　无人平台健康管理系统工作原理

4.3.2　无人平台对外交互与协同控制技术

1. 无人平台对外交互技术

无人平台通常依托通信链路对外交互信息，从对外交互链路的可靠性和稳定性考虑，通信协议采用基于 TCP 和 UDP 的双通道信息交互，按照交互信息的类型选择不同的通道，基本交互流程分为无人车接入操控端、无人车与操控端之间的交互以及无人车之间的交互三类。

（1）无人平台接入远程操控端。

无人平台可以自动发现操控端，并进行匹配校验。无人平台按照特定规则以可变消息格式（Variable Message Format，VMF）编码形式进行唯一标识编号，在操控端配置允许接入的有效无人平台编号。自动发现过程是通过无人平台不断发送携带自身在本系统唯一标识的广播包实现的；自动匹配过程是对操控端收到无人平台的广播包进行唯一标识校验。匹配完成后双方进行正常信息交互，交互流程如图 4.6 所示。

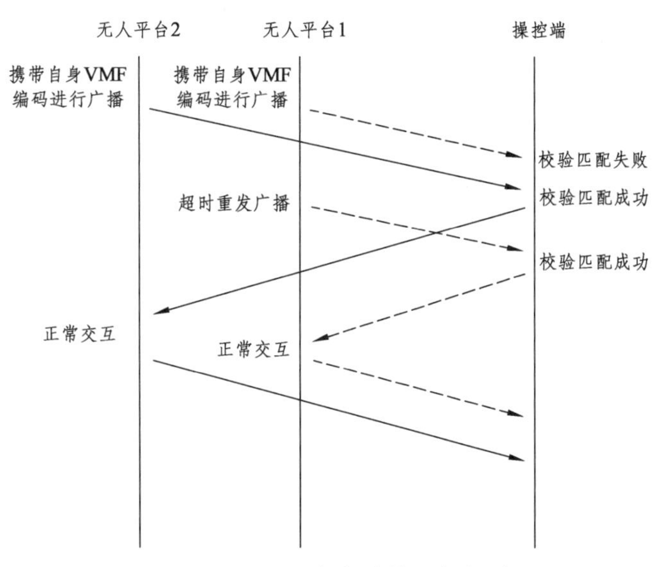

图 4.6　无人平台自动接入操控端

（2）无人平台与远程操控端交互流程。

无人平台与远程操控端交互内容包括：操控端下发的控制指令、目标和路径等信息；无人平台上报的状态、参数和音视频等信息；用于链路状态探测的心跳信息等。各类信息根据应用场景选择单次发送和间隔重复发送等不同方式，以及需不需要对方应答[30]，交互流程如图 4.7 所示。

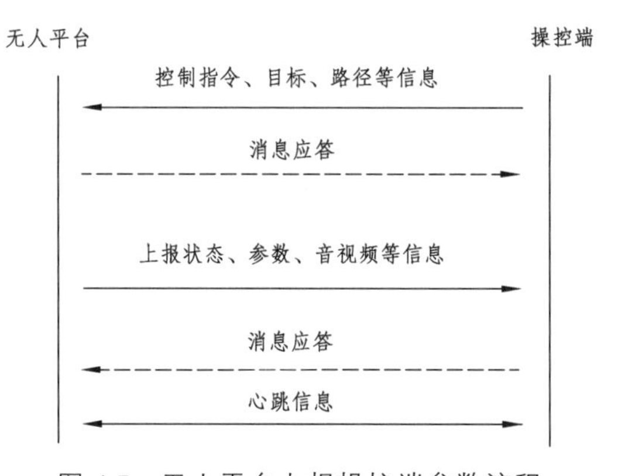

图 4.7　无人平台上报操控端参数流程

（3）无人平台之间交互。

无人平台与无人平台之间的交互采用广播包的形式，同样需要对交互的有效性做安全性校验。无人平台校验通过接入操控端之后向其他无人平台广播发送自己的唯一标识信息，使车际网络得到完整的和经过校验的成员信息。基本流程如图 4.8 所示。

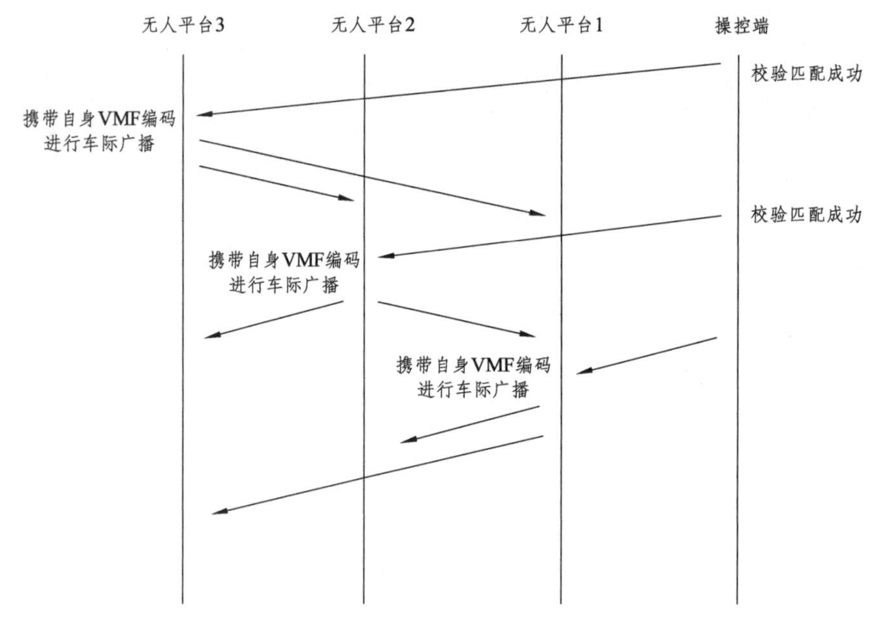

图 4.8　无人平台之间的交互流程

2. 协同控制技术

协同控制技术主要包括通信协议的封装和解析、发布代理服务、发布无人平台端消息、订阅代理服务、获取远程操控端以及其他无人平台相关信息等。

为保障互联、互通、互操作的可靠性、安全性和稳定性，无人平台之间的通信交互采用基于 VMF 和无人系统联合体系结构（Joint Architecture of Unmanned System，JAUS）的定制化通信协议体系，协议封装及层次结构如图 4.9 所示。

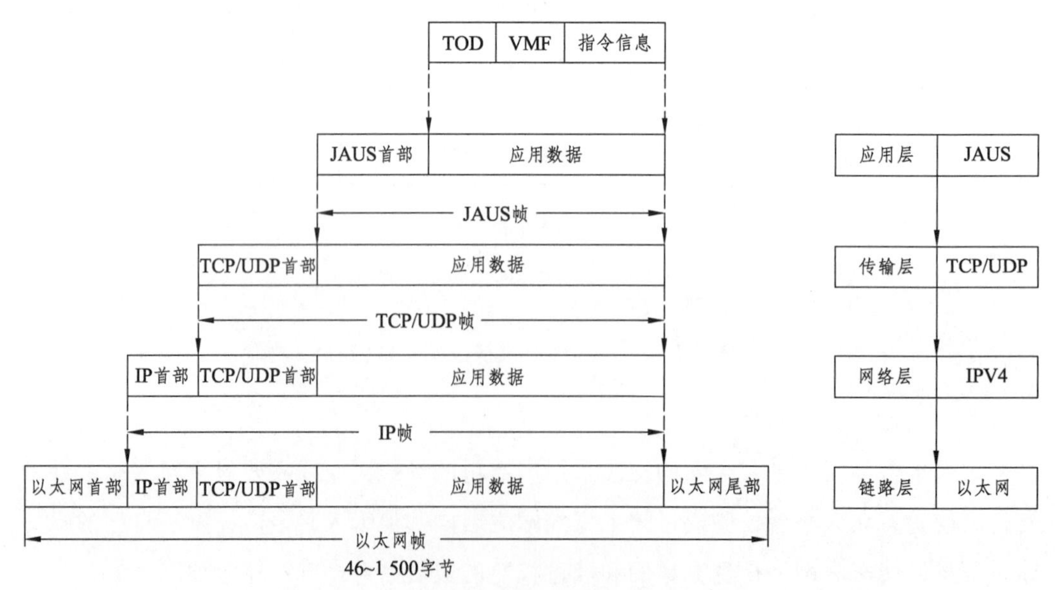

图 4.9　定制化协议封装及层次结构

定制化协议在 JAUS 协议基础上进行封装，为了防止回放式攻击，增加当前时间（Time of Date，ToD）字段提升 JAUS 协议的安全性，ToD 字段为加密过的时间戳信息。在组网完成后要进行时间统一的消息广播，时间一致后再进行相关业务的传递。在业务交互信息过程中，发送方需要将当前时间信息进行加密填充在 ToD 字段；接收方收到信息后需要将 ToD 字段解析然后解密，与当前时间做对比，如果时间相差超过阈值（根据应用设定）则认为合法性校验失败，丢弃不响应信息。定制化协议为适应复杂环境，通常采用 VMF 消息格式，可以减少在传输过程中带来的大量信息冗余，从而节约有限的带宽资源。

4.3.3 决策规划技术

决策规划系统相当于无人平台的大脑，它的主要功能是对探测感知系统获取的信息进行判断，进而对无人平台行为做出决策。决策规划能力是无人平台智能化水平的直接体现，对于无人平台的行驶安全性和系统性能起着决定性的作用。从决策规划方式上，一般可分为分层递阶式、反应式以及二者的混合式。

1. 分层递阶式结构

分层递阶式结构是一个串联系统结构，其结构如图 4.10 所示。在该结构中，系统各模块之间次序分明，上一个模块的输出即为下一个模块的输入，因此又称为“感知-规划-行动”结构。当给定目标和约束条件后，规划决策就根据即时建立的局部环境模型和已有的全局环境模型决定出下一步的行动，进而依次完成整个任务。

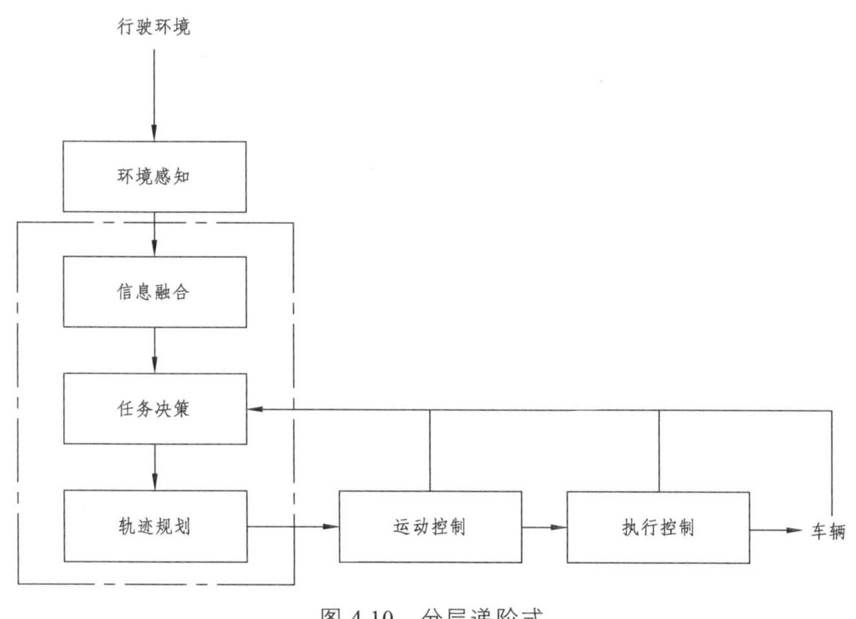

图 4.10 分层递阶式

由于该结构对任务进行了自上而下的分解，从而使得每个模块的工作范围逐层缩小，对问题的求解精度也就相应地逐层提高，具备良好的规划推理能力，容易实现高层次的智能控制。但是也存在如下一些缺点：

（1）全局环境模型的要求比较理想化，全局环境模型的建立是根据地图数据库先验信息和传感器模型实时信息，所以它对传感器及处理提出了很高的要求。与此同时，从环境感知模块到执行模块，中间存在着延迟，缺乏实时性和灵活性。

（2）分层递阶式体系结构的可靠性不高，一旦其中某个模块出现软件或者硬件上的故障，信息流和控制流的传递通道受影响进而可能导致整个系统瘫痪失效。

2. 反应式结构

反应式结构最早于 1986 年由 Brooks 提出，并成功应用于移动机器人。其主要特点是存在着多个并行的控制回路，针对各个局部目标设计对应的基本行为，这些行为通过协调配合后作用于驱动装置，产生有目的的动作，形成各种不同层次的能力。每个控制层可以直接基于传感器的输入进行决策，因而它所产生的动作是传感器数据直接作用的结果，可突出“感知-动作”的特点，易于适应陌生的环境，其结构如图 4.11 所示。其中，基于行为的反应式结构是反应式体系中最常用的结构。

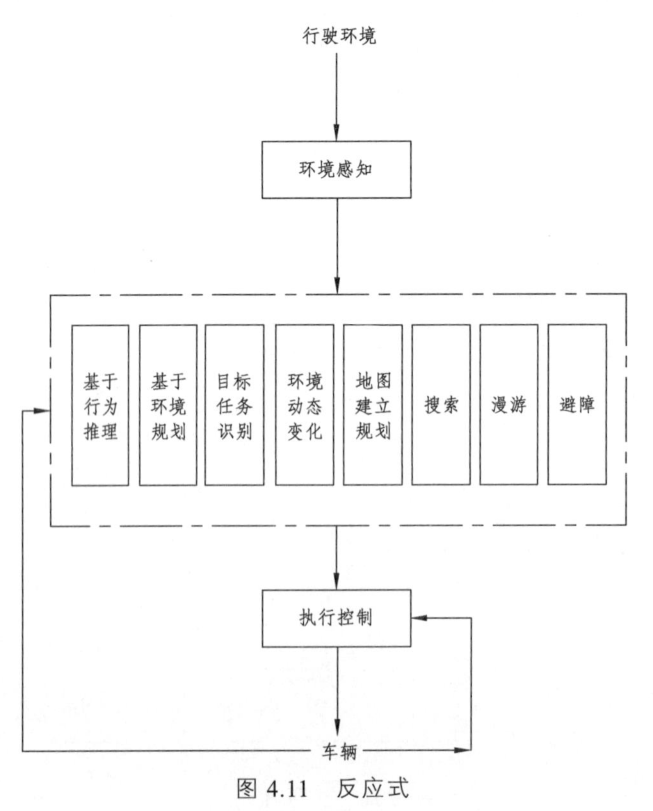

图 4.11　反应式

反应式结构中的许多行为主要设计成一个简单的特殊任务，所以感知、规划和控制三者可紧密地集成在一起，占用的存储空间不大，因而可以快速响应，实时性强。同时，每一层只需负责系统的某一个行为，整个系统可以方便灵活地实现低层次到高层次的过渡，若其中一层的模块出现了故障，剩下的层次仍能产生有意义的动作，系统的健壮性得到了很大的提高。但是设计方面也存在一些难点：

（1）由于系统执行动作的灵活性，需要特定的协调机制来解决各个控制回路对同一执行机构争夺控制的冲突，以便得到有意义的结果。

（2）随着任务复杂程度以及各种行为之间交互作用的增加，预测一个整体行为的难度将会增大。

3. 混合式结构

分层递阶式结构和反应式结构各有优劣，都难以单独满足复杂多变行驶环境的需求，所以行业人士将两者的优点进行有效的结合，即在全局规划层次上，生成面向目标定义的分层递阶式行为，而在局部规划层次上，则生成面向目标搜索的反应式的行为分解，混合式结构如图 4.12 所示。

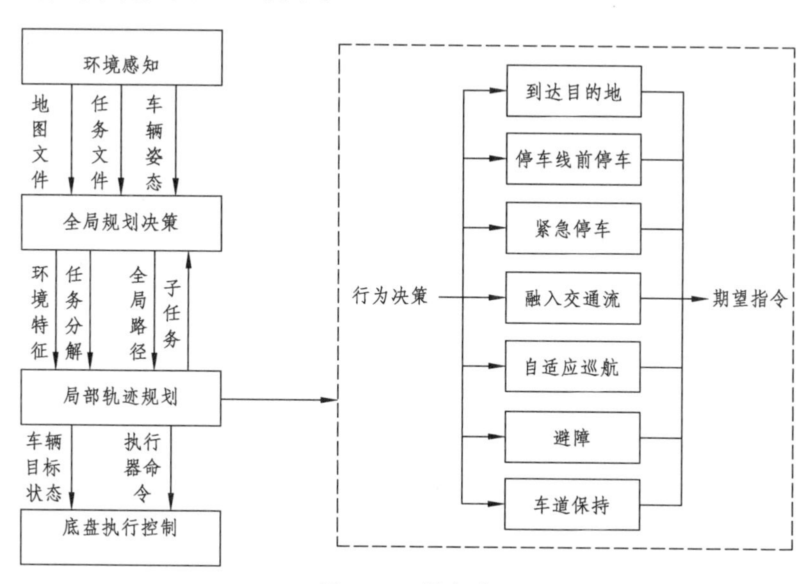

图 4.12　混合式

4.3.4　局部路径规划技术

局部路径规划是无人平台信息感知和智能控制的桥梁，是实现自主行驶的基础。局部路径规划的任务是在具有障碍物的环境内，给定起始点和目标点后，按照一定期望和约束，寻找一条从起始点到目标点的无碰撞有效路径。

无人平台局部路径规划任务通常涉及两个基本问题，一是如何躲避构型空间中出现的障碍物，二是如何满足无人平台本身在机械和传感方面的速度、加速度等限制。

根据不同领域对路径规划算法的研究，无人平台的局部路径规划算法和全局路径规划算法基本相似，本书将在 5.2.3 全局路径规划章节进行详细介绍。

4.3.5 轨迹规划技术

轨迹规划指考虑临时或移动障碍物、速度和动力学约束的情况下，按照规划路径进行行动轨迹的规划。轨迹规划的输入包括拓扑地图，障碍物及障碍物的预测轨迹和定位导航、无人平台状态等信息。根据地面无人平台的应用场景和技术特点，常用轨迹规划技术或算法包括 DWA 轨迹规划技术、TEB 局部轨迹规划算法和基于车道的轨迹规划技术。

1. DWA 轨迹规划技术

动态窗口法（Dynamic Window Approach，DWA）是机器人局部规划方法之一，可用于地面无人平台的局部轨迹生成。动态窗口的含义是依据无人平台的加减速性能，限定速度采样空间在一个可行的动态范围内。轨迹规划时，首先在速度空间中采样多组速度，模拟一定时间内地面无人平台在这些速度下的行动轨迹。评价多组轨迹并选取最优轨迹所对应的速度来驱动无人平台运动。

2. TEB 局部轨迹规划算法

TEB（Timed Elastic Band）是一种应用于二维差动轮机器人的局部轨迹规划算法。该算法应用了橡皮筋（Elastic Band）的概念，橡皮筋用于模拟连接起始点和目标点之间的路径轨迹，轨迹在外力作用下可以变形，外力即机器人的约束。TEB 算法中，起始点、目标点状态由用户/全局规划器指定，中间插入 N 个控制橡皮筋形状的控制点（机器人姿态）。

定义机器人位姿为

$$\boldsymbol{\chi}_a = (x_i, y_i, \beta_i)^{\mathrm{T}} \in \mathbf{R}^2 \times \boldsymbol{S}^1 \tag{4.1}$$

式中 x_i，y_i，β_i——机器人在二维大地坐标系的位置和姿态；

$\mathbf{R}^2$——二维实数空间；

$\boldsymbol{S}^1$——一维角度空间。

$\boldsymbol{\chi}_a$ 记为 configuration，空间内 configuration 序列记录如下：

$$\boldsymbol{Q} = \{\boldsymbol{\chi}_i\}(i = 0, 1, \cdots, n;\ n \in \mathbf{N}) \tag{4.2}$$

两个 configuration 之间的时间间隔定义为 ΔT_i，表示机器人从一个 configuration 运动到另一个 configuration 所需的时间，记录时间序列为

$$\boldsymbol{\tau}=\{\Delta T_i\}(i=0,1,\cdots,n-1) \tag{4.3}$$

将 configuration 集合及时间序列集合合并，得

$$\boldsymbol{B}:=(\boldsymbol{Q},\boldsymbol{\tau}) \tag{4.4}$$

为了得到最优的路径，采用加权多目标优化方法得到最优路径点集合，即最优的 $\boldsymbol{Q}$

$$f(\boldsymbol{B})=\sum_{k=0}^{a}\gamma_k f_k(\boldsymbol{B}) \tag{4.5}$$

$$\arg\min_{\boldsymbol{B}} f(\boldsymbol{B}) \tag{4.6}$$

$f(\boldsymbol{B})$ 为考虑各种约束的目标函数，总共有 a 个约束条件，$f_k(\boldsymbol{B})$ 为第 k 个约束目标函数，γ_k 为第 k 约束目标函数的权重；其中 $\boldsymbol{B}^*$ 为最优结果（最优的空间路径点集合和时间序列集合）。

在 TEB 算法中，通过设置生成相应的约束目标函数，最终求解出最优的结果。约束目标函数包括跟随路径与避障约束、速度加速度约束、运动学约束和最快路径约束等。

3. 基于车道的轨迹规划

在基于车道的轨迹规划算法中，以车道中心线为基准线，通过基于基准线划分多个网格和样本点，计算一定约束下的最优解。

在该规划算法中，无人平台姿态可以通过 $\bar{x}=(x,y,\theta,k,v)$ 进行定义，其中 (x,y) 表示二维平面上的位置，θ 代表方向，k 是曲率（θ 的变化率），v 代表与轨迹相切的速度。这些姿态变量满足以下关系：

$$\dot{x}=v\cos\theta \tag{4.7}$$

$$\dot{y}=v\sin\theta \tag{4.8}$$

$$\dot{\theta}=vk \tag{4.9}$$

式中，曲率 k 的约束由系统输入的限制条件决定。

考虑无人平台产生的是连续路径，我们将沿路径的方向定义为 s 方向，并且姿态变量与 s 方向的关系满足以下微分方程：

$$\frac{\mathrm{d}x}{\mathrm{d}s}=\cos[\theta(s)] \tag{4.10}$$

$$\frac{\mathrm{d}y}{\mathrm{d}s}=\sin[\theta(s)] \tag{4.11}$$

$$\frac{\mathrm{d}\theta}{\mathrm{d}s}=k(s) \tag{4.12}$$

以车道中心线作为基准线由其采样函数 $r(s)=r[r_x(s),r_y(s),r_\theta(s),r_k(s)]$ 定义，其中 s 表示沿着路径切线方向的距离。

与 s 方向垂直的横向距离，称为 l 距离。世界坐标系中的姿态 $p(s,l)=[x_r(s,l),y_r(s,l),\theta_r(s,l),k_r(s,l)]$ 与 (s,l) 坐标下对应的姿态满足以下关系：

$$x_r(s,l)=r_x(s)+l\cos\left[r_\theta(s)+\frac{\pi}{2}\right] \tag{4.13}$$

$$y_r(s,l)=r_y(s)+l\sin\left[r_\theta(s)+\frac{\pi}{2}\right] \tag{4.14}$$

$$\theta_r(s,l)=r_\theta(s) \tag{4.15}$$

$$k_r(s,l)=[r_x(s)^{-1}-l]^{-1} \tag{4.16}$$

将路径定义为连续的映射 $p:[0,1]\to \boldsymbol{C}$（从[0，1]区间到姿态集合 $\boldsymbol{C}=\overrightarrow{\{\mathrm{x}\}}$）。对于路径 ρ_1 和 ρ_2，单步规划的初始姿态为 $\rho_1(0)=\rho_2(0)=q_{\mathrm{init}}$，并分别以 $\rho_1(1)=q_{\mathrm{end1}}$ 和 $\rho_2(1)=q_{\mathrm{end2}}$ 结束。

路径规划的目标是找到一条路径轨迹，从最初的姿态出发，到达期望的最终姿态，并在满足一定约束条件的前提下使得代价最小化。

以动态规划方式寻找最小代价路径，其规划则被形式化为一个搜索问题：在连接沿 s 方向的 $\left|\frac{l_{\mathrm{total}}}{\Delta l}\right|\times\left|\frac{s_{\mathrm{total}}}{\Delta s}\right|$ 个轨迹点的 $\left|l_{\mathrm{total}}/\Delta l\right|^{\left|s_{\mathrm{total}}/\Delta s\right|}$ 条候选路径中寻找最小代价路径。

定义路径 τ 连接了点 $n_0,n_1,\cdots,n_k$，其中 n_0 为初始点，n_k 为终止点，则轨迹代价函数写为

$$\varOmega(\tau)=c(\tau)+\varPhi(\tau) \tag{4.17}$$

式中　$c(\tau)$——沿路径的累积代价；

$\varPhi(\tau)$——终点 n_k 结束规划路径引入的代价。

在设计代价函数时，轨迹越靠近基准线，代价越小。若划分的网格中有障碍物，则其分配的代价应极高。

4.3.6　跟随控制技术

无人平台跟随引导目标执行任务是目前地面无人系统一种常见的应用方式，在这种应用方式下，对目标的识别跟踪和平台自身的跟随距离和速度的控制是需要解决的关键问题。

无人平台跟随的目标主要有人员和车辆两类。由于人员目标可探测距离近，对其一般进行慢速跟随；由于车辆目标机动速度快，对其一般进行快速跟随。

目标跟随的关键是对目标的检测、识别和跟踪，目前可用的技术手段主要是计算机视觉技术和激光雷达探测技术等。由于激光雷达数据没有纹理信息，跟随目标易受到环境干扰而丢失，难以作为独立的跟随手段。随着视觉跟踪理论的不断完善，它正逐渐成为地面无人平台目标跟踪的一种主要技术手段。

1. 目标跟踪技术

近年来，视觉跟踪算法得到了长足的发展，典型算法如 DiMP 视觉跟踪算法[34]，但仍然存在定位不够准确、特殊目标难以跟踪、快速运动目标易超出视场角和长时间跟踪目标丢失难以找回的现象。针对这些问题，作者团队在长期的实践中进行了探索，在 DiMP 算法基础上构建了差异化同质型模型融合框架，提升了目标跟踪的精度。所做的改进主要包括三个方面的技术：一是多模型融合跟踪技术，通过多模型融合、多尺度区域搜索、上下文特征引入以及多学习率融合设计等，提升了目标跟踪性能；二是基于投影不变量的多摄像头切换跟踪技术，以投影不变量原理为基础，在目标超出当前视野时，切换到其他摄像头进行目标检测定位和跟踪；三是融合高置信度目标匹配的重定位视觉跟踪技术，在发生目标丢失时，通过目标检测算法检测画面中的同类目标，通过孪生网络匹配找回目标。以下对相关技术进行具体介绍。

（1）多模型融合技术。

① 差异化同质型跟踪模型及算法。

现有基于孪生网络的视觉跟踪分割方法 SiamMask，首先采用大规模的离线数据集训练卷积神经网络参数，学习同类相似物体之间的通用共性特征，同时获取相同目标匹配函数；然后在在线跟踪时，输入在初始帧和后续帧裁剪的搜索区域图像，通过离线训练的匹配函数做初始帧模板与搜索区域图像之间的相关运算，获取相似性响应得分图，从响应图中获取最大值所在位置作为预测的目标位置；在进行跟踪目标分割时，在跟踪模型后面添加反卷积运算（离线训练），通过反卷积操作获取像素级分类，得到目标前景分割结果。上述孪生网络视觉跟踪方法只使用了目标区域内提取的特征，未使用背景区域的特征，因此判别力不够，难以处理复杂场景下（相似物体的干扰）的跟踪任务；但其大规模数据集上预训练得到的目标分割模型，在准确定位目标且背景与目标区别较大时，具有较高的准确性，通过目标的分割图像拟合出的目标框更加贴合目标的真实尺寸。

为解决孪生网络视觉跟踪方法不够健壮的问题，Bhat 等提出通过改进孪生网络得到的 DiMP 跟踪算法，除采用大规模数据集训练骨干网络参数外，在线跟踪时，首先截取初始帧目标区域图像进行数据增强，提取多张图像的特征训练初始化分类器，然后使用初始化分类器结合背景信息的特征迭代多次获取优化后的目标分类器。在后续帧跟踪时，计算目标搜索区域特征与分类器之间的相似性响应图，再通过牛顿迭代法获取目标的精确位置，最后在视频序列的某一帧及前面抽取三帧作为训练集，在该帧后面抽取三帧作为测试集，对目标分类器进行训练更新，使得分类器模型适应目标和环境的变化。虽然该算法具有较强的判别性，但其采用 IOU-Net 预测目标的尺度大小，在视频的部分帧会出现目标框未完全贴合目标的现象。而 DiMP 在连续跟踪时，主要通过上一帧目标的位置和尺度确定搜索区域进行跟踪，且根据预测的结果更新分类器，所以累计多帧时，会导致模型漂移跟踪失败。

单独使用孪生网络目标跟踪分割模型在目标特征明显的场景下，目标分割较为准确，拟合的目标框更加贴合目标，但难以处理具有相似物干扰的负责环境下的跟踪和分割。改进的 DiMP 模型对于复杂场景具有较强的健壮性，但跟踪中会出现预测跟踪未完全贴合目标的现象，累计时导致跟踪失败的现象。上述孪生网络目标跟踪分割模型可弥补 DiMP 跟踪模型的不足，因此可集成学习构建融合跟踪模型，提升跟踪的准确性，具体模型如图 4.13 所示。

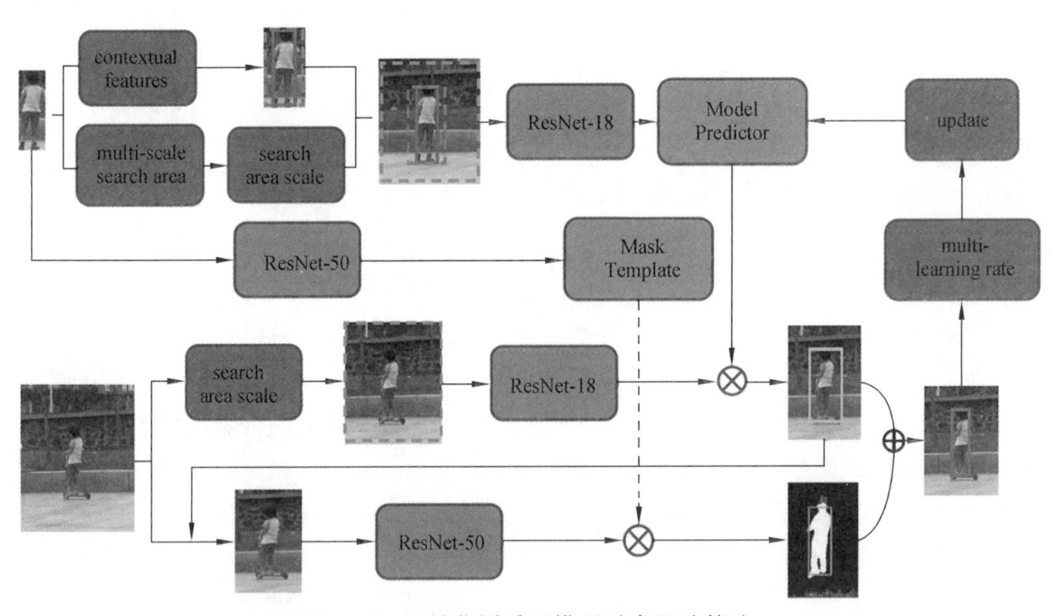

图 4.13　差异化同质型模型融合跟踪算法

设计的融合跟踪算法[31]主要包含两条线路，第一条为核心目标跟踪定位模块（DiMP），第二条为目标分割辅助定位模块（SiamMask）。首先在初始帧，初始化阶段，选取目标区域，采用多尺度目标搜索区域和融合上下文特征的方式确定新的目标区域和目标搜索区域大小，然后使用预训练好的卷积神经网络模型提取卷积特征训练目标预测模型；同样使用预训练好的目标分割网络模型提取目标区域特征，获取分割模板；然后在后续帧目标定位过程中，首先根据初始帧取定的目标搜索区域尺度获取搜索区域图片，通过预训练模型提取卷积特征，与目标预测模型进行相关计算，获取目标的位置和尺度大小；接着根据预测的目标位置和尺度大小获取预测目标区域附近图片，通过目标分割模块获取目标分割结果并拟合目标区域框，再融合跟踪与分割得到的目标位置和大小作为最终预测结果；最后根据预测结果更新目标跟踪目标预测模型。主干跟踪与分割得到的目标位置和大小融合方法如下：

$$p = \alpha p_{\text{track}} + (1-\alpha) p_{\text{mask}} \tag{4.18}$$

式中　p_{track}，p_{mask}——跟踪预测的目标位置框和目标分割获得的目标位置框；

α——融合系数。

图 4.13 中其余计算过程与基础算法 DiMP 和 SiamMask 相同。

② 基于多尺度的目标区域搜索。

视觉跟踪主要是在连续的运动过程中确定目标的位置和大小。根据目标连续运动的特点，目标在相邻帧之间运动的范围有限，所以在下一帧图片中确定目标时，只需要在上一帧目标所在位置周围一定范围内寻找即可。判别式视觉跟踪主要在初始帧通过目标区域特征训练分类器，然后在后续视频帧中根据上一帧图像中目标所在位置，确定目标搜索区域，提取搜索区域特征，计算特征与分类器之间的相关响应，根据响应值确定目标的位置。

在视觉跟踪发展的初期，很多算法在整张图中寻找目标，由于过多背景区域的存在，导致目标定位容易出现漂移现象，而且计算量过大，影响跟踪的实时性。随着视觉跟踪的不断发展，出现多种确定目标搜索区域的方法，典型的有（a）根据初始帧目标长宽的大小，直接将长和宽加固定值作为搜索区域的大小；（b）将目标尺度的大小放大固定的倍数作为搜索区域的大小；（c）首先将目标尺度的大小放大固定的倍数，然后将该放大区域变为面积相同的正方形区域作为搜索区域，这种方法能够较好地适应目标形态和尺度的变化，也是目前较为常用的一种方法。

核心目标定位模块算法使用上述第三种搜索区域确定方法，在所有跟踪过程中均采用同一固定倍数确定搜索区域大小。不同大小的目标在运动过程中呈现出的特点不同，小目标包含的目标自身的特点及运动信息较少，在使用正常或者较小的搜索区域时，所在位置容易超出搜索区域；而较大的目标包含更多的自身表征信息，在正常或者较小范围内搜索时即可定位到目标。例如，较小的球类运动速度快，目标较模糊，易超出搜索区域范围；普通车辆等物体特征较明显，较容易定位，不易超出搜索区域。

为解决上述问题，采用多尺度搜索区域的方法确定目标搜索区域。首先在第一帧，计算目标区域大小与图像大小之间的比值 γ，当 $\gamma \leqslant \gamma_1$ 时，判定目标为小目标。此时，设定较大的搜索区域，即将目标区域放大 ς_1 倍作为搜索区域，同时为更好地表征目标，将目标区域图像通过双线性插值放大 τ 倍输入网络提取特征进行跟踪；当 $\gamma > \gamma_1$ 时，判

定目标为常规目标，采用普通的搜索区域，即将目标区域放大 ς_2 倍作为搜索区域。具体可表示为

$$s_{\text{object}} = \begin{cases} w_{\text{resize}} \times h_{\text{resize}} & \gamma \leqslant \gamma_1, \\ w_{\text{object}} \times h_{\text{object}} & \gamma > \gamma_1 \end{cases} \tag{4.19}$$

$$s_{\text{search}} = \begin{cases} s_{\text{object}} \times \varsigma_1 & \gamma \leqslant \gamma_1, \\ s_{\text{object}} \times \varsigma_2 & \gamma > \gamma_1 \end{cases} \tag{4.20}$$

式中　γ——原图像目标区域大小与整幅图像大小之间的比值；

γ_1——判定阈值，为经验值；

s_{object}——输入网络的目标区域大小；

w_{object}，h_{object}——原图像目标区域的宽和高；

w_{resize}，h_{resize}——通过双线性插值将原目标区域图像放大 τ 倍的宽和高；

s_{search}——搜索区域大小；

ς_1，ς_2——小目标和普通目标搜索区域的放大系数。

③ 基于上下文特征的跟踪方法。

判别式视觉跟踪算法初始帧训练得到的分类器的判别性对目标定位的准确度有重要的影响，设计的跟踪方法选用的主干定位模块 DiMP 在训练分类器时，首先截取目标区域的图像，然后通过旋转、平移、翻转和模糊等增强数据，提取增强数据的卷积特征，训练分类器用于后序视频帧目标的定位。初始帧提取得到的特征的表征能力对分类器的判别力有重大影响。

视觉跟踪中有部分长条形目标长宽比例较大，这类目标在发生形变、快速运动等情形时，易出现与分类器的响应值不明显的现象，导致定位不够准确。图像中目标的少数背景信息可以提升分类器的泛化能力，因此在跟踪时，首先在初始帧上计算目标的长宽比，将长宽比大于 2 的长条形目标的长和宽放大相应的倍数，引入部分的背景信息，提取带有少量背景信息区域的上下文特征训练分类器。上下文特征的引入，一方面使得目标样本包含更加完整的目标特征，更加适应自身长宽大幅度的变化，另一方面，使得目标样本包含自身运动的边界信息，这样目标在发生快速运动时，也能完整的定位到目标。

④ 多学习率融合设计。

多模型融合跟踪算法属于在线跟踪模型，需要根据最终预测结果对主定位模型进行更新，现有的在线跟踪模型更新策略主要包括：（a）每一帧更新一次模型；（b）间隔相同帧更新一次模型；（c）跟踪到目标时选用同一学习率更型模型，未定位到目标时不更新模型。目标在运动过程中是多变的，由于快速运动和形变等会使某些视频帧目标特征不明显，导致定位不够准确。在定位不够准确时，如果过度更新模型，会导

致模型发生偏差，影响后续定位的准确性。采用多学习率融合的方式更新主干定位模型是一个较好的解决方案。

视觉跟踪算法主干定位模型主要通过分类器与搜索区域特征计算响应图，在响应图中寻找最大值所在位置确定目标中心位置，响应图峰值在一定程度可以反映目标定位的准确度。在目标定位准确时，响应图应具有明显的峰值，其他位置值应相对较为平缓。响应图的平均峰值相关能量比（Average Peak-to-Correlation Energy，APCE）可以很好地反映响应图峰值与周围值之间的关系，在改进设计时可联合响应图的最大值和 APCE 值判断跟踪的置信度，根据置信度采取多个学习率更新模型。具体在跟踪过程中，获取到响应图 $\boldsymbol{F}$ 后，计算 APCE 值：

$$\text{APCE}=\frac{\left|F_{\max}-F_{\min}\right|^2}{\text{mean}\left[\sum\limits_{w_F,\ h_F}(F_{w_F,\ h_F}-F_{\min})^2\right]} \tag{4.21}$$

式中　$F_{\max}$，$F_{\min}$，$F_{w_F,\ h_F}$——$\boldsymbol{F}$ 的最大值，最小值和第 $w_{\boldsymbol{F}}$ 行、$h_{\boldsymbol{F}}$ 列的元素。

APCE 值越大，表示预测越准确。可根据预测的准确性设置多学习率 λ 更新主干预测模型：

$$\eta=\begin{cases}\eta_1 & F_{\max}\geqslant\kappa_1,\text{APCE}\geqslant\kappa_2,\\ \eta_2 & F_{\max}<\kappa_1,\text{APCE}<\kappa_2\end{cases} \tag{4.22}$$

式中　κ_1,κ_2——预测准确性判断阈值。

（2）基于投影不变量的多摄像头切换跟踪技术。

目标的运动过程是不可预料的，在目标发生快速运动时，若视场角过小，目标容易超出视野范围，导致目标跟踪失败；若视场角过大，虽然可以有效缓解超出视角带来的干扰，但是在应用到前文提出的视觉跟踪算法时，由于输入跟踪网络的图片过大，会出现计算缓慢，影响跟踪的实时性等问题。为解决这一问题设计了基于投影不变量原理的多摄像头切换跟踪算法，即选取多个小视角摄像头，在目标运动至图像边缘时，通过投影不变量原理将目标的大概位置投影到相邻摄像头画面中，利用上文提出的视觉跟踪算法重新定位目标，并更新模型，在新画面中跟踪目标。

① 投影不变量原理。

投影不变量原理是图像投影变换常用的一种理论，不依赖于相机的内外参数，常用于目标识别、数据库检索和模式识别等多个领域。具体地，设在需要投影的 2 个平面具有 5 组对应的点，且其中任意 3 点不在同一直线上，则可定义以下 2 个不变量：

$$\boldsymbol{I}_1=\frac{\left|M_{421}^{(1)}\right|\left|M_{532}^{(1)}\right|}{\left|M_{432}^{(1)}\right|\left|M_{521}^{(1)}\right|}=\frac{\left|M_{421}^{(2)}\right|\left|M_{532}^{(2)}\right|}{\left|M_{432}^{(2)}\right|\left|M_{521}^{(2)}\right|} \tag{4.23}$$

$$I_2 = \frac{\left|M_{421}^{(1)}\right|\left|M_{531}^{(1)}\right|}{\left|M_{431}^{(1)}\right|\left|M_{521}^{(1)}\right|} = \frac{\left|M_{421}^{(2)}\right|\left|M_{531}^{(2)}\right|}{\left|M_{431}^{(2)}\right|\left|M_{521}^{(2)}\right|} \tag{4.24}$$

其中，$\left|M_{abc}^{(i)}\right|, \{a,b,c\} \in \{1,2,3,4,5\}, i \in \{1,2\}$ 的值通过式（4.25）计算得到

$$\left|M_{abc}^{(i)}\right| = \begin{bmatrix} x_a^i & x_b^i & x_c^i \\ y_a^i & y_b^i & y_c^i \\ 1 & 1 & 1 \end{bmatrix} \tag{4.25}$$

式中　$(x_a^i\ y_a^i\ 1)$——点 $p_a^{(i)}$ 在图像 i 上的坐标。

假设具有部分视场角重叠的两个相机拍摄的两张图，已知图片重叠区域图 4.14 任意是三个点不在同一直线上的四个点的坐标，以及其对应图 4.14 时的四个点的坐标，则根据式（4.23）和式（4.24）可计算图 4.14 中相机 1 中第 5 个点在相机 2 中的对应关系为

$$a_1 x_5^{(2)} - b_1 y_5^{(2)} + c_1 = 0 \tag{4.26}$$

$$a_2 x_5^{(2)} - b_2 y_5^{(2)} + c_2 = 0 \tag{4.27}$$

使用式（4.26）和式（4.27）计算可得第 5 个点的坐标为

$$x_5^{(2)} = \frac{c_2/b_2 - c_1/b_1}{a_1/b_1 - a_2/b_2} \tag{4.28}$$

$$y_5^{(2)} = \frac{c_1/a_1 - c_2/a_2}{b_1/a_1 - b_2/a_2} \tag{4.29}$$

（a）相机 1

（b）相机 2

图 4.14　视角重叠区域标定选点示意

② 目标精细化定位的多摄像头切换跟踪。

视觉跟踪返回的是目标在图像中的位置和目标自身的宽高，可根据目标的坐标以及宽高判断目标是否处于画面的边缘地带。在目标处于图像边缘时，可通过投影不变量原理将目标投影至另一相邻摄像头的重叠区域内，实现目标在相邻摄像头的切换。但使用目标投影不变量原理时，需要手动标定参数进行投影。经实验验证发现，目标的大小以及目标与摄像头之间的距离会影响投影精度，如图 4.15（a）所示。为解决该问题，在对目标进行相机切换和投影变换后，首先不对“差异化同质型模型融合跟踪”所提算法进行更新，通过式（4.21）判断跟踪定位的可靠性，当跟踪稳定时，再选择更新模型进行跟踪。在定位不准确时，放大目标搜索区域，进行下一帧的跟踪，判断定位到目标后使用常规搜索区域继续跟踪，并更新模型，实现目标的精细化定位，图 4.15（b）即为使用该方法重新跟踪到目标后的结果。

（a）投影误差

（b）自动校正

图 4.15　投影误差处理结果

（3）融合高置信度目标匹配的重定位视觉跟踪技术。

在长时间的目标运动过程中，除目标自身形态可能发生改变外，还会遇到复杂的环境变化，如遮挡和光照等，难以避免发生丢失现象。为解决长时跟踪出现的丢失现象，设计了融合目标检测与高置信度目标匹配的视觉重定位跟踪方法。

① 高置信度目标匹配算法。

全卷积孪生网络（Fully-Convolutional Siamese network，SiamFC）是近年来受到

广大学者关注的一种视觉跟踪方法，SiamFC 将目标跟踪任务当作相似性匹配任务，即利用外部训练数据训练一个修改后的 AlexNet 卷积网络作为通用的匹配函数，在新一帧图像中通过确定搜索区域获取得分图定位目标。设计时，以 SiamFC 将目标跟踪任务当作相似性匹配任务的出发点，将其改进为目标匹配器，从目标检测得到的同类物体中匹配初始跟踪目标。

目标匹配的主干特征提取网络仍然使用 AlexNet 卷积网络模型，采用大量的离线数据集训练网络模型，学习表示目标的通用特征，在进行在线匹配时，以通用特征表示目标，其损失函数为

$$L=\arg\min\frac{1}{N}\sum_{i=1}^{N}\{L[v(f(x_i),(f(z_i)),y_i]\} \tag{4.30}$$

式中 N——正样本个数；

v——由目标模板 x 和匹配样本 z 之间得到的响应，$v=f(x_i)*f(z_i)$；

$f(x_i)$，$f(z_i)$——目标模板与匹配样本会经过 AlexNet 提取到的卷积特征，$*$表示卷积运算；

y_i——样本对应的标签，$y_i\in\{+1,-1\}$。

通过以上训练即可得到目标匹配的主干网络。

② 基于目标匹配与目标检测的重定位跟踪方法。

使用“差异化同质型模型融合跟踪”中提出的视觉跟踪方法跟踪目标，计算跟踪响应图的峰旁比（Peak-to-Sidelobe，PSR）。PSR 表示响应图最大值与其他值之间的关系，可反映定位的准确性，因此利用平均 PSR 和相邻帧 PSR 的比值来评估是否出现了定位误差。PSR 的具体定义为

$$\mathrm{PSR}_t=\frac{\max(\boldsymbol{f}_t)-\mu_t}{\sigma_t} \tag{4.31}$$

式中 $\boldsymbol{f}_t$——第 t 帧跟踪响应图；

μ_t，σ_t——响应图的均值和方差。

当峰旁比 PSR 满足

$$\begin{cases}\dfrac{\sum_{t=1}^{T}\mathrm{PSR}_t}{T}\geqslant\tau_1\\[2mm]\dfrac{\mathrm{PSR}_t}{\mathrm{PSR}_{t-1}}\geqslant\tau_2\end{cases} \tag{4.32}$$

时，可认为出现定位误差，此时通过目标匹配与目标检测进行目标的重定位，防止目标丢失，提升目标定位的准确性。式中 τ_1 和 τ_2 为经验阈值。

具体跟踪过程如图 4.16 所示，在获取到新一帧图片时，使用式（4.31）和式（4.32）判断目标跟踪的准确性。若未发生目标丢失，继续下一帧图片的跟踪；若发生丢失时，选用实时检测算法 CenterNet 检测出画面中所有与跟踪目标同类的目标，然后结合“高置信度目标匹配算法”训练得到的目标匹配模型，将检测到的所有目标与初始目标做匹配运算，获取得分图最高的目标作为暂定候选目标，重新输入跟踪器进行跟踪。在获得下一帧跟踪响应图时，通过式（4.21）计算 APCE 值，判断重定位目标是否是真实目标，防止因为目标遮挡暂时不在画面，错误进行目标匹配导致模型跟踪飘移。

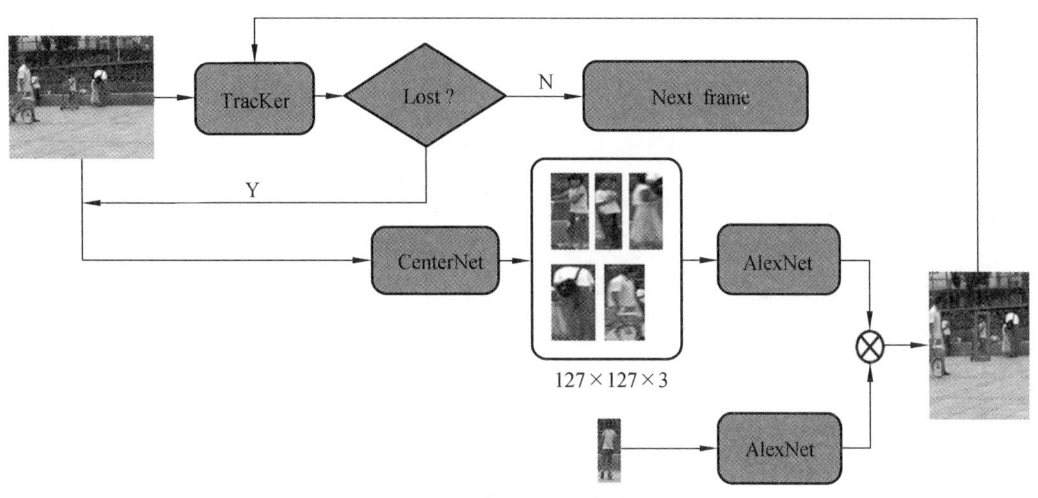

图 4.16　目标丢失重定位结构

2. 跟随距离与速度规划技术

（1）跟随距离动态规划。

当跟踪目标速度较慢时，此时刹车距离短，无人平台可以近距离跟踪目标，保证较大的转弯及起伏路面也能跟踪到目标；当跟踪目标速度较快时，此时刹车距离较大，为保证安全需要采用远距离跟踪目标。同时，为了避免目标丢失，设置最大/最小跟随距离。跟随距离按照函数动态调控。

$$D=\frac{v_{\max}-v_{\min}}{D_{\max}-D_{\min}}(v_{\text{curr}}-v_{\min})+D_{\min} \tag{4.33}$$

式中　D——跟随距离；

$v_{\max}$——最大速度界值；

$v_{\min}$——最小速度界值；

v_{curr}——当前速度；

$D_{\max}$——跟随距离最大界值；

$D_{\min}$——跟随距离最小界值。

（2）无人平台跟随速度动态规划。

在跟随的速度规划中，采用经典的PID控制算法规划速度。根据动态规划距离的远近，动态规划线速度，从信号变换的角度而言，超前校正、滞后校正和滞后-超前校正可以总结为比例、积分和微分三种运算及其组合。同时，融合目标当前速度和无人平台当前速度，实现多约束的线速度动态规划。

$$v_{\text{follow}} = D + v_{\text{car}} + v_{\text{target}} \tag{4.34}$$

式中 v_{follow}——跟随最终下发的线速度；

D——线速度调控变量；

v_{car}——当前行驶速度；

v_{target}——跟随目标行驶速度。

速度规划算法在跟随的过程中能够保持动态规划的距离进行跟随，不易发生速度过慢目标丢失以及速度过快发生碰撞的现象。

此外，速度规划算法通过采集目标的速度和位置信息，从安全的角度考虑，增加安全急停，避免跟随过程中距离太近发生碰撞；同时，针对跟随过程中跟随目标丢失的情况，增加目标丢失异常情况处理机制，有效避免目标丢失无人平台失控的问题。

4.4 典型系统设计

底盘信息处理系统实现了无人平台的规划决策、行动控制和无人平台健康管理等功能，主要分为硬件平台和软件平台设计两个部分。

4.4.1 硬件平台

硬件平台包含主控计算机、单元控制器和以太网交换机，如图4.17所示。

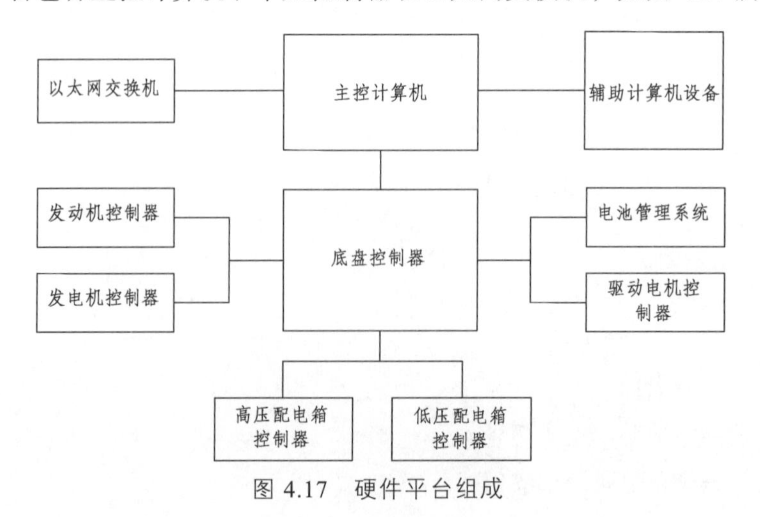

图4.17 硬件平台组成

1. 主控计算机

主控计算机是无人平台核心控制设备，用于融合处理各种探测和操控端下发的任务等信息，进行无人平台规划决策。对下与底盘控制器通过 CAN 总线交换控制、状态信息，对上与操控终端交互控制、状态信息。同时，主控计算机通过串口、网口和 CAN 口等不同接口连接各种车载传感器，对传感器信息进行融合处理，实现地面无人平台的自主导航、自主避障和跟随等功能。

2. 单元控制器

单元控制器主要完成无人平台辆的行为控制，它包含底盘控制器、发动机控制器、发电机控制器、高压配电箱控制器、低压控制器、电池管理系统和驱动电机控制器等。

3. 以太网交换机

以太网交换机主要用于连接无人平台内主控计算机、通信设备以及激光雷达、双目相机、单目相机等环境感知设备，实现无人平台内部网络的二层千兆以太网数据交换。

4.4.2 软件平台

软件平台基于机器人操作系统（Robot Operating System，ROS），将信息处理的功能融合到 ROS 框架中，实现的功能主要包含任务决策、路径规划、轨迹规划、行为控制和健康管理等功能。软件平台逻辑架构如图 4.18 所示，根据业务分类，应用软件分为智能决策软件、局部路径规划软件、健康管理软件和行动控制软件。

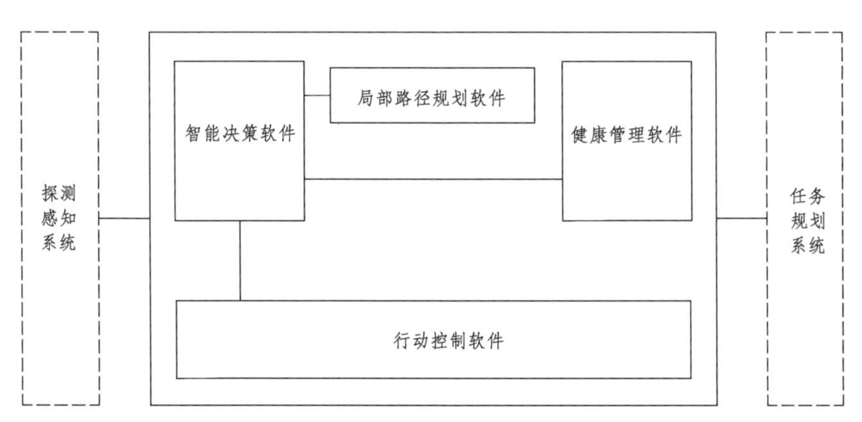

图 4.18　软件逻辑架构

1. 智能决策

收到任务规划系统下发的任务后，智能决策软件综合外部地形环境、天气环境、无人平台状况和路面状况决策任务执行方式，如根据道路类型（城市化道路或越野路面）选择应用不同的传感器数据、不同的规划算法及控制策略。同时，综合健康管理中的底盘、传感器和软件等异常信息，实时监控任务的执行过程，决策无人平台需要执行的动作，决策的流程如图 4.19 所示。

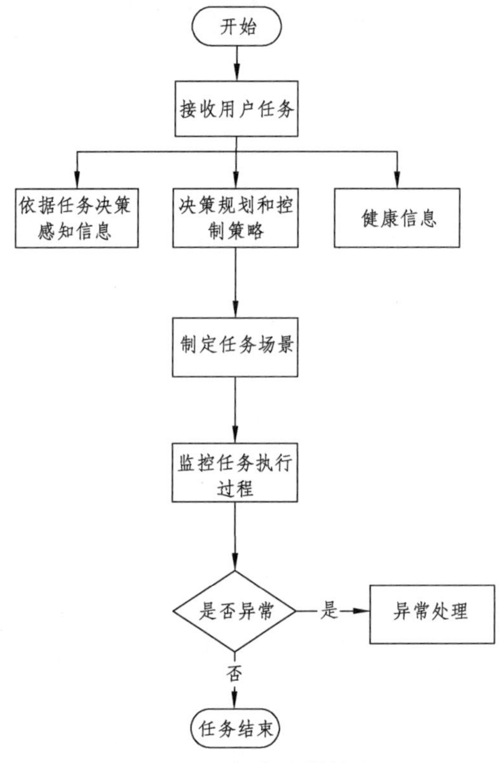

图 4.19　行为决策流程

2. 局部路径规划

采用基于采样的规划算法，以无人平台当前位置为起点，依据目的地距离、离障碍物的距离等评价函数选择最优的合法轨迹。根据轨迹规划的处理过程，设计轨迹规划为路径转换、轨迹生成、障碍生成和轨迹评价等软件子模块。

（1）路径转换模块：将终端下发的经纬度路径转化为当前地图坐标系下表示的车道序列。

（2）轨迹生成模块：根据车道信息，基于底盘特性生成适应于不同行驶环境的曲率连续的采样轨迹。

（3）障碍生成模块：根据采样轨迹，基于当前的代价地图生成与轨迹相关的障碍物序列。

（4）轨迹评价模块：根据采样轨迹和障碍物序列等信息，判断采样轨迹的合法性，计算最优轨迹并输出。

轨迹规划的软件节点设计如图 4.20 所示。

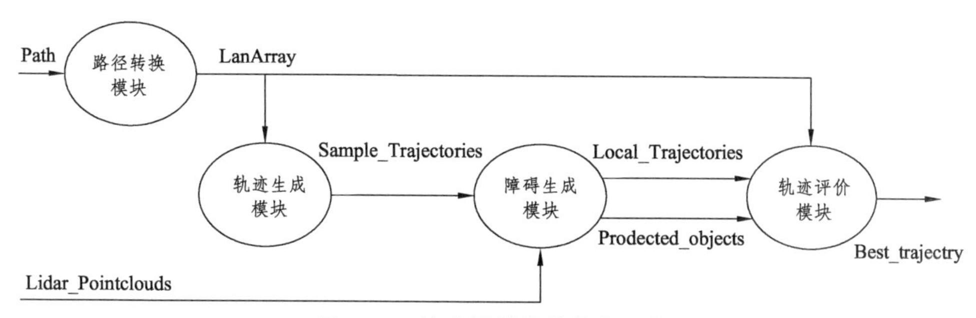

图 4.20　轨迹规划软件节点示意

如果无人平台具有自主行驶能力，并具有全局栅格地图，能够依据全局栅格地图通过寻路算法规划出一条最短路径或者接收用户指定的导航路径，作为局部路径规划模块的输入。

3. 平台健康管理系统

平台健康管理系统软件包含无人平台端和操控端健康管理系统软件两部分。无人平台端健康管理系统软件功能包括数据采集、数据处理、数据存储和数据转发等相关模块，软件总体架构如图 4.21 所示。

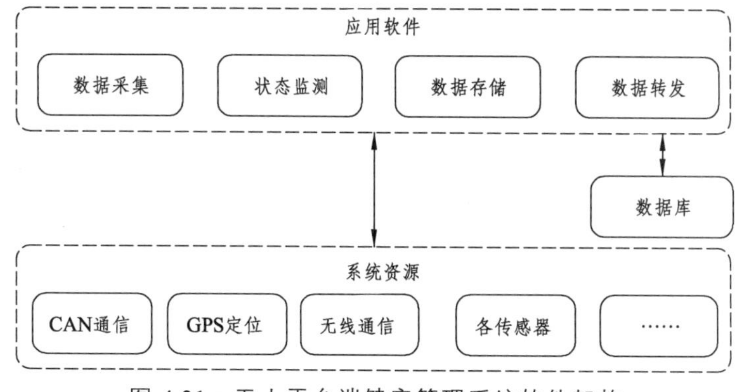

图 4.21　无人平台端健康管理系统软件架构

系统资源包含 CAN 通信模块、GPS 定位系统模块、无线通信模块以及各传感器资源。应用软件中数据采集的原始数据来自系统资源的各个单元，采集不同资源的数据依据不同的数据协议，数据采集模块按照合法协议对各种资源数据进行解析采集，汇总至不同的子系统处理单元。

状态监测模块实现对无人平台参数、运动参数和任务参数等的实时监控，各参数由不同的子系统汇总，按照一定的规则筛选数据，并存储到本地数据库，可以实现初步的故障诊断和告警提示功能。

数据存储模块除了包含本地数据库存储，还包括存储文件上传至操控端。为了便于操控端实现对无人平台的实时监测和事后分析，数据存储模块将数据按照一定的格式以文件形式存储于操控端存储区。

数据转发模块可以通过无线通信和 USB 转发历史数据和实时数据。无线通信方式按照无人平台和操控端协商的通信协议进行数据封装和转发，USB 的方式按照拷贝方式进行数据转存。

4. 行动控制

根据下发的遥控指令或规划的路径，生成无人平台短期甚至是瞬时的动作，实现无人平台的行为控制，行动控制方式分为横向控制和纵向控制。

（1）横向控制。

采用纯追踪控制算法控制无人平台按照规划路径或跟随路径行驶，纯跟踪算法以车的后轴为切点，无人平台纵向车身为切线，通过控制无人平台角速度，使无人平台可以沿着一条经过预瞄路点的圆弧行驶，通过圆弧半径计算无人平台实时的角速度。其跟踪性能很大程度上取决于前视距离 L，恒定的前视距离 L，无法适应不同场景需求，因此根据预锚距离与轨迹曲率和速度的关系进行动态调控，实现前视距离 L 的动态调控，进而设置最优的预锚距离，实现轨迹有效跟随，如图 4.22 所示。

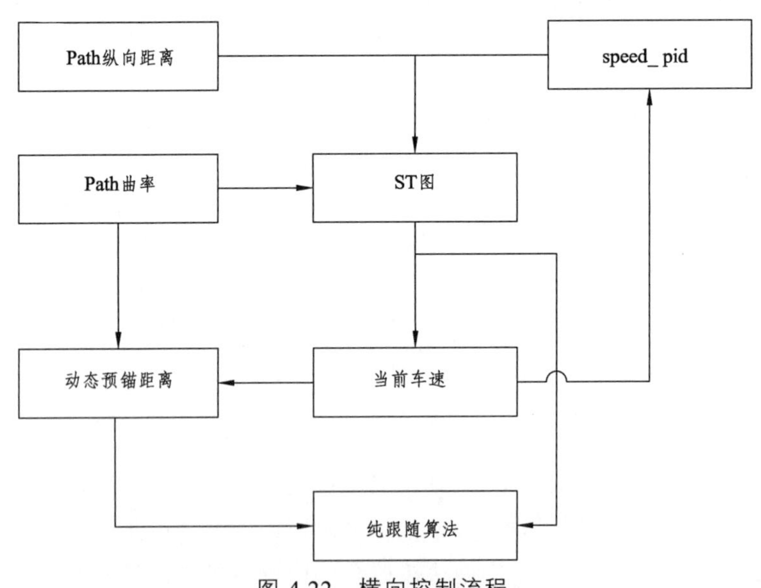

图 4.22　横向控制流程

（2）纵向控制。

在跟随的过程中，无人平台与目标的距离会随着二者速度大小的变化而变化。如果在跟随的过程中，使用静态的速度，无法灵活实现距离恒定的跟随。因此设计依据距离动态规划线速度的速度规划算法，根据目标距离的远近，动态规划线速度，速度规划算法在跟随的过程中能够保持相对恒定距离进行跟随，通过ROS订阅目标的速度和位置信息，从安全的角度考虑，增加安全距离设置，不易发生速度过慢目标丢失以及速度过快发生碰撞的现象。

4.5 本章小结

首先，介绍了底盘信息处理技术的功能定位和处理信息分类，功能方面主要实现底盘的任务决策、路径规划、轨迹规划、行动控制和健康管理等，处理的信息主要包括健康信息、控制/规划策略信息以及动态感知的环境信息等。然后对用于底盘信息处理的主要高性能计算平台进行了简单的分类介绍，目前主流的解决方案主要基于CPU、GPU、DSP、FPGA和ASIC等芯片的不同组合。

其次，重点介绍了无人平台健康管理、无人平台对外交互与协同、决策规划、轨迹规划和跟随控制等底盘信息处理核心技术。底盘信息处理系统相当于无人平台的大脑，是实现自主驾驶的基础，在千变万化的驾驶环境中，单一的决策规划方法或算法难以满足应用需求，通常需要多种方法和算法的融合来解决决策规划的难题。

最后，结合实际，给出了一种典型的底盘信息处理硬件、软件架构设计方案以及主要功能模块处理流程，供相关研究人员参考。

5

任务规划技术

5.1 概　述

5.1.1 概念与内涵

任务规划系统包含对战场态势的理解，生成直观和形象的战场态势，为指挥员和参谋人员及时做出正确的指挥决策提供综合信息支持，为地面无人系统理解战场、选择正确的行动方案提供有效手段等。针对作战任务，综合分析我方作战资源、作战能力、作战环境和敌方对抗措施，对打击目标、作战要求、作战部队、作战地域、武器装备、协同保障与行动路线等进行筹划设计的过程，其以任务规划功能实现为核心。

任务规划系统可以分为指挥层和执行层。指挥层主要为作战指挥人员提供服务，包含态势评估和作战行动方案制订两个基本要素，依据作战指挥权限划分为战略级、战役级和战术级任务规划系统。执行层为具体的作战人员和武器装备服务，包含规划作战任务接收、战场态势信息融合、任务分配规划、生成作战计划以及推演评估等内容。任务规划系统主要实现以下三方面能力：

（1）任务规划智能决策建议：对打击目标清单、使用兵力、作战资源、作战协同行动计划、时效和路线等进行分析，生成初步的任务规划。

（2）方案推演分析及优化建议：先进行冲突检测，然后对任务中各种可能的变化反复进行推演，模拟真实的对抗环境，通过剧情分支自动生成、多分支并行推演和结果综合分析，生成不同权重的行动方案，供指挥员指挥决策参考。

（3）临机决策智能建议及自动生成：行动前，指挥员对战中可能遇到的情况预先估计，提前制订应对策略。利用机器学习方法从演习训练历史数据中挖掘潜在规律，自动匹配推演最适合当前情况的预案。同时，应用知识推理和搜索求解等方法，按照策略自动推理搜索处置方案、计算并生成行动指令，从而提高指挥员应对战场情况的处置能力。行动过程中，指挥员可根据各种动态变化的情况，在原有方案基础上临机决策调整行动方案。

5.1.2 发展历程

任务规划从概念到发展，大致分为 4 个阶段：

1. 发展起始阶段

任务规划这一概念的起源可以追溯到 1903 年第一架飞机的发明，但这个时期的任务规划只是简单的对作战任务进行手工计划和分类。直到 1946 年，第一台计算机被发明，并伴随着 20 世纪 70 年代计算机体积和价格的下降以及性能的提升，现代意义上的作战任务规划系统才真正诞生。美军最早的任务规划系统为 1980 年研制的计算机辅助任务规划系统（CAMPS）。20 世纪 80 年代初，美军开始研发了战斧巡航导弹，为解决其飞行安全性、地形辅助导航、目标精确打击和导弹突防等问题同步研制了战斧巡航导弹任务规划系统。1983 年，美军从 F-15 和 F-16 飞机入手，研制了基于 UNIX 系统的任务支持系统（MSS），并通过提供电子地图标绘和简单的飞行诸元辅助技术，实现了飞机任务规划从纸上作业到电子地图作业的转变。

2. 快速发展阶段

20 世纪 90 年代，随着海湾战争中美 MSSII 型任务规划系统的投入实战使用，美军任务规划系统也进入了快速发展时期，各军兵种开始针对自身武器装备特点研制属于自己的任务规划系统。任务规划系统应用范围不断扩展、功能更加先进、体积更加小巧，规划内容不断向武器、平台和决策方面扩展，如基于地形的任务规划系统、特种兵行动计划与推演系统、海军任务规划系统（NavMPS）和空军任务支持系统（AFMSS）等。

3. 一体化发展阶段

自 1997 年起，美国开始着手研制联合任务规划系统（JMPS），并将美军当前所有的任务规划系统与全球指挥控制系统（GCCS）进行对接，为导弹、武器与协同作战提供任务规划能力，初步解决了各军兵种任务规划系统不兼容和通用性差的问题。进入 21 世纪，随着美军作战方式向联合一体化转变，其任务规划系统也由军兵种任务规划向联合任务规划转变。2002 年 4 月，联合任务规划系统研制成功，并在伊拉克和阿富汗战争中得到应用，为提高美军军事行动的快速性、准确性做出巨大贡献。2007 年，美军为填补在“战役级到战术级任务规划”与“任务规划阶段到任务执行阶段”两个维度上的能力缺口，开展了远征作战联合任务规划系统研制，将现有的远征作战参谋规划系统（ESPF）与远征作战决策支持系统（EDSS）集成到联合任务规划系统中，形成远征作战联合任务规划系统。2012 年年底，美海军在联合任务规划系统基础上，独立开发了航母编队任务规划系统（JMPSCVIC），用于制定舰炮火力支援、巡航导弹攻击和飞机攻击等协同作战计划。

4. 人工智能发展阶段

美国国防部高级研究计划局（DARPA）于 2001 年启动了“深蓝”计划，为海军高层在联合作战的概念制定、新技术的引入、全球反恐、数据保密的高级分析等方面提供战略咨询。

2007 年“深绿”计划启动，该项目借鉴“深蓝”计划，旨在将仿真嵌入指挥控制系统，提高指挥员临机决策的速度和质量，其核心技术是平行仿真，即在指挥作战过程中，基于实时战场态势数据，通过计算机多次模拟仿真，推演出敌我采用不同作战方案可能产生的结果，预测敌方可能采取的行动和战场形势的可能走向，引导指挥官做出正确决策，缩短制订和调整作战计划的时间。

2009—2014 年，DARPA 先后启动了“洞察”（Insight）、可视化数据分析（XDATA）、深度学习（Deep Learning）、文本深度发掘与过滤（DEFT）和高级机器学习概率编程（PPAML）等大量基础技术研究项目。探索发展从文本、图像、声音、视频和传感器等不同类型多来源数据自主获取、处理信息、提取关键特征和挖掘关联关系的相关技术。同时，DARPA 还布局了一系列面向实际作战任务的项目。例如，Mind's Eye 计划探索一种能够根据视觉信息进行态势认知和推理的监视系统；对抗环境中目标识别与适应（TRACE）计划尝试用机器学习和迁移学习等智能算法解决对抗条件下态势目标的自主认知，帮助指挥员快速定位、识别目标并判断其威胁程度；分布式战场管理（DBM）计划旨在发展战场决策助手，帮助飞行员在对抗条件下理解战场态势并自主生成行动建议，并能够管理自主驾驶的僚机；人机协作（TEAM-US）计划尝试将人与机器深度融合为共生的有机整体，让机器的精准和人类的可能性完美结合，并利用机器的速度和力量让人类做出最佳判断，从而提升认知速度和精度。

2018 年 3 月，DARPA 战略技术办公室（STO）发布名为“指南针”的项目，旨在帮助作战人员通过衡量对手对各种刺激手段的反应，从而弄清对手的意图。该项目首先试图确定对手的行动和意图，然后再确定对手执行计划的地点、时机和具体执行人等。但在此之前必须分析数据，了解数据的不同含义，为对手的行动路径建立模型，即博弈论的切入点。然后在重复的博弈过程中使用人工智能技术，根据对手真实意图确定最有效的行动选项。

无人系统任务规划是现代信息技术发展的产物，在未来信息化战争中具有重要的军事价值和广阔的应用前景，其发展必然是一个长期的、滚动式的渐进迭代过程。随着装备本身的发展、作战样式的变化和软硬件技术的更新换代，任务规划系统的功能会越来越强大，作用也会进一步凸显。无人平台任务规划是对智能体集合的任务规划，主要包含对智能体的任务分配和任务规划两个部分，两方面均有很多学者进行了研究和应用。

5.2 任务规划核心技术

5.2.1 态势理解

未来的无人化和智能化作战，基于人的经验或认知的指挥模式已无法有效应对瞬息万变的战场和海量数据，要想减轻指挥员作战决策的难度，需要计算机自动识别信息内容和理解战场态势，以辅助指挥员准确提取有用信息。基于语义的自然理解能使计算机从海量的战场信息中获取敌我双方的态势情况，并通过态势处理，自动生成直观和可视的实时战场综合态势，为任务规划提供准确和有效的信息。

对态势的理解主要是对上报的态势信息、情报信息进行分析理解，生成综合态势图，并分发给下级。上报的态势或情报信息属于军事语言，军事语言严格地遵循了军事术语，具有典型的词语、符号和格式等特征，基于语义的自然理解可根据军用术语表达规则、术语库、知识库和军用字典等，对接收到的态势、情报语言进行语义分析，经过语义分析理解后输出对态势的研判，如离敌方目标有多远、什么类型的目标，采用什么样的火力打击武器，辅助指挥员进行作战决策。

1. 语义分析

语义分析是自然语言分析中的一个分支，是根据句子的句法分析和句中每个实词的词义推导出能够反映这个句子意义的某种形式化表示[26]，其目的是根据上下文消除各种歧义，结合句子的结构确定语句所表达的真正意义，并采用形式化方法表示，从而使计算机能够根据这一表示进行推理。

通常来说，同一类知识都存在多种不同的表示方法，不同领域的知识一般都具有不同的语言风格，根据语言风格选择合适的语义分析方法，可以更好地实现对语言的理解。目前，在语义分析及知识表示方面，主要存在语义网络、格语法和概念从属理论等方法。

（1）语义网络。

语义网络是通过概念和语义关系组成有向图来表示知识的描述，它的基本元素是结点和弧。结点代表概念，每个结点具有若干属性。弧是有向的，表示结点之间的语义关系，包括限制关系、连接关系和句态关系等。语义网络可以十分简洁地将事物间的各种关系和事物的结构、属性清晰地表示出来，节约存储空间。同时，它还具有很强的直观性，易于理解。

（2）格语法。

格语法是一种具有广泛应用范围和影响力的语义分析方法，其最大特点是承认语义在句法中的核心作用，通过这个方法可得到深层语义结构，所表示的语义信息具有普遍性。其基本思想是动词在句中起中心作用，参与动作的个体称为“语义格”，且“格”的数量是有限的。针对每个动词的义项，由可能的“语义格”子集构成格框架，子集又可分为必要的与可选的两个集合。格语法的分析步骤主要包括：第一步，判断出待分析词序列中的主要动词，如果判断出，则在动词词典中找出该词的格框架；第二步，识别必要格；第三步，按照与第二步相似的方法识别可选格；第四步，根据句子中出现的标志判断句子的情态。在处理完第二到第四步后，若分析成功，则得到待分析的词序列的格框架，若待分析词的序列中还有未被识别的成分，则可能是分析出错，或者是待分析的词序列是不合法的，或者名词的语义信息和动词的格框架不正确。

（3）概念从属理论。

概念从属理论是自然语言处理中的一种理论，该理论认为人脑中存在着某种概念基础，语言理解的过程就是把语句映射到概念基础之中的过程。概念基础具有完善的结构，往往能够根据初始的输入，预期可能的后续信息。因此，需研究概念的结构和映射规则。在实际应用时，可首先确定一组从动作词语中高度抽象和概括出来的原语动作，然后通过原语来表达语句内部的关联关系，以综合理解句子的完整意义。概念从属理论认为不论使用的词语是否一样，词语的排序是否一致，若两个语句具有相同的意义，则它们都具有相同的内部表示。两个语句只要含义相同，就具有相同的概念结构和相同的依从关系。

不同的语言存在不同的文法体系，不同的领域知识也有各自的特点，而每一种表示方法都有自己的优势和局限性，因此需要根据特点采用相适应的一种表示方法或几种方法的组合。地面无人系统在进行表示方法选择时，不仅要考虑不同语言固有的文法体系，而且要关注应用领域的知识、知识表达的特定规则和语义理解的实时性等。

2. 态势处理

态势处理的目标是提供直观和形象的战场实时态势，使指挥员和参谋人员及时且全面地了解战场情况，为及时做出正确的指挥决策提供综合信息支持。

态势处理的任务是根据作战需要从电子地图库中提取所需的背景电子地图，在地理信息系统（GIS）工具的支持下，根据各参战单元的位置坐标在背景电子地图上标绘（人工或自动）其对应的军标符号、作战所需的各种战术标志线、用各种专用符号标明敌我进攻方向和路线等，形成作战背景态势图。根据接收的战场敌、我动态信息，在作战态势背景地图上自动进行标绘，生成战场实时态势图。态势处理主要包括以下功能。

（1）态势标绘。

以作战区域电子地图作为背景图层，将各参战单元的位置信息、敌人的主攻方向、海上航线、地面道路、空中走廊和各种战术标志线等，通过人工或自动方式，以战术符号、几何图形和字符等态势图形标绘在背景地图上，形成战场阵地配置图。对新装备、新的作战部署与行动样式，在缺乏规范统一的标识方式时，可以按照基本标示标绘规则，适当扩展标号。对于那些静态的或者长时间不变的战场态势信息，采用人机交互方式标绘；对于那些随时间而随机动态变化的战场态势信息，采用自动标绘。

（2）态势实时显示。

从本机态势图库中调入指定的战场阵地配置图作为战场背景地图，在战场背景地图上，以图形方式实时叠加显示各信息源提供的，经信息融合后重新编批的各批目标的机动轨迹和轨迹批注，形成战场实时态势信息图。

地面无人系统各组成部分承担的指挥控制、作战任务和角色职责不同，其态势感知需求也存在差异，不同角色在战场态势的内容和表现形式等方面的需求也存在不同。指挥节点需要作战区域大范围内的有人、无人力量，敌情、我情、战场环境以及其他情报信息等形成的综合态势；遥控节点主要关注与本任务单元相关的局部态势信息；无人节点更关注执行任务周边的目标和环境信息等。为满足不同角色对态势图的个性化需求，需要以角色的战场态势感知需求为出发点，设计以用户/角色为中心的战场态势呈现，针对其职责与业务领域特点，选取合适的可视化结构与态势呈现形式，建立态势观察、理解、预测的要素可视化结构，以及领域知识可视化展现结构，从而满足地面无人系统各个组成部分对战场态势的个性化需求。态势呈现运行流程如图 5.1 所示。

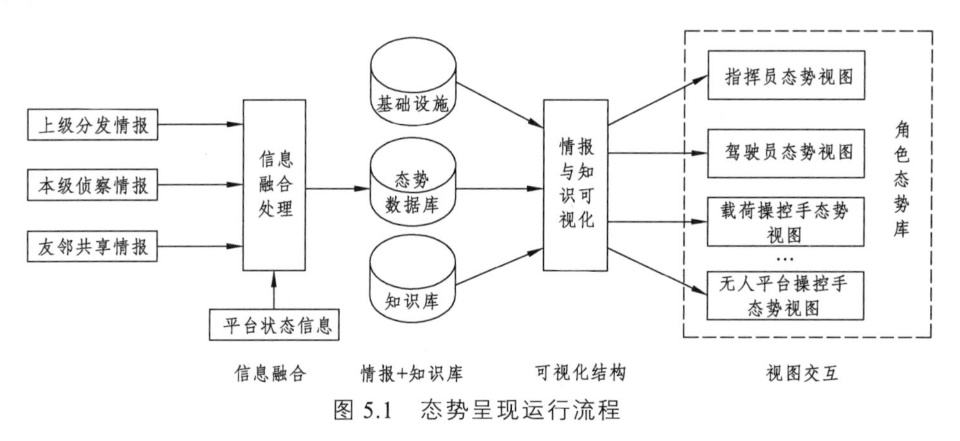

图 5.1　态势呈现运行流程

5.2.2　任务分配

在未来战场上，地面无人系统作为重要的作战力量将充分融入联合作战体系，越来越多的无人平台可与有人系统混合编组，也可独立编组，执行各项作战任务。因此，如何有效规划地面无人系统的任务行动，如何针对不同无人平台进行合理的任务分配是高效发挥地面无人系统作战效能的重要前提。

地面无人系统在进行任务分配时，既要考虑已知的相对稳定的因素，又要能够适应动态变化的环境。如何利用已有的资源和通信环境，实现任务的最优分配和动态调整是任务分配要解决的关键问题。

1. 任务分配控制方法

根据不同任务环境的区别，选择分配控制方法应该考虑任务完成的快速性、任务的实时性、任务分配的计算时间和复杂度、抗干扰能力等。任务分配控制方法主要可以分为集中式、分布式和离散式[37]，这些方法的不同之处在于编组内数据指令的同步策略和算法，控制结构一定程度上决定着编组行动的执行效率和质量。

（1）集中式规划。

集中式规划由操控端集中控制编组中各无人平台的行动，各无人平台的算法均运行在控制中心，各平台共享计算机资源和数据，无人平台不参与决策，完全按照控制中心发出的任务指令和线路执行任务，其结构如图 5.2 所示。

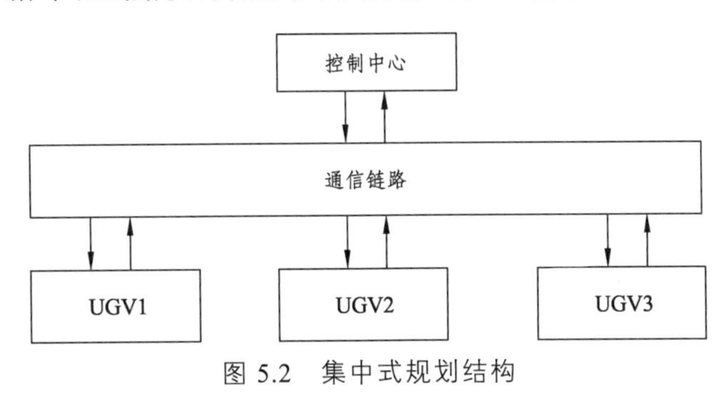

图 5.2　集中式规划结构

集中式规划的优势：

① 能够集合系统资源，做全局的任务分配和调整，实现规划结果的全局最优。

② 当无人平台无须运行复杂运算时，编组内也无须进行数据通信，降低了平台的复杂度，实现了轻量化和小型化。

集中式规划的劣势：

① 稳定性差。控制中心受损或失去连接时，会造成整个编组的失控。

② 实时性差。平台感知的本体健康状态、周围环境信息和任务执行情况等信息均需要发回控制中心，由控制中心集中决策后再给平台发送下一步的行动指令，当编组容量大、传输数据多时，带宽限制会造成实时性差，难以实现同步控制。

③ 计算复杂度高、计算时间长。所有无人平台反馈数据在控制中心融合计算以及编组内平台异构，增加了计算的时间和复杂性。

（2）分布式规划。

分布式控制方法充分依赖编组内各无人平台的自主决策能力和协同能力，无人平台间以通信系统为支撑，对健康状态、周边环境和任务目标等信息进行交互，具有实时性好、抗干扰能力强、各单位计算复杂度低等优点。

当前分布式控制方法可以分为两种[40]：全自主分布式和半自主分布式。

① 全自主分布式。

该控制方法是依靠智能单位的自主能力和协同能力，将编组看成具有决策能力的智能体，将复杂的任务分配问题转化成各个智能体之间任务的分配和决策。这种方式相对于集中式控制有很强的自主性，能够对任务集信息和自身信息进行采集、分析和决策，并通过协同通信网络与其他编组成员进行数据交互，经群体分析和决策后生成每一个单位的任务分配集合，全自主分布式结构如图 5.3 所示。

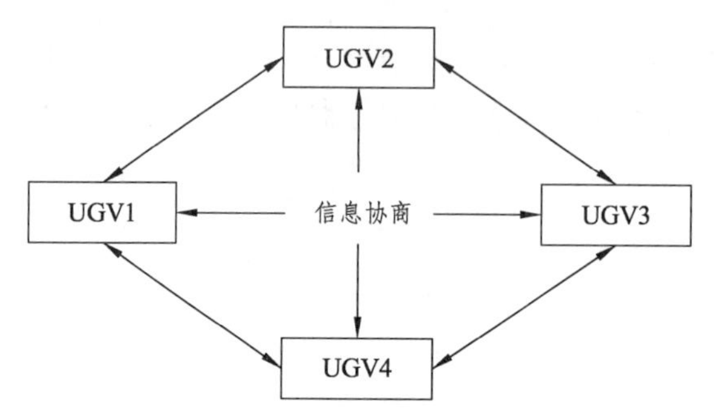

图 5.3　全自主分布式规划结构

在信息共享的基础上，编组内能够高效进行任务冲突检测、队形控制和避免碰撞。但是，为了保证任务决策的实时性，需要频繁交互数据，使得数据量随编组容量的上升而剧增，因此不太适合编组内单体个数太多的情况。

② 半自主分布式。

该方法结合了集中式控制和全自主分布式控制的优势，在解决编组内无人平台数量和类型众多时的任务分配问题更有优势。在静态环境中，由控制中心利用全局分配的优势对编组中各平台实施最优初始分配方案；在动态环境中，如遇突发威胁、状态告警和任务中断等情况，编组各单位发挥自己的自主性，通过共享信息，群体决策出动态任务分配结果并分发给各个无人平台。除了某些特定情况下由控制中心按集中式规划对编组整体发送任务指令，大部分时候依靠编组自身的协同进行任务分配，这样既充分发挥了编组群体智能，又大大降低了控制中心的任务量。半自主分布式结构如图 5.4 所示。

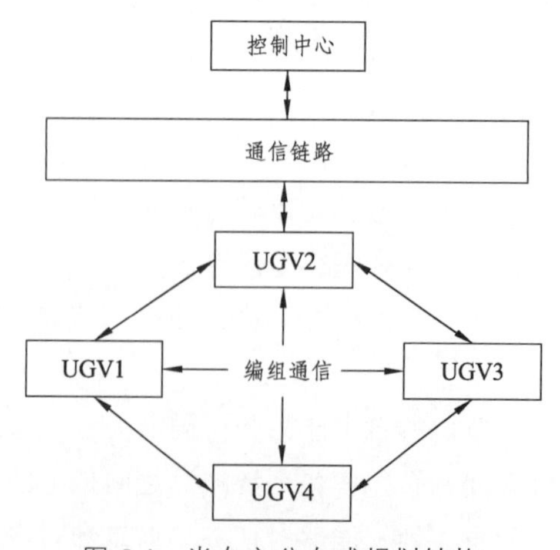

图 5.4　半自主分布式规划结构

（3）离散式规划。

离散式规划结构是指多无人平台各自采用自主的方式，整体上是一种松散型的智能体组合。在通信环境弱和控制中心执行效率差等情况下，集中式和分布式的方式对编组整体的信息依赖得不到满足，造成决策结果不可靠和结构不稳定，而离散式规划方式让无人平台发挥更高的独立自主能力，依靠平台自身的载荷感知能力，规划各自的任务序列，比集中式和分布式结构更稳定。

基于以上三类任务规划结构，在设计任务规划的算法时要考虑如何在无人系统各部分之间进行协同、计算和通信，以及它们之间的交互方式对算法收敛程度和性能的影响，交互方式包含同步和异步两种情况。

① 同步方式是等待事件触发产生驱动，按照预设的流程执行，在任务时间上是线性发生的，对前后序列的依赖性较强，其执行结果有保证。在集中式方法中，实现同步的机制是轻量级的，但当信息在网络上共享，各平台必须为等待来自物理上分离的机器的消息而耗费时间，产生巨大的时间成本。

② 相比而言，异步方式具备更好的灵活性。当算法模块可以相对独立地执行，便可采用异步计算方式。在分布式和离散式算法中，计算触发通过模块间的通信来产生，异步交互方式允许算法不同的模块随时利用获得的信息进行计算，而不需按严格的时间计划进行。

因此，在算法设计中应合理安排同步和异步的关系，既能保证结论的准确性又能兼顾灵活性。

2. 静态分配算法

在任务开始前的预先规划过程中，通常采用静态分配算法对编组内各个无人平台的执行任务进行预先分配。目前常用的主要包括群算法、市场机制算法和进化算法等。

（1）群算法。

群算法主要是模仿自然界中各种生物群体觅食的行为，通过迭代搜索得到问题解[41，42]。以 Kennedy 和 Eberhart 提出的粒子群算法为例，每个任务分配方案都是“粒子”，所有的粒子都有适应值函数决定的适应值。

算法的基本流程如下：

① 初始化设置微粒群的规模，最大允许迭代次数。

② 对每个微粒，生成随机的无人平台和目标的任务配对，并计算目标评价函数；如果出现一个无人平台对应多个不同目标则重新分配，直到不重复。

③ 根据公式计算各微粒新的速度和位置，并对各微粒新的速度和位置进行限幅处理。

④ 当微粒的新位置有重复时，重新执行③直到满足要求。

⑤ 按目标评价函数重新评价各微粒适应值。

⑥ 对每个微粒，比较其当前适应值和个体，如果当前最优，则保存当前位置为其个体历史最好位置。

⑦ 比较群体所有微粒的当前适应值和全局历史最好的适应值，如果当前最优，保存该微粒的当前位置为全局历史最好位置。

⑧ 若满足停止条件，则搜索停止，输出搜索结果；否则，返回步骤③继续搜索。

粒子群算法流程如图 5.5 所示。

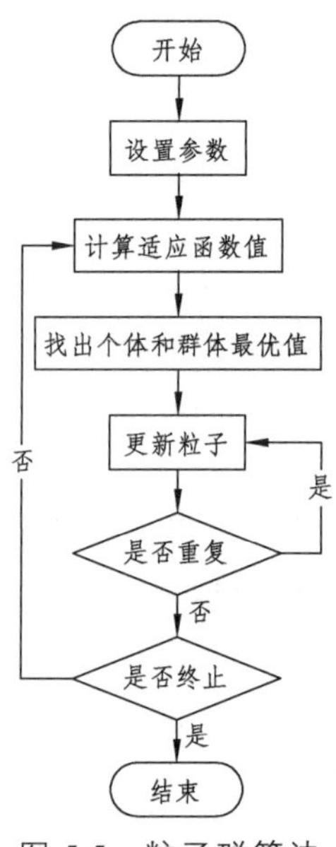

图 5.5　粒子群算法

群算法作为一类典型的解决静态任务分配的方法[43]，有其自身独特的地方，其优点如下：

① 随机性强。群算法依据的是生物种群中生物个体的运动，忽略了个体差异，具有很强的随机性。

② 可以对较大规模的实际问题进行求解。对于同构无人编组进行任务分配时能够发挥算法优势，个体数目的多少对算法影响不大，即使处理较大规模的实际任务分配问题也能够满足要求。

③ 逻辑简单，适用于简单的任务判断。

④ 在搜索过程中消耗少。

不足之处如下：

① 实时性差，很难确定具体时间。

② 理论依据不够充分。

③ 得到的解不一定是全局最优的。由于群算法搜索方式随机，粒子移动方向没有准确的理论依据，最终得到的往往是随机产生的局部最优解。

④ 对于多类型的无人平台不适用。当编组内无人平台异构时，由于群算法无法区分个体单位的差异性，分配结果的可靠性降低，且无人平台类型越多误差越大。

在改进的各类群算法中[41]，一般会根据具体的问题在算法搜索过程中引入正反馈机制，以优化算法向最优解收敛和加快收敛速度。

（2）市场类算法。

市场类算法[44-46]是另一种常用的静态任务分配算法。市场类算法源自投资市场中的投资行为，个体投资获得利益最大化都是依据自己的投资能力和预期效益而对市场中的项目进行投资，单个体无法改变整个市场的走势，但是所有投资者的集合就可以通过投资对整个市场的走势产生决定性的作用。增加谈判机制的市场类算法，通过个体间的协商得到一个分配方案，在该类算法中，个体完成一个任务的收入减去投入就是产生的收益，每个个体都为了利益最大化而执行任务。

市场类算法的主要优点：

① 每个单体获利和消耗相差不大。

② 支持对不同类型的分配。

③ 无需对整体数据信息过多考虑，算法收敛速度快。

主要不足：

① 对整体的全局数据因素考虑不足。重点不是考虑整体收益最大，从而没有对整体数据信息过多考虑。

② 不能保证全局最优。重点在于个体收益最大化，从而不能保证得到的是全局最佳分配方案。

在无人平台的任务分配过程中，对于个体而言不仅要追求个体利益最大化，还要考虑个体执行任务的能力，包括各个智能体的续航、载重、功能和通过性等，这就保证了资源的均衡。市场算法中各个客户投资能力的不同，符合多无人平台任务分配的实际问题，特别是平台类型不同时，比群算法优势明显。

（3）进化理论算法。

进化理论算法是仿照自然界中生物种群优胜劣汰的进化原则，将相对优秀的生物个体保留，而相对差的个体去除，不断迭代最终得到最优的群体。目前，使用最为广泛的是遗传算法，该算法仿照生物进化理论，以染色体编码方式进行最优化选择，其特点是以决策变量的编码作为运算对象，区别于传统优化算法往往直接采用决策变量的实际值。

遗传算法的基本运算过程如下[49]：

① 初始化：设置进化代数计数器 $t=0$，设置最大进化代数 T，随机生成 M 个个体作为初始群体 $P(0)$。

② 个体评价：计算群体 $P(t)$ 中各个个体的适应度。

③ 选择运算：将选择算子作用于群体。选择的目的是把优化的个体直接遗传到下

一代或通过配对交叉产生新的个体再遗传到下一代。选择操作是建立在群体中个体的适应度评估基础上的。

④ 交叉运算：将交叉算子作用于群体（遗传算法中起核心作用的就是交叉算子）。

⑤ 变异运算：将变异算子作用于群体。即对群体中的个体串的某些基因座上的基因值做变动。群体 $P(t)$ 经过选择、交叉和变异运算之后得到下一代群体 $P(t+1)$。

⑥ 终止条件判断：若 $t=T$，则以进化过程中所得到的具有最大适应度个体作为最优解输出，终止计算。

遗传操作包括以下 3 个基本遗传算子：选择、交叉和变异。

① 选择。选择是指从群体中选择优胜的个体，淘汰劣质个体。选择的目的是把优化的个体（或解）直接遗传到下一代或通过配对交叉产生新的个体再遗传到下一代。选择操作是建立在群体中个体的适应度评估基础上的，常用的选择算子有以下几种：适应度比例方法、随机遍历抽样法和局部选择法。

② 交叉。交叉是指把两个父代个体的部分结构加以替换重组而生成新个体。遗传算法的核心操作是交叉算子，通过交叉，遗传算法的搜索能力得以飞跃提高。

③ 变异。变异算子的基本内容是对群体中的个体串的某些基因座上的基因值做变动。依据个体编码表示方法的不同，可以有以下的算法：实值变异和二进制变异。对变异算子的操作过程为，先对群中所有个体以预设的变异概率判断是否进行变异，再对进行变异的个体随机选择变异位进行变异。

遗传算法具有与问题领域无关且快速随机的搜索能力，具有良好的并行性，通过选择构造多个种群独立演化，对于存在多种异构无人平台和差异化任务能力的地面无人系统任务分配具有较好的适应性。但是，该算法也存在初始化种群、算子参数的选择具有较强的依赖性，以及算法编码、搜索复杂度相对较高等问题，一般与其他算法结合应用。

3. 动态分配算法

静态任务分配基于已知的状态信息和环境信息完成各单位的任务分配，而瞬息万变的战场情况又会导致原本的任务分配方案面临困难，需要临机调整任务方案以适应作战需要，保证任务顺利进行或当前条件下收益最大化。需要进行临机调整的情况主要有以下几种：

① 发现新目标，导致原分配无法覆盖任务，需要分配合适的单位去执行新任务。

② 未知威胁的出现，需要任务单位对遇到的未知威胁进行处理。

③ 任务单位故障或损坏，需要将该单位的原任务重新分配到其他单位执行。

在这种任务动态调整过程中，通常采用的算法主要有：合同网算法、拍卖算法和聚类算法。

（1）合同网算法。

合同网算法[52]通过模拟市场机制中的投标过程，依据多种合同类型，通过多个个体之间的相互通信和协商，在个体追求最优的基础上，寻求全局最优或次优。以 Agent 来表示合同网模型中的个体，每个 Agent 都是具有互相通信和一定的信息处理能力。根据功能可分为以下三类：

① 招标者——任务的拥有者，主持拍卖的节点，对各投标单位的投标值进行比较，决定中标者。

② 投标者——自身有充足资源，能够满足招标条件的节点。

③ 中标者——投标者中投标值最大的节点，与招标者签订合同，获得任务的所有权。

合同网的任务分配可以概括为以下 4 个步骤：

① 任务发布——当 Agent 本身任务集中，任务资源不足以完成任务或发现新任务时，此 Agent 作为招标者，将任务信息发布出去。

② 投标——其余 Agent 收到任务信息后，根据任务要求，对自身的能力进行评估，在有效时间内返回自己的投标值，对合适的任务进行投标。

③ 签约——当到达预定的投标截止时间或者收到了所有 Agent 的标书后，招标者需要对投标信息进行处理，根据投标者的投标值挑选出最适合执行任务的 Agent，并向所有参与投标的 Agent 反馈投标结果。

④ 执行——收到中标消息的 Agent 与招标者签订合同，获得任务的所有权，将任务加入自己的任务序列，准备执行，并且要在一定时间内向招标者返回任务完成信息。

基于合同网算法的任务分配方法主要依赖于多 Agent 的控制策略和自主决策，是一种分布式自适应的分配方法，其协商过程具有以下特点：

① 所有 Agent 的目标相同。对于任务的评估和招标者对投标者的选择，都采用统一的标准，这是协商成立的前提。

② 角色不固定。招标者、投标者和中标者都是任务分配过程中的一个临时的角色，不由中心节点指派，随任务变动。

③ 双向选择。招标者对所有投标者进行选择，投标者对任务进行选择，构成了灵活自由的交易模式。

传统的合同网算法存在着通信数据量大和缺少并行分配机制的问题，针对这些问题，有学者通过两个策略进行算法改进：招标者参与投标和引入并发机制。基于并发机制的合同网算法，可以对多个任务同时进行拍卖，并且允许有多个中标者组合完成任务，提高协商效率。

（2）拍卖算法。

拍卖算法源自模拟具体的拍卖过程，它是采用分布式控制方法进行动态任务分配的一种重要方法。在拍卖过程中各个智能体计算每一个任务的收益、消耗的能力和评价函数等。拍卖算法首先给出一个拍卖的具体先后次序，各个智能体按照次序去完成自己拍卖得到的任务集，最后得到整体的任务分配方案。在智能体能力范围和约束条件之内，重新给出一个新的拍卖次序进行拍卖，根据评价函数评价新方案和旧方案，将较优的方案留下来，如此往复，得到较好的解。

拍卖算法恰恰具有较好的实时性，而实时性是动态环境无人编组分配方法最关心的问题，这里的实时性是指当任务集和编组等任务环境改变时，能够快速地给出新的分配方案。

拍卖算法首先要制订竞拍机制，在解决动态环境下无人平台任务分配问题时，竞拍机制相对于传统的竞拍机制有很大不同。传统的竞拍机制都只是对一个目标任务进行拍卖，有一个拍卖决策者，按照特定的规则将任务分配给出价最高的个体，各个个体天生存在着相互竞争的关系。而编组任务分配结果是由控制中心确定各任务单位的执行次序，当次序确定后，各无人平台是不存在竞争关系的。为方便描述，假定无人平台完成任务方案可以表示为 $P_j = \{P_{j1}, P_{j2}, \cdots, P_{jn}\}$，$P_j$ 为一个有序集，l 表示有序集 P_j 元素的个数。竞拍中，主要考虑下面的预期效益函数：

$$\text{Value}_i(P_j) = \sum_{k=1}^{l} \rho_{ijk}\sigma_{jk} \tag{5.1}$$

式中　ρ_{ijk}——第 i 个智能体完成任务 P_{jk} 的概率；

σ_{jk}——任务 P_{jk} 的重要程度。

通过求解该效益函数的最优值获取最终分配方案。

拍卖方法虽然不是确定性算法，不能得到最优解，但是在动态环境中的任务重分配中，具有较好的实时性，能够较快地得出新的分配方案[53]。

（3）聚类算法。

聚类算法主要研究的是如何根据目标位置和功能等属性值将其分为若干类别，以揭示目标之间的相互关系和差别，使得一个类别中的对象样本有较高的相似度，而不同类别中对象样本的属性值差别较大。

以 K-means 算法[55]是一种最常用的动态聚类算法，是一种基于划分的迭代算法，在求解过程中，通过反复修改分类来达到最满意的聚类结果。该算法的基本思想是，以一些初始点为聚类中心，对样本集进行初始分类。判定分类结果是否能使一个确定的准则函数取得极值：如能，聚类算法结束；如不能，改变聚类中心，重新进行分类，并重复判定，所使用的准则一般是误差平方和准则。

算法过程如下：

① 从 N 个文档随机选取 K 个文档作为质心。

② 对剩余的每个文档测量其到每个质心的距离，并把它归到最近的质心的类。

③ 重新计算已经得到的各个类的质心。

④ 迭代②、③步直至新的质心与原质心相等或小于指定阈值，算法结束。

K-means 算法的优点如下：

① 算法实现简单。

② 对大数据集具有可伸缩性和高效性。

③ 对高斯分布的簇效果好。

不足之处如下：

① K 的值选定困难。

② 算法时间复杂度比较高，收敛慢。

③ 不能发现非凸形状的簇。

④ 对噪声和离群点敏感。

⑤ 结果是局部最优而非全局最优。

5.2.3 全局路径规划

无人系统在野外作业时，需要在广阔的空间中给出行动的指引，就如同我们开车需要导航一样。全局路径规划就是在地理信息系统（GIS）中为无人平台找到一条全局的作业行动路线。在地面有各种路线连接而成的网络，这些网络抽象出来就是一个由多个节点及节点之间连线组成的图（graph），无人平台能够在这个图中找到行动的方位。

1. 全局地图

（1）大地椭球坐标。

全局导航必须首先建立全局的坐标系统，再在坐标系统中确定行走的坐标，最后将坐标串联确定行走路线。目前，最常用的坐标系统是 1984 年世界大地坐标系（World Geodetic System-1984 Coordinate System），简称 WGS-84 坐标系。该坐标系是大地测量学界和美国国防部等机构基于卫星雷达测高等数据，结合地球重力异常、偏转和多普勒效应等影响因素建立的一套坐标系，坐标原点位于地心。其地心空间直角坐标系的 Z 轴指向国际时间服务机构 BIH 1984.0 定义的协议地球极（CTP）方向，X 轴指向 BIH 1984.0 的零子午面和 CTP 赤道的交点，X 轴、Y 轴与 Z 轴相互垂直构成右手正交坐标系，如图 5.6 所示。

由于 GPS 采用的是 WGS-84 坐标系，因此将 GPS 坐标数据导入国内图件，需要将 WGS-84 坐标系转换到 1980 西安等其他国内使用的坐标系中。国内的高德地图使用的坐标系是 GCJ02，百度地图使用的是 BD09，这些都是 WGS84 转换而来的。

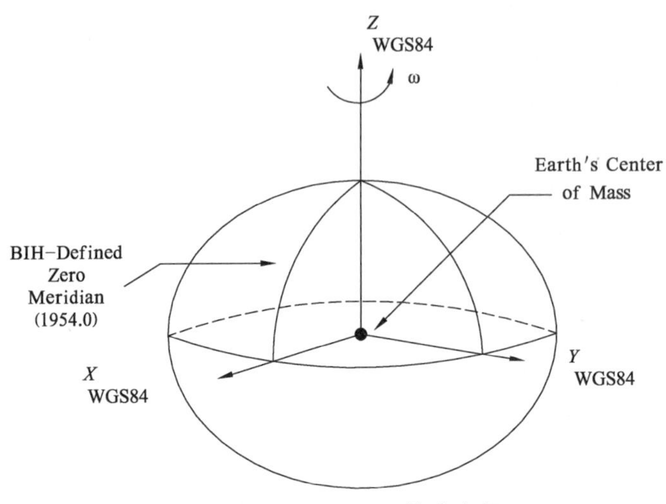

图 5.6　WGS84 椭球坐标

（2）平面投影坐标。

地球是一个曲面，为了使用方便，局部大地可以看成一个平面，需要把球面坐标投影到平面上。多数应用系统中使用的平面地图在数据交互、结构定义和建模等方面都比较直观。

从曲面至平面的数学换算即为地图投影的过程，不同投影会引起形状、面积、距离或方向的变形。按照投影类型分为等角投影、等积投影和等距投影。按照投影方法分为圆锥投影、圆柱投影和平面投影。最常用的投影是横轴蒙卡托投影，将一张正方形的纸卷成筒状，正方形的边长等于赤道的长度，把地球包在中间，地球的赤道与筒的内壁相切，在球心有一个光源，地球表面在纸上的投影就是墨卡托（Mercator）投影，如图 5.7 所示。墨卡托坐标系主要用于计算栅格底图的范围，在平面上显示规划路径，可以方便地对生成的路径制图并保存。

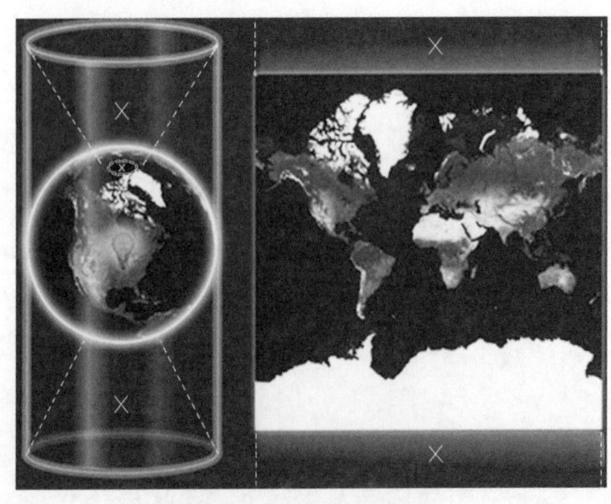

图 5.7　墨卡托投影

南北两极没有投影，实际范围是经度[－180，180]，纬度[－85，85]，除了赤道外，其他地方都有变形，纬度越高，变形越厉害，具体参考如下公式：

$$y = R \times \ln[\tan(45° + a/2)] \quad (5.2)$$

$$x = R \times b \quad (5.3)$$

式中　a——纬度；

b——经度；

R——赤道半径。

由于赤道周长为 $2\pi R$，所以当 $y = \pm\pi R$ 时，投影图正好为一个正方形，此时反推投影的纬度取值范围为[－85.051 13，85.051 13]。由于赤道半径 R 为 6 378 137 米，根据公式可求边界为[－20 037 508.3 427 892，20 037 508.3 427 892]米。

（3）路径地理数据。

全局地图还需要山川、河流、行政区划和交通道路等地理数据信息。就路径规划而言需要的是道路矢量信息，主要通过矢量数据模型进行表达，矢量数据模型描述的是几何实体（点、线、面）、空间关系、空间索引、空间参考和一般属性等内容。

常用矢量数据格式有以下两种：

① shapefile。

一个 shapefile 文件至少包含 3 个文件：

*.shp：主文件用于存储地理要素的几何图形。

*.shx：索引文件用于存储图形要素和属性信息索引。

*.dbf：dBase 表文件用于存储要素的一般属性信息。

每个 shapefile 文件只能存储一种几何类型（或点、或线、或面）的数据，实际使用时需要把这些类型解析出来，但是这些类型之间的关系是没有数据结构保存的。

② KML。

KML（Keynote Markup Language），本质上是一个完全遵循 XML 文件格式的 KML 文件。KML 最初为 Google 定义的文件格式，用以描述地图中的关键数据，如路径、标记位置和叠加图层等信息。因此，使用 KML 文件可以记录一个简单的只包含街道、路径、多边形和标记位置等信息的简单地图，但不包含高程、地形地貌等复杂信息。

KML 文件定义了几个特殊的元素标签，其中常用标签：Placemark 用于标记或路径；Linestring 用于路径的坐标点；Point 用于标记位置的坐标；Coordinates 用于经纬度坐标。

（4）构建路径拓扑图。

上述两种矢量格式的文件是最常用的，但均不支持拓扑数据。在实际中往往需要解析这些矢量数据，然后根据实际的业务需求重新组建拓扑关系，即路线之间的连接关系。KMl 文件中每一个 coordinates 节点都包含很多位置坐标，把这些坐标的头尾都设为一个顶点并编号，多个 coordinates 相当于多条线段。线段通过顶点之间的距离来判断是否连接，如果两顶点之间的距离小于预定精度要求的阈值，则认为线段是连通的。

例如，有两段经纬度路径点，第一段的首尾位置点命名为顶点 1 和 2，第二段的首尾位置点命名为 3 和 4。考察这 4 个点与剩下的不同线段位置点的距离，如果距离小于阈值则创建一个新的顶点并与之连线，如图 5.8 中的顶点 5。一个地区的路网拓扑图有数百个顶点，通过新增、删除顶点及调整顶点连接权值，可规划出不同的路线，从而适应战场环境的瞬时变化。

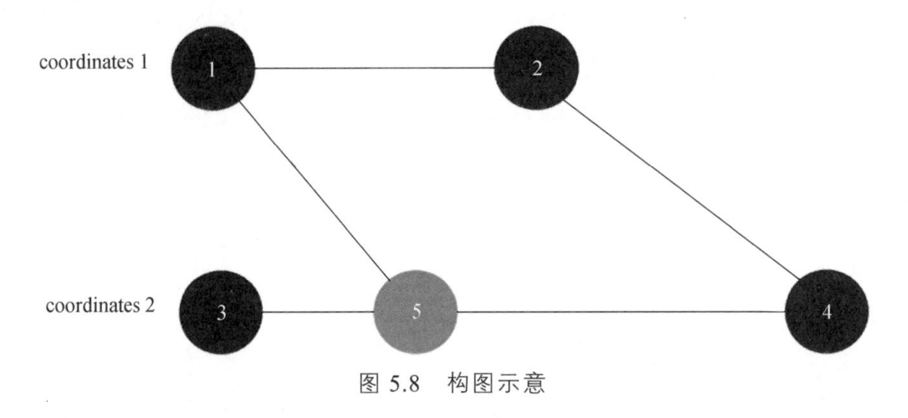

图 5.8　构图示意

2. 路径规划算法设计

常用的路径规划算法有基于采样的路径规划算法、基于搜索的路径规划算法和基于生物启发的路径规划算法。

（1）基于采样的路径规划算法。

基于采样的路径规划技术很早便开始用于无人平台的路径规划中，常见的有概率路线图算法（Probabilistic Road Map，PRM）和快速随机扩展树算法（Rapidly-exploring Random Tree，RRT）。

① PRM。

概率路线图算法（PRM）将规划分为学习阶段和查询阶段。在学习阶段，建立一个路线图；在查询阶段，利用搜索算法在路线图上寻找路径。它将连续空间转换成离散空间，再利用搜索算法在路线图上寻找路径，以提高搜索效率。这种方法能用相对少的随机采样点来找到一个解，对多数问题而言，相对少的样本足以覆盖大部分可行的空间，并且找到路径的概率为 1（随着采样数增加，找到一条路径的概率指数趋向于 1）。显然，当采样点太少或分布不合理时，PRM 算法是不完备的，但是随着采样点的增加，也可以达到完备。

其建立路线图的步骤如下：

步骤 1：初始化。设 $\boldsymbol{G}(\boldsymbol{V}, \boldsymbol{E})$ 为一个无向图，其中顶点集 $\boldsymbol{V}$ 代表无碰撞的构型，连线集 $\boldsymbol{E}$ 代表无碰撞路径，初始状态为空。

步骤 2：构型采样。从构型空间中采样一个无碰撞的点 $\alpha(i)$ 并加入到顶点集 $\boldsymbol{V}$ 中。

步骤 3：邻域计算。定义距离 ρ，对于已经存在于顶点集 $\boldsymbol{V}$ 中的点，如果它与 $\alpha(i)$ 的距离小于 ρ，则将其称作点 $\alpha(i)$ 的邻域点。

步骤 4：边线连接。将点 $\alpha(i)$ 与其邻域点相连，生成连线 τ。

步骤 5：碰撞检测。检测连线 τ 是否与障碍物发生碰撞，如果无碰撞，则将其加入到连线集 $\boldsymbol{E}$ 中。

步骤 6：结束条件。当所有采样点（满足采样数量要求）均已完成上述步骤后结束，否则重复步骤 2～5。

② RRT。

快速扩展随机树算法（Rapidly-exploring Random Trees，RRT）是一种在多维空间中有效率的规划方法。原始的 RRT 算法是以一个初始点作为根节点，通过随机采样增加叶子节点，生成一个随机扩展树，当随机树中的叶子节点包含了目标点或进入了目标区域，便可以在随机树中找到一条由树节点组成的从初始点到目标点的路径。

RRT 采用一种特殊的增量方式进行构造，这种方式能迅速缩短一个随机状态点与树的期望距离。该方法的特点是能够快速有效地搜索高维空间，通过状态空间的随机采样点，把搜索导向空白区域，从而寻找到一条从起始点到目标点的规划路径。它通过对状态空间中的采样点进行碰撞检测，避免了对空间的建模，能够有效地解决高维空间和复杂约束的路径规划问题。

（2）基于搜索的路径规划算法。

基于搜索的路径规划算法常见的有 Dijkstra 算法、A^* 算法、D^* 算法、LPA^* 算法和 D^*lite 算法等。

① Dijkstra 算法。

Dijkstra 算法是一种标号法，给赋权图的每一个顶点记一个数，称为顶点的标号（临时标号 T 或者固定标号 P）。T 标号表示从始顶点到该标点的最短路长的上界，P 标号则是从始顶点到该顶点的最短路长。Dijkstra 算法能求一个顶点到另一个顶点的最短路径。

Dijkstra 算法一定能得到最优解，但效率并不是最高的，在 Dijkstra 算法的基础上还有许多优化的方法，这些方法大多为启发式算法，不试图求得问题的最优解，而是在计算时间和解质量之间进行折中，得到当下硬件环境下的满意解。以 6 个节点的路径规划为例，节点编号 $A \sim F$，如图 5.9 所示，图中各连接线的数字表示各节点之间的实际距离。

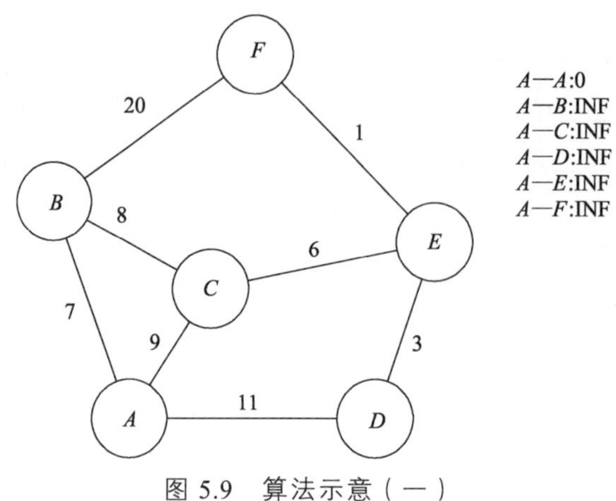

图 5.9　算法示意（一）

假设起点是 A，求到 F 的最短距离。定义每个点到 A 的距离为一个参数，因为 A 是起点，默认除了 A 到 A 为 0，其他都是无穷大。从起点 A 开始，更新与 A 相连通的点到 A 的距离，并把 A 点标记，如图 5.10 所示。

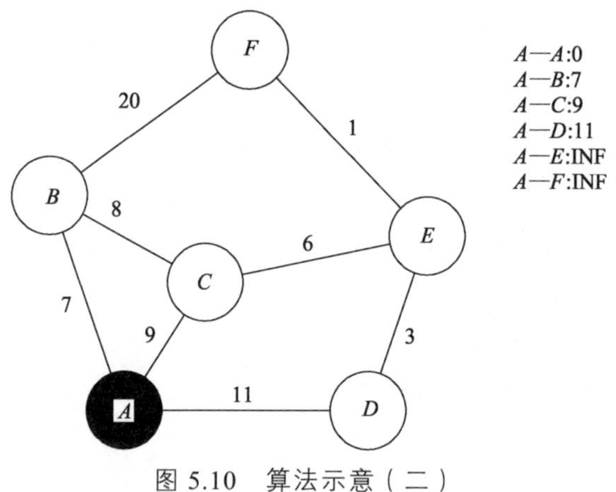

图 5.10　算法示意（二）

遍历一次所有点与 A 的距离，找到最小的，得到点 B，再以 B 为起点，与它周围未被标记的点进行比较，显然，像 F 这种没有与 A 连过的点，当前距离就会变成：

$$\min(\mathrm{dis}[B]+\mathrm{maze}[B][F],\ \mathrm{INF}) \tag{5.4}$$

式中　dis——节点到起点的距离；

maze——直连两点距离。

式（5.4）即 B 到起点的距离加上 B、F 之间的距离。而像 C 这类与 A 直接相连的点，当前距离就会变成 $\min(\mathrm{dis}[B]+\mathrm{maze}[B][C],\ \mathrm{dis}[C])$，所以每次只需要比较当前点到当前状态起点和与当前点到起点的距离，如图 5.11 所示。

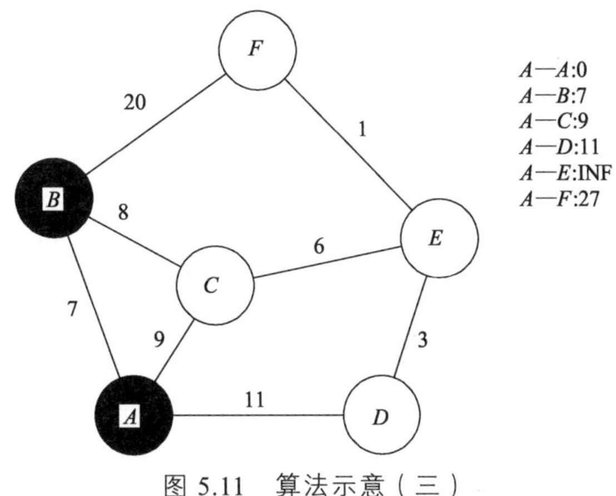

图 5.11 算法示意（三）

遍历后发现当前未被标记且到起点距离最小的点是 C 点。同样利用前面的 min 公式，更新连接 C 的所有邻点，如图 5.12 所示。

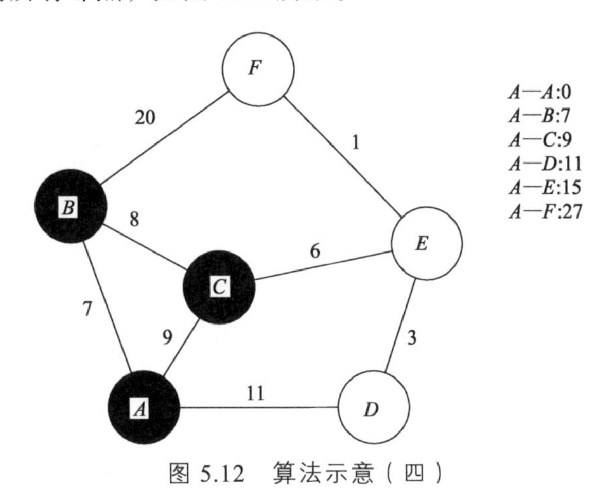

图 5.12 算法示意（四）

同理，更新 D 点的邻点，如图 5.13 所示。

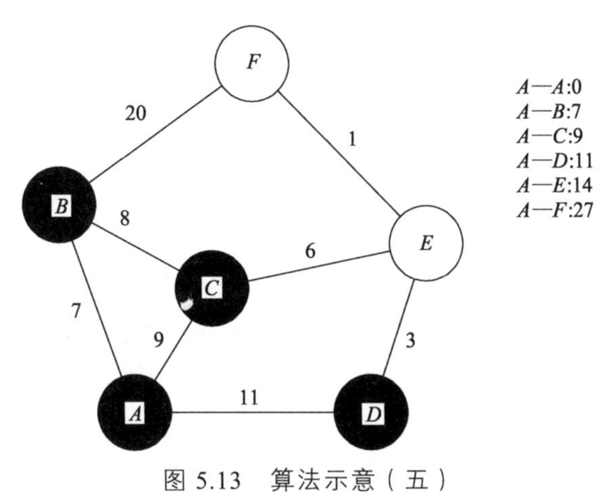

图 5.13 算法示意（五）

再更新 E 点的邻点，如图 5.14 所示。

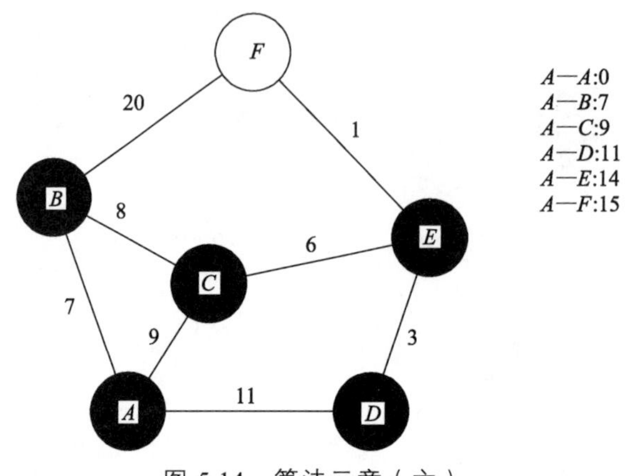

图 5.14 算法示意（六）

最后再更新 F 点。发现 F 点周围所有点都被标记了，不做更新。再遍历，发现图中所有点都被遍历了，算法结束。这时已经求出了所有点到起点的最小距离，可以直接输出 dis[F]，求得 A 到 F 的最短路径。

图 5.9 至图 5.14 显示每次变化找的起点和出发点路径的变化。当前起点是当前未被标记且到出发点距离最近的点。更新的点都是与该起点直接相连并未被标记的点。

② A*算法。

A*算法由 Dijkstra 算法改进而来，其特点是在搜索过程中增加了启发函数，通过给定启发函数来减少搜索节点，从而提高路径搜索效率。A*算法搜索得到的路径能够同时满足实时性和最优性要求。

③ D*算法。

在 1994 年，Anthony Stentz 在 A*算法的基础上提出了动态 A*（Dynamic A*）算法，也就是 D*算法。D*算法是一种反向增量式搜索算法，即算法从目标点开始反向向起点逐步搜索。

④ LPA*算法

2001 年，由斯文·柯尼格（Sven Koenig）和马克西姆·利卡切夫（Maxim Likhachev）共同提出了 Life Planning A*算法。该算法是基于 A*算法的增量启发式搜索算法。在动态环境中，LPA*算法可以适应环境中障碍物的变化，无需重新计算整个环境。

⑤ D*lite 算法。

由斯文·柯尼格（Sven Koenig）和马克西姆·利卡切夫（Maxim Likhachev）在 LPA*算法的基础上提出了 D*lite 路径规划算法。D*lite 算法的搜索方向与 LPA*算法相反。D*lite 算法首先在给定地图中逆向搜索一条最优路径，然后在接近目标点时，通过局部范围搜索法应对动态障碍点的出现，在遇到障碍点无法继续按照原路径进行逼近时，通过增量搜索的数据直接在受阻碍的当前位置重新规划出一条最优路径。

（3）基于生物启发的路径规划算法。

常见的基于生物启发的路径规划算法有蚁群算法、基于神经网络的路径规划算法和遗传算法。

① 蚁群算法。

蚁群算法（AG）是一种模拟蚂蚁觅食行为的模拟优化算法，由意大利学者 Dorigo M 等人于 1991 年提出，并首先用于解决 TSP（旅行商问题）[63]，其目标是要找到一系列城市的最短遍历路线。算法基本思想是，一组蚂蚁，每只完成一次城市间的遍历。在每个阶段，蚂蚁根据以下规则选择从一个城市移动到另一个：

（a）它必须访问每个城市一次。

（b）越远的城市被选中的机会越少（能见度更低）。

（c）在两个城市边际的一边形成的信息素越浓烈，这边被选择的概率越大。

（d）如果路程短的话，已经完成旅程的蚂蚁会在所有走过的路径上沉积更多信息素，每次迭代后，信息素轨迹挥发。

② 基于神经网络的算法。

1993 年，Banta 等人将神经网络应用于移动机器人路径规划中，并在后续得到了广泛的研究和发展。Morcaso 等人构建了利用一个能够自组织的神经网络，实现了机器人导航的功能，并可以通过传感器网络取得更好的发展，确定系统的最佳路径。

③ 基于遗传算法的路径规划技术。

1962 年，Holland 教授提出了遗传算法的思想，并迅速推广到优化、搜索和机器学习等方面。遗传算法运用在移动机器人路径规划的基本思想为，将路径个体表达为路径中一系列中途点，并转换为二进制串。首先初始化路径群体，然后进行选择、交叉、复制和变异等遗传操作，经过若干代进化后，停止进化，输出当前最优个体。

3. 路径规划算法实现

（1）算法实现流程。

路径规划首先在已有路网信息数据基础上，结合外部侦察系统提供的相关信息，融合形成实时的路网结构图，在这个图的基础上规划路线。当接收到新的侦测信息时，将实时动态更新路网拓扑结构。规划完成后将路线下发给区域内的各个单位，指导无人平台行动。算法实现流程如图 5.15 所示。

（2）算法数据结构。

计算机不能直接对“图”进行处理，需要将路网拓扑图转化成邻接矩阵（一个二维的数组），在邻接矩阵的基础上才能运行实现算法的代码，邻接矩阵如图 5.16 所示。该矩阵是 Dijkstra 和蚁群算法的基础。算法参数的改变都反映为该矩阵数值的变化，其中 INF 代表无限大的值。

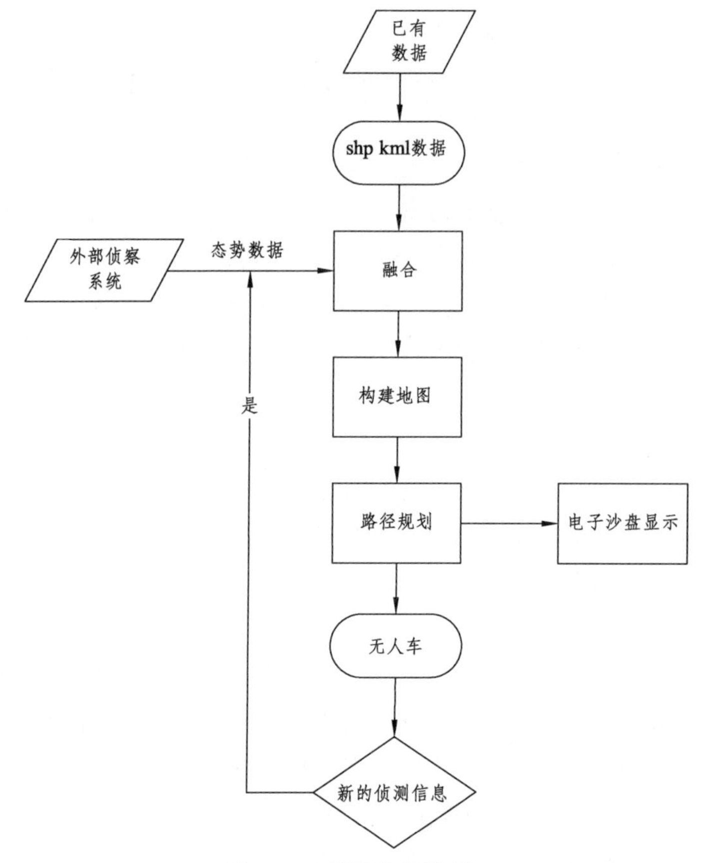

图 5.15　算法实现流程

	0	1	2	3	4	5	6	7	8	9	10	11	12	13	14	15
0	0	INF	INF	INF	INF	INF	INF	INF	INF	INF	INF	INF	INF	INF	INF	INF
1	INF	0	INF	56	INF	INF	INF	INF	INF	INF	INF	INF	INF	INF	INF	INF
2	INF	INF	0	INF	INF	INF	INF	INF	INF	INF	INF	INF	INF	INF	INF	INF
3	INF	INF	INF	0	INF	INF	INF	INF	INF	INF	INF	INF	INF	INF	INF	INF
4	INF	23	INF	INF	0	INF	INF	INF	78	INF	INF	INF	INF	INF	INF	INF
5	INF	INF	INF	INF	INF	0	INF	INF	INF	INF	INF	88	INF	INF	INF	INF
6	INF	INF	INF	INF	INF	INF	0	INF	INF	INF	INF	INF	INF	INF	INF	INF
7	INF	INF	INF	45	INF	INF	INF	0	INF	INF	INF	INF	INF	INF	INF	INF
8	INF	INF	INF	INF	INF	INF	INF	INF	0	INF	INF	INF	INF	INF	INF	INF
9	INF	INF	INF	INF	INF	INF	INF	INF	INF	0	INF	INF	INF	INF	INF	INF
10	INF	INF	INF	INF	INF	INF	INF	INF	INF	INF	0	INF	INF	INF	INF	INF
11	INF	INF	INF	INF	INF	INF	INF	INF	67	INF	INF	0	INF	INF	INF	INF
12	INF	INF	INF	INF	INF	INF	INF	INF	INF	INF	INF	INF	0	INF	INF	INF
13	INF	INF	INF	INF	INF	INF	INF	INF	INF	INF	INF	INF	INF	0	INF	INF
14	INF	INF	INF	INF	INF	INF	INF	INF	INF	INF	INF	76	INF	INF	0	INF
15	INF	INF	INF	INF	INF	INF	INF	INF	INF	INF	INF	INF	INF	INF	INF	0

图 5.16　邻接矩阵

5.3 任务规划系统典型设计

任务规划流程通常可分为三个阶段：规划准备阶段、任务规划阶段和方案评估阶段。在规划准备阶段，需要确定任务类型、收集无人平台性能参数和状态信息、侦察态势情况等。在任务规划阶段，根据已知态势信息，完成各单位的任务分配和路径规划，同时在执行任务过程中针对突发的威胁或者态势信息进行动态任务调整。在方案评估阶段，通过对完成任务后的执行效果与任务预期进行比较，优化规划参数，作为后期系统优化的依据。

以下分别给出典型的任务规划软件设计、任务分配的仿真、全局路径规划的典型设计案例。

5.3.1 任务规划软件

以某一无人平台任务规划软件为例，来说明任务规划系统的软件架构。规划系统软件架构采用 MVP 模式，如图 5.17 所示。

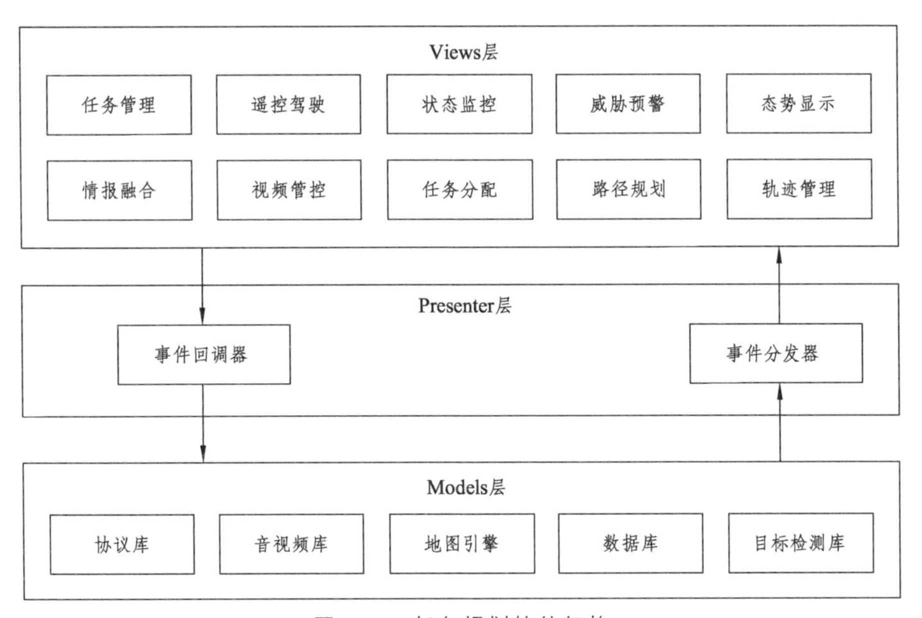

图 5.17 任务规划软件架构

任务规划软件在 Views 层主要包含任务管理、遥控驾驶、状态监控、威胁预警、态势显示、情报融合、视频管控、任务分配、路径规划和轨迹管理 10 个部分。Models 层包含了通信、交互和调用的各类协议库，音视频播放、录制和视觉识别需要的多媒体库，态势显示和任务监控需要的地图引擎，数据存取依赖的数据库，态势增强依赖的目标检测库。

Views层各个模块的主要功能如下：

（1）任务管理能够接收上级任务，分析任务要点，将任务要求转化为规划系统能够识别的标准输入。

（2）遥控驾驶能够在特殊情况下由操作员接管无人平台控制权，对无人平台实施直接的行动指挥。

（3）状态监控能够展示编组中各无人平台的健康状态和任务执行状态，作为动态规划的要素。

（4）威胁预警能够对突发的威胁进行提示，特别是影响任务的突然状况，触发动态规划流程。

（5）态势显示主要是将侦察收集到的态势信息直观地展示出来，在有人和无人结合的系统环境中能够整体把握任务进度。

（6）情报融合主要是对多源情报系统获取的信息进行数据融合，提高情报的准确度。

（7）视频管控主要是对无人平台回传的视频进行显示控制，能够以最直观的方式显示路况、轨迹和目标情况等。

（8）任务分配是任务规划的关键部分，通过收集已有信息、整合无人平台资源生成能够执行的任务序列方案，最终目标是保证任务最优或总体效能最好地完成。

（9）路径规划主要是基于起始点坐标、路网信息、无人平台性能等，规划出合理的全局行径路线和行动中的动态避障。

（10）轨迹管理主要是对无人平台实际行动轨迹进行管理，能够记录无人平台实际的行动路线，也能快速形成导航数据。

5.3.2 任务分配仿真

仿真应用需求背景：多台无人机跟踪车身带有数字的目标车辆，保证各个车辆5 m范围内的无人机数量不小于车身数字；整个任务过程中，各个车辆车身数字会发生变化，但各个车辆车身数字之和不大于无人机数量。示例任务具体参数：5架无人机跟踪3辆目标车辆，目标车辆车身数字小于等于3，车身数字和等于4。

静态任务分配基于已知的状态信息和环境信息完成对各单位的任务分配，而应用场景的动态变化又会导致原本的任务分配方案无法执行，需要重新进行动态分配以适应作战需要。具体到本任务，需要重新进行任务分配的情况有以下几种：

（1）搜索到了新的目标车辆，导致原分配无法覆盖任务，需要分配合适的无人机去执行新任务。

（2）无人机故障或损坏，需要将该无人机的原任务重新分配给其他无人机执行。

在预先进行了静态任务分配的基础上，进行动态任务分配的仿真，静态任务分配完成了 5 架无人机对分布在 100 m × 100 m 范围内的 3 个任务车辆的分配，任务车辆位置坐标见表 5.1，无人机的位置见表 5.2，车辆车身数字见表 5.3，静态任务分配结果见表 5.4。

具体的问题模型如下：

$$\min_{x_{ij}} \sum x_{ij} \left\| T_i - C_j \right\|_2 ,\quad \text{sub}: x_{ij} \in (0,1) \tag{5.5}$$

$$\sum_{j=1}^{3} x_{ij} \leqslant 1,\quad \sum_{i=1}^{5} x_{ij} \geqslant n_j \tag{5.6}$$

式中 T_i——第 i 架无人机位置；

C_j——第 j 辆车的位置；

n_j——第 j 辆车车身的数字；

x_{ij}——未知的待优化变量；

$x_{ij}=1$ 表示将 T_i 分配给 C_j。

值得注意的是上述问题的第二项约束为不等式约束，这是因为系统存在冗余，即无人机总数大于等于需要分配的无人机数之总和。

表 5.1　目标车辆位置坐标

车辆序号	X 坐标	Y 坐标
1	10	10
2	26	43
3	55	80

表 5.2　无人机位置坐标

无人机序号	X 坐标	Y 坐标
1	69	88
2	6	13
3	31	66
4	30	33
5	13	20

表 5.3　智能体能力向量

车辆序号	车身数字
1	1
2	1
3	2

表 5.4　静态任务分配结果

车辆序号	分配的无人机序号
1	T_2
2	T_4
3	T_1，T_3

为了仿真上面提及的第 2 种需重新分配的突发情形，在开始执行任务后人为地使第 1 架无人机离线，模拟其损坏的情形，再使用合同网算法对任务重新进行分配。重新动态任务分配的结果见表 5.5。

表 5.5　动态任务分配结果

车辆序号	分配的无人机序号	重新分配的无人机序号
1	T_2	T_2
2	T_4	T_5
3	T_1，T_3	T_3，T_4

分析实验结果可以得到，在第 1 架无人机离线后，算法将本来闲置的 T_5 分配给车辆 2，而将车辆 2 本来对应的无人机 T_4 分配给车辆 3。虽然对于车辆 2 来说，无人机 T_4 仍然是所有无人机中与其距离最近的一架，但算法却把相对没那么近的 T_5 分配给车辆 2，这是因为算法的优化目标是整体距离的和最小，采用这样的分配方式，将使得车辆 3 到 T_4 与车辆 2 到 T_5 的和更小。同时，从运动轨迹的角度考虑，如果让车辆 2 保持原始分配结果 T_4，并将 T_5 分配给车辆 3，会使得 T_4 到车辆 2 以及 T_5 到车辆 3 的预计飞行路线产生交叉，从而导致两无人机飞行控制难度提升。而动态分配算法给出的分配结果避免了上述飞行轨迹的交叉，有利于飞行命令的具体实现。

5.3.3　全局路径规划典型设计

1. 模拟构图

模拟构图的原理就是抛开真实的数据，手动删除一些顶点，修改顶点之间的连接关系，从而规划出不同的路径。部分道路的数据不是很完整，需要用 GPS 测量仪器实地测量，若不能实地测量，可以在 Google earth 上选取一块区域，沿着路面手动描绘路线。

在训练时，可以编辑几个版本的地图，系统先加载初始版本，在模拟接收到新的突发情况（如天气、敌情等）后，加载新的地图并规划新的路线以供决策，图 5.18 所示是某区域的卫星图片。

图 5.18　卫星地图

在此基础上可以绘制行动区域，形成一个路网，如图 5.19 所示。

图 5.19　卫星道路地图

对线路相交的点进行编号，点与点之间的距离是权限，这样就会形成如图 5.20 所示的拓扑结构。

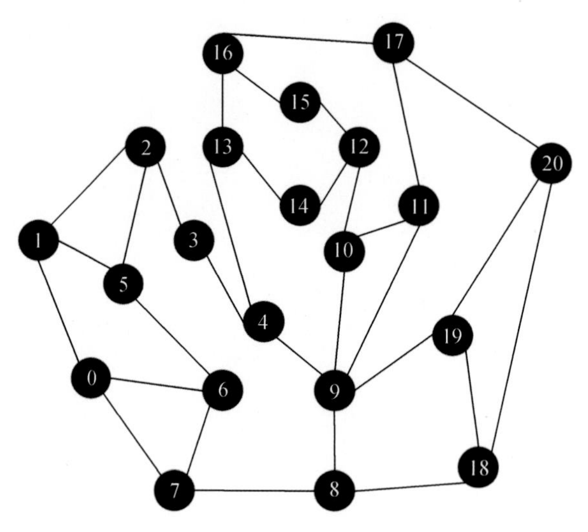

图 5.20　拓扑地图

2. 地图融合

随着外部环境态势变化，路网数据需做出相应调整。比如，外部环境天气的变化容易导致道路通行困难甚至阻断，外部突发的威胁，如袭击，也能造成某块区域无法通过。外部突发情况的数据需要融合已有的道路数据形成新的路网，然后在此基础上规划新的路线。

（1）通行阻断。

如果某些节点之间的道路因为外部原因通行条件发生变化，如大雾或者大雨阻断等，那么通行这段道路的时间会加长，反映到数据结构中，就是增加节点之间的权值：

$$R = D \times Q \tag{5.7}$$

式中　R——新的权值；

D——两点之间的距离；

Q——系数，大雨大雾等恶劣天气，$Q>1$；晴天光照良好，$Q<1$；山洪暴发道路阻断，$Q = \text{INF}$（无穷大）。Q 具体的值可以由历史数据估算，或者人工推演。

如图 5.21 所示，编号 7 节点到编号 8 节点之间因外部原因通行阻断，拓扑发生变化。

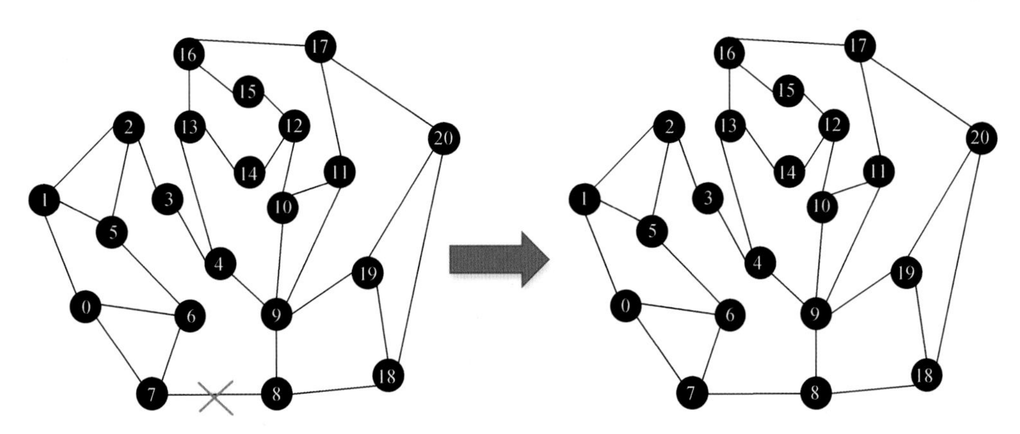

图 5.21　拓扑变化（一）

如果某片区域失陷，需要把节点相连的权值全部设为 INF，如果建立了新的基地，需要增加节点，并设置与之相连的权值。

（2）新增通行道路。

新架设的桥梁和新侦察探测到的道路信息要及时录入系统，这些信息加入后会影响路径规划的结果。如图 5.22 所示，假如编号 7 节点到编号 9 节点之间架设了桥梁而能直通，反映到数据结构上就是节点 7 与节点 9 之间有了新的连接，如果需要优先规划这条路，将节点 7 与节点 9 之间的连接权值设为较小即可。

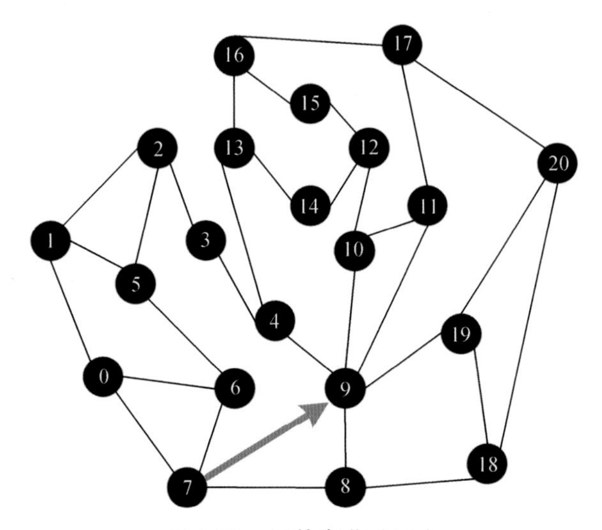

图 5.22　拓扑变化（二）

3. 基于 Dijkstra 算法的路径规划

为了更直观说明动态路径规划效果，在拓扑图上新增两个顶点，编号 21 的顶点为起点（设为 A），编号 22 的顶点为终点（设为 B）。拓扑结构如图 5.23 所示，其中绿色部分是算法找到的路径。

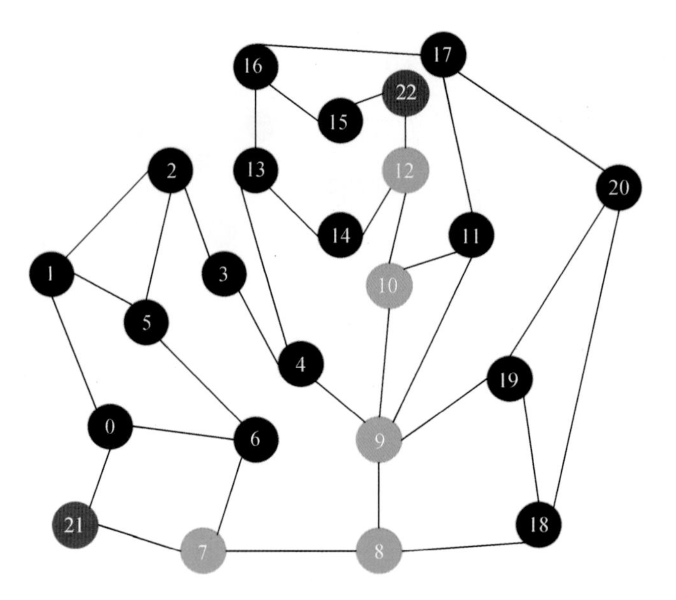

图 5.23 包含起始点的拓扑图

实际规划出来的行驶线路如图 5.24 所示。

图 5.24 规划路线

如果某个地点架桥成功，可以增加新的连通路线，如图 5.25 所示绿色的新路线。

图 5.25　新增路线

相当于拓扑图中增加了一个 23 号节点，如图 5.26 所示。

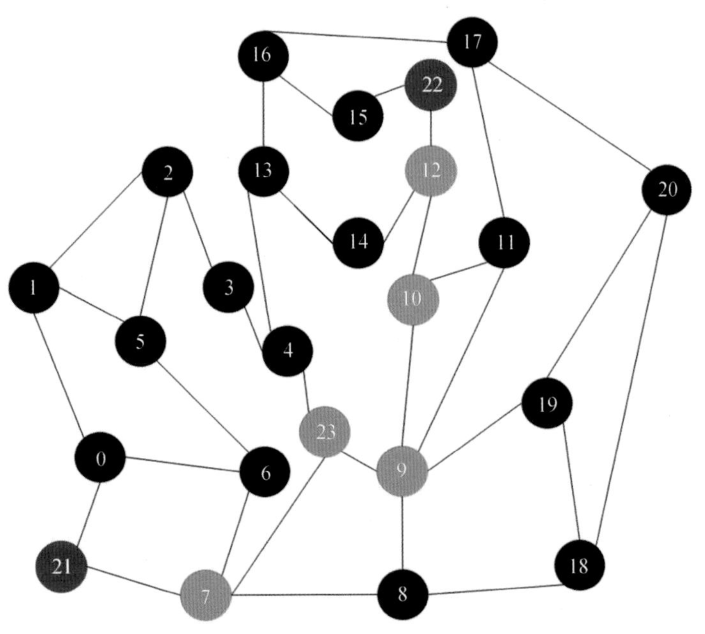

图 5.26　新增路线图拓扑

新加入路线后，会规划出从 21 到 22 较短的行走线路，如图 5.27 所示。

图 5.27　更新规划路线

Dijkstra 算法一定能够得到一个最优解，但是运算的效率不高，在顶点比较多的情况下，需要进行 $2 \times N^2$ 次循环。

4. 基于蚁群算法的路径规划

在上一步拓扑图的基础上使用蚁群算法。蚁群算法的复杂度是 o[N]，也就是说如果有 N 个节点，若派 50 只蚂蚁去寻路，那么循环计算次数约为 $50N$，每一次蚂蚁寻路都对应一次迭代和信息素的更新以及一次效果的可视化展示。比起 Djikstra 复杂度有所降低，但是蚁群算法有许多的参数需要调节，而且容易陷入局部最优解。

如果迭代次数较少，如图 5.28 所示，并不能立刻得到最优解。

图 5.29 是进行 70 次迭代之后的效果，效果逐渐稳定。

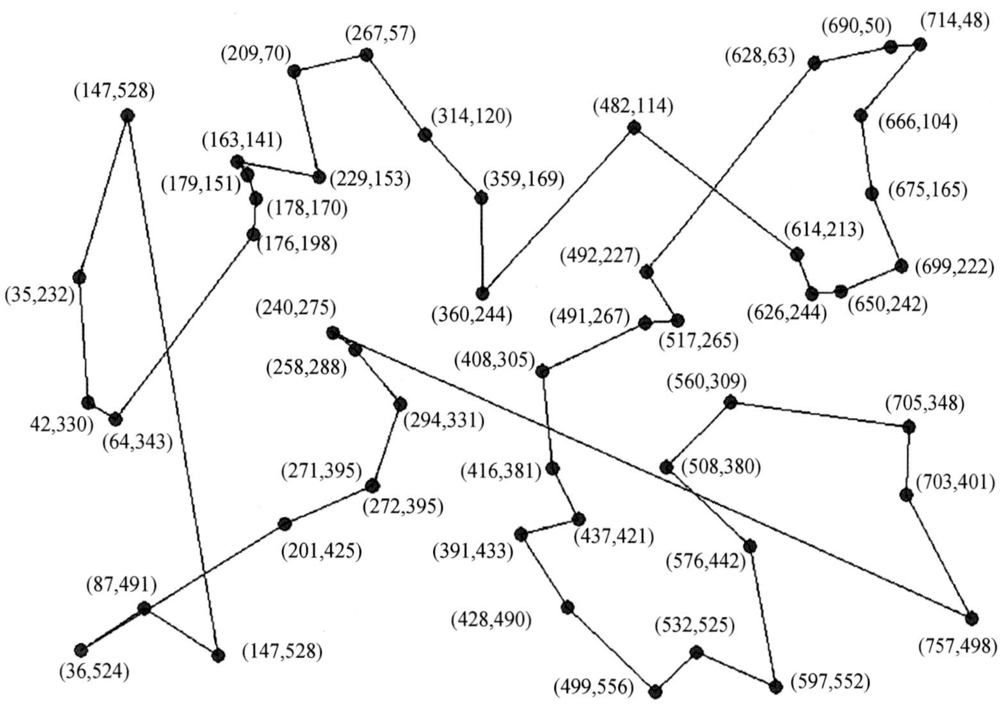

图 5.28　蚁群算法 10 次迭代路线

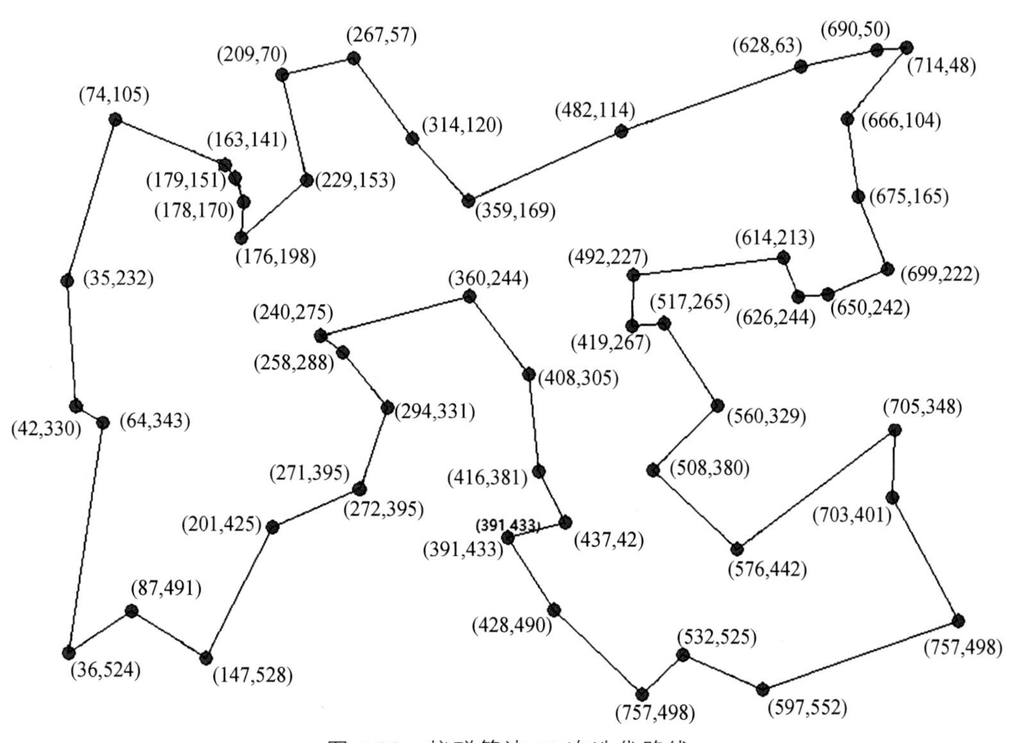

图 5.29　蚁群算法 70 次迭代路线

稳定后的最优解对比到实际路线与 Dijkstra 算法一致，如图 5.30 所示。

图 5.30 蚁群规划路线

5.4 本章小结

任务规划技术是充分发挥地面无人系统效能的核心技术之一，本章首先对任务规划的概念与内涵进行了分析，对其发展历程进行了简要说明，随着人工智能技术的进步，智能化任务规划已经成为主要的发展方向，在地面无人系统指挥应用中发挥越来越重要的作用。

其次，介绍了态势理解、任务分配和全局路径规划等无人系统任务规划相关的核心技术。态势理解技术实现信息内容自动识别和战场态势辅助理解，本书主要对语义分析和态势处理技术进行了简要介绍。任务的合理分配是高效发挥地面无人系统作战效能的重要前提，本书对主要的任务分配控制方法、静态和动态分配算法进行了介绍。全局路径规划技术方面，详细介绍了全局地图构建、路径规划算法的设计和实现方法。

最后，结合实际，分别给出了任务规划软件设计、任务分配的仿真和全局路径规划的典型设计案例，供相关研究人员参考。

6 远程控制

6.1 概 述

地面无人系统的远程控制，是指操作人员通过远程操控设备，根据监测到的无人平台上报的环境感知、平台状态和目标等各类信息，对无人平台进行人为控制，其主要能力需求包括以下几个方面：

（1）高效、安全、可靠的无人平台操控需求。

对地面无人系统进行高效、可靠、安全的操控，是对远程控制的基本需求。操控的效率直接关系到操作人员的工作负担，低效率的操控系统将严重制约操作人员的工作效率，降低系统效能。无人平台属于无人值守的装备，一旦被捕获、被控制和被截获等，将可能导致装备失控、泄密等严重后果，所以安全性对无人平台来说甚为重要。对指令的可靠收发，才能实时地对装备进行行动控制。

（2）多手段智能化人机交互需求。

为适应复杂多变的野外环境，高效发挥无人系统效能，需要建立便捷的人机信息交互机制。人机交互技术的进步有应用需求推动的因素，更重要的是自然语言理解、手势识别、肌电信号处理等新技术的牵引。地面无人系统面临复杂的战场对抗环境，要求远程控制系统在人机交互方面具有较高的实时性、隐蔽性、安全性、可靠性和准确性，并能够智能、友好地呈现操控人员最为需要的信息。

单一的交互手段难以同时满足未来地面无人系统人机交互各方面的应用需求，人机交互技术除了传统的按键、手柄、触屏和界面等手段外，还要发展自然语言、机器语言和动作语言等智能化交互手段，在不同的野外环境和应用场景下，战士或者无人平台可自主选择一种或多种最合适、最便捷的交互方式，可以支撑一对多、多对多和机对机的交互需求。

（3）平台适应性需求。

地面无人平台具有多样化特性，不同型号的无人平台在平台构建、机动能力、任务需求、操作方式和智能化水平等方面有比较大的差异，并且随着技术发展和应用的拓展，不断有新的无人平台、新的技术和新的应用模式出现。因此，远程控制系统应具有较强的通用性和扩展性，既要满足当前差异化无人平台操控的需要，还要考虑未来无人系统发展的需求。

无人系统对远程控制技术的平台适应性需求有三方面的含义：一是远程控制技术应能够对差异化无人平台的远程控制具有一定的兼容能力；二是远程控制技术应能够适应固定、车载和便携等不同的远程控制平台；三是从发展的角度，远程控制技术还需要考虑适应不同智能化水平、不同任务需求的无人平台。

6.1.1 分 类

远程控制按使用方式可以分为固定式、车载式和便携式三种。

固定式远程控制，控制终端固定在特定地点，这样的远程控制设备信息处理能力强、通信距离远，但其有体积较大、质量较大、作业准备时间长、功耗高、需要固定能源供应和灵活机动性不足等弱点。固定式远程遥控设置如图 6.1 所示。

图 6.1 固定式远程遥控设备[67]

车载式远程控制，控制终端固定在车载特定席位，这样的远程控制设备相对于固定式有更小的体积、更轻的重量，但相应的信息处理能力会有所下降。在野外机动上，依托机动平台（例如车辆）的机动能力，相较于固定式有了提升，但在远程控制期间，机动平台一般采用驻停方式才能有效发挥远程操控的最佳效果，如图 6.2 所示。

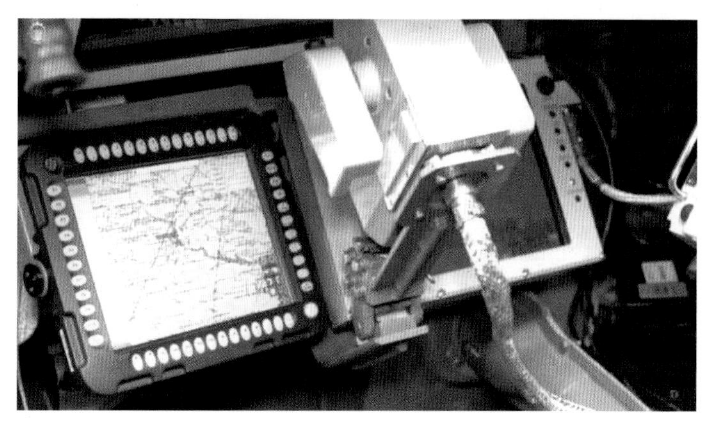

图 6.2 车载式远程遥控设备[68]

便携式远程控制，主要面向操控员携行应用，相较于车载式控制终端体积更小、重量更轻、能快速开展作业，随操作人员携行机动，但因受体积、重量的限制，存在通信距离短、续航能力有限等弱点，如图 6.3 所示。

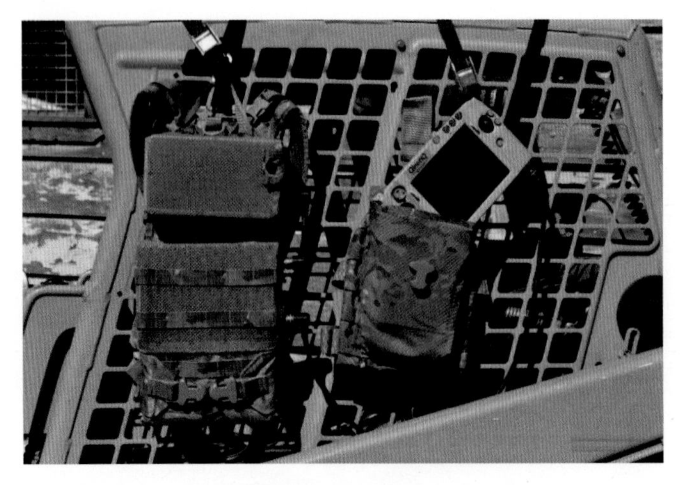

图 6.3 便携式远程遥控设备[69]

6.1.2 功 能

1. 无人平台控制功能

远程控制系统能够支持对不同无人平台的控制，包括根据平台自主能力的不同和应用需求，在通信网络支撑下，支持遥控驾驶、路线跟踪、目标跟随、自主机动等控制模式；支持一对一、一对多、多对多和多对一控制功能。

2. 任务载荷控制功能

具有侦察、打击和支援保障等多样化任务载荷的控制能力，系统具有与多种任务载荷的接口互联能力，可根据任务载荷的自动化或无人系统的智能化水平，实现不同的控制策略，包括实时直接控制、授权控制等。

3. 人机交互功能

人机交互设计的目的是为系统操作用户提供简洁、有效、易于理解和操作的可视化人机交互界面和手段，并能对无人平台进行操控，对无人平台实施远程控制、处理操控以及平台管控，使操控员、操控设备和无人平台有机地结合成一个整体，充分有效地发挥全系统的使用效能。

人机之间可以采用键鼠、手柄、触屏、手势和语音等方式，与远程控制应用、无人平台进行信息交互；采用通用视图界面，以友好、直观的方式实时呈现事先规划、任务开展、装备训练和维护保养过程中的各种信息；常见和重要命令设快捷按钮和快捷键，紧急时可一键发令。

4. 呈现与现实增强功能

呈现与现实增强功能主要是对无人系统平台主要部件、任务载荷、软件模块和总线状态进行统一的监测；能够对状态信息进行直观、友好的呈现；能够区分正常、告警、故障等状态，便于快速进行故障定位；能够对远程控制系统自身的设备（部件）、软件模块进行自动检测，并自动显示检测结果；具有行驶环境现实增强功能，能够基于无人系统回传信息，自动检测并标识人员、车辆、障碍信息以及路面等，检测可通行区域并标记，减轻操作员在复杂环境下的操作负担。

5. 数据库管理功能

数据库主要存储并管理设备数据、环境数据、规划数据和状态数据，并记录异常情况。

数据库应能存储并管理数据、图形、图像和声音等类型的信息；能够为用户提供简单、方便的录入和存储方式，并可按其权限进行查询、更新、扩充、删除、转存、复制和报表打印等处理。

6. 记录与重演功能

能够记录任务、训练过程中的各种信息数据和音视频数据，并以数据库方式存储，运用重演功能可重放原始信息，供操控员对任务过程进行分析、评估。

6.2 远程控制核心技术

远程控制的技术难点主要在设备硬件有限的情况下，用更少的操控员去有效操控尽可能多的无人平台，核心技术主要包含增强现实技术、智能交互技术、通用交互接口技术和多平台智控技术等。本书结合作者团队工程实践经验，对相关技术进行详细介绍。

6.2.1 增强现实技术

为了减轻操作人员负担，降低图像实时传输的通信带宽需求，需要以无人平台通过能力为依据，对环境进行“虚拟”重构，并达到满足实时监控和准确识别双重要求的目的。由于无人平台运行速度和安全性要求，以及计算资源有限、通信资源受限等情况，增强现实技术需要在传统深度学习模型基础上开展剪辑、压缩和优化等，实现模型的轻量化设计和部署，满足应用的实时性。增强现实算法可以运行在远程控制端的设备中，也可以运行在无人平台端。

远程控制端在无人平台回传视频流解码的基础上，通过图像识别的方式去处理实时遥控驾驶画面，再将图像中的特征对象进行视觉上的增强，达到增强现实的目的。

无人平台端是由无人平台在行驶过程中对特征对象直接进行检测和识别，并标注在视频上进行回传，远程控制软件直接进行结果显示。随着边缘计算技术的进步，在实际应用中应优选这种方式。

在远程控制设备中处理的优势是不影响驾驶视频回传的时效性，无人平台端处理的优势是可以直接用于无人平台自主决策，所以在无人系统不同的发展阶段，增强现实技术的实现方案应有所差异。另外，增强现实需要对视频数据进行处理，对计算设备的性能要求较高，实际实现时也会根据在远程控制设备与无人端的硬件配置进行方案设计。

增强现实主要考虑减少计算资源，提高实时性和跨平台应用能力，一方面可使用最新的目标识别算法 YOLOV5 作为检测模型，其主要特点是模型小、速度快；另一方面可借鉴和引入新的渲染模式，在 YUV/RGB 数值矩阵上进行文字和图像的渲染，具有减少系统开销、算法与平台无关、渲染速度快和无需对图像数据进行转换等特点，通过修改 YUV/RGB 数值矩阵来达到图形绘制的效果。

图 6.4 所示是增强现实的示例，其中框选出来的汽车被识别，并含有其被识别的置信度。图片中间偏下的位置是实时绘制的辅助车道线，用于给操作员判断无人平台前方的距离，包含 5 m、10 m 和 15 m 的车间标识，同时还含有转向的预测轨迹。

图 6.4　增强现实效果

1. 目标识别

目标识别可使用 NCNN（腾讯提出的深度学习推理框架）网络架构，同时使用 YOLOV5 作为目标检测算法，它的模型小、速度快、可移植性强，可以在 Windows、Linux、安卓等不同的操作系统中使用。

2. 直线的绘制

考虑到效率和可移植性等需求，可采用布雷森汉姆直线绘制算法进行直线绘制[70]。它是一种基本的递增算法，基于前一个像素信息就可以计算出下一个像素值，能确定一条直线上哪些像素要启动，而且它的计算只采用整数值，避免了浮点运算。

3. 曲线的绘制

增强现实可同时使用贝塞尔曲线作为 YUV/RGB 曲线的绘制[71]，该算法是应用于二维图形应用程序的数学曲线，经过起始点、终止点和控制点，通过调整控制点，绘制需要的曲线图形。

4. 文字的绘制

图像上显示文字方法，可首先将字母及数字生成一套不同尺度大小的图片，然后将这些图片按 ASCII 码值加载到内存，字符串需要渲染时通过字符的 ASCII 码获取相对应的字符图片，并进行拼接生成相应的单词，最后得到字符串有效的像素点及位置。再次根据得到的字符串所在的像素坐标在目标的 RGB/YUV 数组中修改相应数据的颜色和亮度，从而达到文字渲染的效果。该方法在绘制文字时，能够脱离系统语言及相应接口。

6.2.2 智能交互技术

远程控制软件的应用对象是操作人员，也必然有人机交互需求。远程控制软件的人机交互一般要求低时延、高可靠性以及沉浸式体验，否则将影响操作体验和系统应用效能。

目前，行驶平台的控制一般采用带少量按键的摇杆、手柄和方向盘，显示屏以第一视角呈现驾驶视频信息；任务载荷的控制，一般采用高分辨率摇杆或定制手柄方式，以保证控制精度。随着人工智能技术的发展，当行驶平台、任务载荷具有较高的智能化水平时，操控员通过手势、语音等自然交互方式就可以实现高效、可靠的控制。智能化人机交互技术遵从“以人为中心”的原则，基于语音识别、手势输入和自然语言理解等新兴交互技术，充分利用人的多种感觉、运动等多种通道，以并行、非精确方式与计算机进行交互。站在用户角度，多通道交互就像平时人与人交流一样，自然、高效，操作负担小，可以将更多注意力集中到信息决策中来；站在系统角度，多通道交互能充分发挥各通道的优势，实现互补。

1. 多通道交互技术

人机交互软件的设计目标是要让机器理解人的操作意图，让人直观地获取机器表达或反馈的信息。地面无人系统人机交互目前可采用的输入方式主要包括触控、按键（摇杆）、语音和手势四类，输出通道包括图像、声音和震动三类，不同的输入输出方式适用于不同的交互内容。在用户实际操作时，各交互手段可能是无序的、交替使用的,多通道交互技术的目的是提升多种交互手段下系统对用户操作命令理解的正确率，并融合软件信息，对用户的操作及时进行反馈和指引，最终提升系统对人机交互命令理解和执行的准确性。其交互模式如图 6.5 所示，终端设备能自动识别各种交互通道的输入信息，也能够将处理后的信息通过多种通道输出到用户。

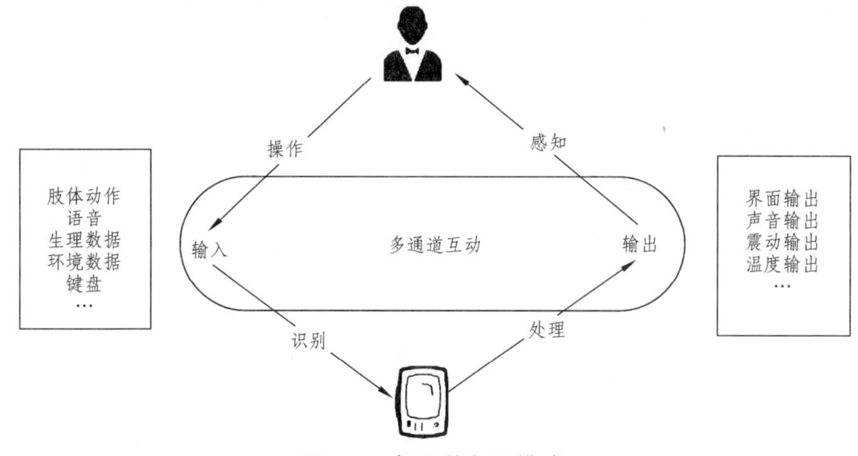

图 6.5　多通道交互模式

（1）多通道融合人机交互融合框架。

在输入环节中，远程控制终端设备通过各种传感器主动捕捉语音、人体与环境的数据，基于多通道人机交互处理程序反馈分析后的数据结果，属于一种基于情境感知的交互方式。在远程控制终端人机交互的输入过程中，操作命令是由传感器捕捉与识别用户行为与环境数据而生成的，基于用户行为对输入方式进行分类情况如图 6.6 所示。

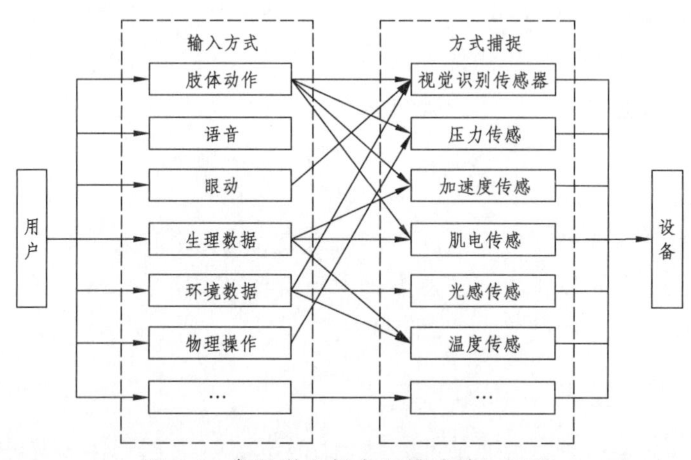

图 6.6　多通道人机交互模式输入环节

在输出环节中，也就是数据处理结果的反馈过程中，设备通过识别用户的命令产生符合用户认知的反馈，其中反馈包含但不限于声音、温度、震动、灯光和界面变化等。在人机交互的输出过程中，基于用户对反馈信息的感知进行分类，并分别从信息载体、形式进行分析情况如图 6.7 所示。在智能人机交互的输出环节，现有的输出方式主要为界面、声音和震动等，输出的信息由用户通过视觉、触觉（体感）和听觉等感官进行接收。

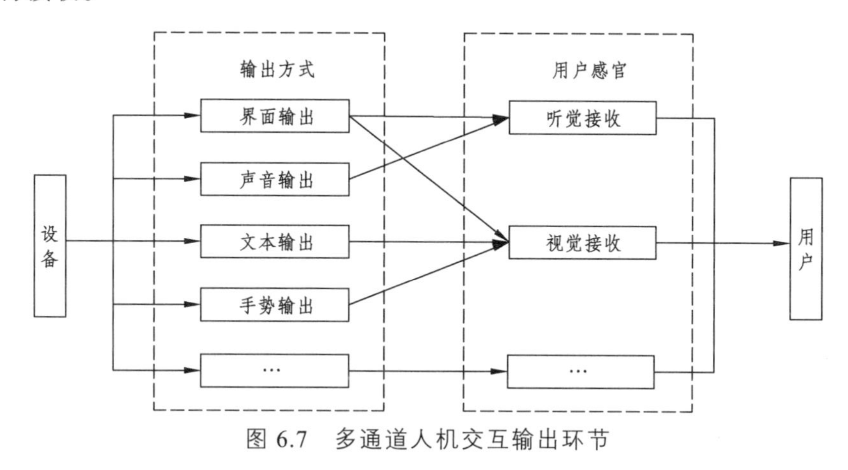

图 6.7　多通道人机交互输出环节

根据地面无人系统的应用背景，可以采用一种基于多代理的人机交互信息融合架构，具有多个输入和输出通道，允许非精确的交互；采用松散耦合结构，使系统具有良好的可扩展性和健壮性；各个通道处理单元具有较高的封装程度和抽象层次，支持通道之间的无缝通信。它主要由多通道输入和信息反馈与显示两大部分构成，如图 6.8 所示。

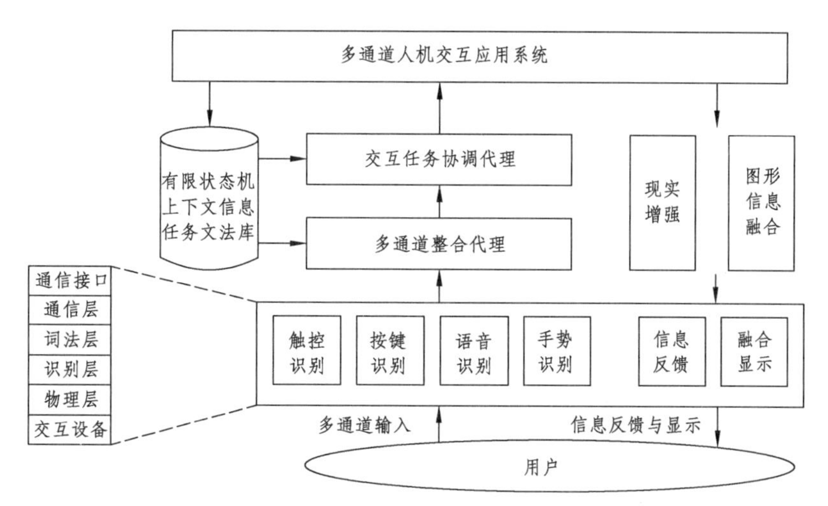

图 6.8　多通道人机交互融合架构

其中，多通道输入侧重解决人机交互信息输入及理解的自然性和多样性问题，它综合采用按键、语音和手势等信息交互通道、设备和交互技术，使用户利用多个通道以自然、并行和协作的方式进行人机对话，并通过融合来自多个通道的、精确的和不精确的输入捕捉用户的交互意图，提高人机交互的自然性和高效性。

信息反馈与显示则侧重解决人机交互中多源信息融合输出问题，它综合采用基于场景的信息叠加与显示技术，提供更好的用户交互体验。

根据各输入通道人机交互的特点，可将输入交互通道抽象为具有数据采集、分析处理、词法转换和交互通信等能力的基本代理。基本代理的软件采用分层结构，如图6.8 所示。其中，物理层实现交互信息的数据采集，识别层实现输入数据的理解与识别，词法层将识别结果转换成支持代理之间通信的原始语义，通信层实现各代理之间的数据通信。各输入通道的代理通过基本代理派生而成，除了具备基本功能之外，还可增加适合自身交互需求的功能部件，从而将多通道的人机交互纳入统一的代理框架结构中。

（2）基于任务文法库和有限状态机的多通道分层融合模型。

采用分层思想，根据交互信息的输入与处理、交互任务的融合和任务的执行等过程，将多通道融合方法划分为交互信息处理层、多通道融合层和多通道交互任务协调层，如图 6.9 所示。

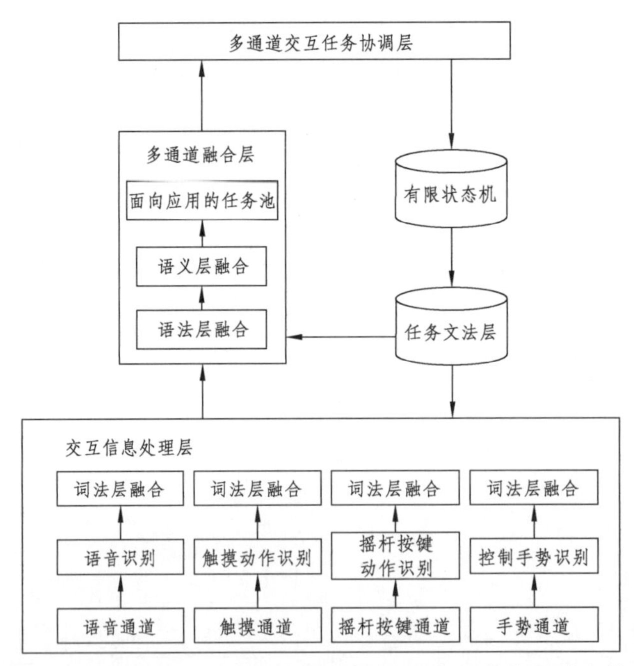

图 6.9　基于任务文法库和有限状态机的多通道分层融合模型

其中，多通道交互信息处理层负责采集并处理不同通道的人机交互信息，并根据任务文法库所定义的规则进行词法层融合，也就是说，每个输入通道都具备词法层融合的能力。多通道融合层则根据各个通道提交的信息，通过语法层和语义层的分层融合，最终以任务池的形式提交融合结果。多通道交互任务协调层则根据应用程序的当前执行状态，利用应用相关的有限状态机，判断当前融合任务池的可执行性，形成与具体应用相关的交互任务，并提交应用系统执行。当应用程序执行了某条交互命令后，它将通过多通道交互任务协调层给有限状态机反馈执行情况，以便状态机能根据状态转移函数更新自动机的当前状态，从而实现与应用程序系统的一致性，确保整个系统能够正常运行。

需特别指出的是，为确保多通道融合模型的通用性，可以将词法层融合分配至各个输入通道中，并采用 XML 配置文件来描述应用相关的任务文法库和有限状态机，从而将多通道融合过程从具体的任务背景中分离出来，便于独立封装，实现可移植和可重构的多通道融合模型。

（3）基于任务场景的多通道分层融合算法。

基于任务场景的多通道分层融合算法是将多通道融合分为词法层融合、语法层融合和语义层融合三个层次。其中，词法层融合由每个交互通道独立完成，之后按照相应的通信协议提交给多通道融合层进行语法层和语义层的融合，并据此形成面向应用的任务池。

基于任务场景的多通道分层融合算法流程如图 6.10 所示，系统首先等待各交互通道的输入，当某一通道或多个通道有信息输入时，将根据任务文法库所定义的规则对原始的输入信息进行词法层融合，融合结果将分类提交给动作、对象和属性三大队列。在进行语法层融合时，需要定期对三大队列中的元素进行时间有效性检查，以便将过时的元素进行清除。语法层融合主要根据优先级对来自不同通道的同一动作元素进行归一化。例如，若定义触摸通道的绘图动作优先级高于语音通道，则在同一个生命周期内，若同时存在来自触摸通道和语音通道的绘制动作，则系统将根据优先级高低删除来自语音通道的绘图动作，而仅仅保留触摸通道的绘图动作，归一化的结果将选用二者中相对较小的时间戳，并保留于动作队列当中。

由于动作元素决定任务池的形式，因此在进行语义层融合时，先从动作队列中提取动作元素，接着在对象队列中按照时间戳小的先进行遍历的规则，从中提取对象元素，然后根据动作-对象-属性映射表进行查找，若对应的任务属性描述索引非空，则创建任务池，并将动作与对象元素分别填入任务池中；否则，提取对象队列中的下一个对象元素重复查表操作。当动作与对象元素分别填入任务池后，系统将提取动作-对象-属性映射表中对应的任务属性描述索引，并据此找到与该任务相对应的任务属性描述符表项（任务属性描述符表项保存的是属性个数及相关属性 ID 信息）。系统将以该属性描述符表项为依据对属性队列进行遍历，当属性元素与属性描述符表项中保存的属性 ID 号匹配时，则将该属性元素填入任务池中，否则对下一个属性元素进行检查遍历。最后，系统将根据任务池是否填充完整决定融合过程是否结束。当任务池填充完整时，将向交互任务协调层提交该任务池，并将槽内的动作、对象、属性元素从各自的队列中删除；否则，将不会提交任务池。

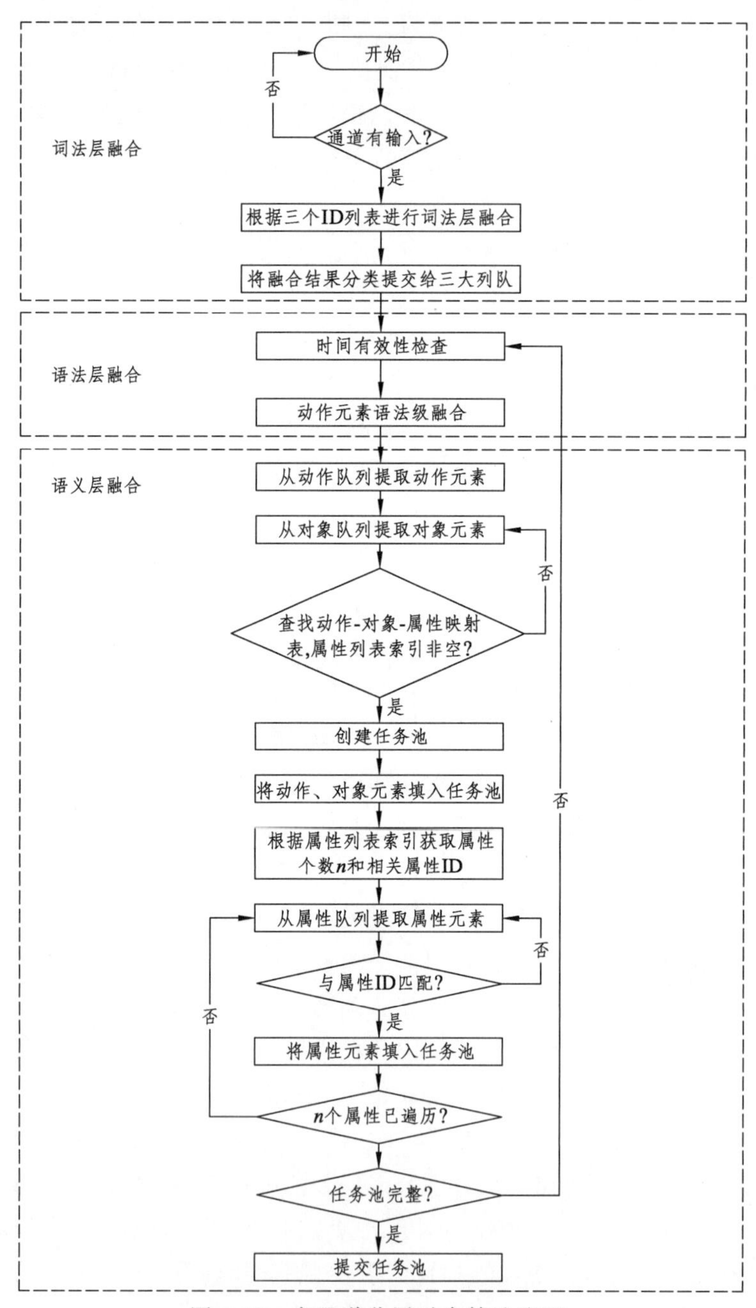

图 6.10　多通道分层融合算法流程

2. 轻量化智能语音交互技术

为解决野外复杂环境下语音交互噪声影响大、难以准确识别的问题，构建野外复杂环境下基于生成对抗降噪训练的端到端的智能终端语音识别框架。具体技术途径可采用构建控制指令语库、数据采集和降噪处理、语言切分与语义理解以及模型训练等方法。语音交互技术框架如图 6.11 所示。

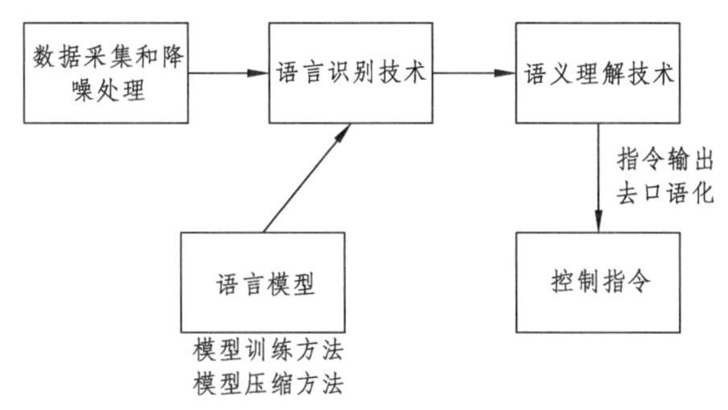

图 6.11　语音交互技术框架

（1）控制指令语库。

操作员的主要任务是进行无人平台的遥控驾驶和任务载荷的控制。为了方便操作员的控制，基于控制指令的用语应该具有规范化、简单化、便于理解和便于指挥的特点，根据这些特点建立控制指令库。常用的控制指令用语包含“前进”“后退”“停止”“左转弯”“右转弯”“缓慢移动”等。

（2）数据采集。

数据是构建语音识别系统的基础，其数量、质量及覆盖范围直接影响语音识别系统的核心效果，因此数据的采集和处理是整个语音识别系统构建的基础和重要的组成部分之一，野外复杂环境下语音识别系统使用的数据主要包括基础数据、模拟环境数据和实际环境数据。下面简要介绍各部分数据的采集和处理方法。

① 基础数据：基础数据用于识别系统基线声音的训练和调试，为确保基线系统达到高性能要求，需按照以下要求进行采集：基础数据总时长达到上千小时以上；数据发音人覆盖国内各主要方言区；发音人年龄覆盖操控员年龄范围 95%以上（18 ~ 45 岁）；数据内容覆盖设计的无人平台控制用语。通过统计操控员人员的年龄、来自方言区域计算人员占比，最终确定数据配比。

② 模拟环境数据：模拟环境数据是指在实验室等条件下，在录音室中回放环境噪声，发音人模拟正常工况进行发音。此部分数据用于考察发音和麦克风阵列降噪对语音识别造成的影响，考察噪声对语音识别造成的影响，并基于此数据进行相关解决方案的论证对比。数据发音人覆盖国内各主要方言区，发音人年龄覆盖操作者年龄范围，数据内容覆盖常用操控指令。

③ 野外复杂环境噪声数据：野外复杂环境噪声指的是车辆行驶、飞机轰鸣、大风和下雨等噪声。噪声总时长数百小时以上，此数据用于模型数据扩充过程用于加入原始数据构成噪声数据集，并基于噪声数据集训练模型，提高模型的健壮性。

④ 实际环境数据：实际环境数据是指在实际现场操作过程中，操控员在不同状态下进行发音并录制采集得到的实际环境数据，此数据用于考察在不同工况、麦克风阵列降噪导致操作者发音变化等综合条件下对语音识别效果产生的影响，并基于此数据进行相关解决方案的论证对比。

（3）降噪算法。

在语音识别系统的野外复杂环境中不可避免地存在着噪声，这将会使语音识别系统的性能急剧下降，甚至不能进行识别。因此，如何有效地抑制噪声对语音信号的影响已经成为语音识别技术能否走向实际应用的关键因素之一。基于信号空间语音增强算法的目的是改善输入语音信号的信噪比，增强语音信号的可懂度及语音识别系统识别正确率。

目前，常用的空间语音增强算法有谱减类算法、语音周期法、语音参数模型法和听觉场景分析法。

① 谱减类算法：谱减类算法是处理宽带噪声较为传统和有效的方法，该类算法的实现是基于以下两个条件：一是噪声和语音在时域上是相加的；二是噪声和语音是不相关的。去噪的主要思路是从带噪语音的功率谱中减去噪声功率谱，从而得到较为纯净的语音频谱。

② 语音周期法：由于语音信号的浊音是通过声带振动产生的，因此浊音信号具有明显的周期性，这种周期性映射到频域则表现为对应基音及其谐波的多个峰值分量。这些频率分量占据了语音信号的大部分能量，因此可以基于语音周期的思路进行增强，常见的有梳状滤波法和单通道自适应噪声抵消法。所谓梳状滤波器法是指利用语音浊音片段的谐波谱结构来构造一个区别于噪声频谱的滤波器，该滤波器可以让语音信号的谐波顺利通过，同时阻止噪声成分，起到削弱噪声的目的。在实现时，梳状滤波器首先根据语音信号的周期生成一系列的函数，然后在频域利用这个函数去乘以带噪语音信号。由于语音是时变的，因此其基音周期也是不断变化的，能否对带噪语音信号周期进行准确估计以及动态跟踪语音周期的变化，是这种该算法的关键。通过上述分析可以看出，梳状滤波器法无法实现快速过渡的语音片段、清音和浊摩擦音的语音增强。单通道自适应噪声抵消法是自适应噪声相消法的一个特例。通常来说，自适应噪声相消法需要两路输入信号，即一路是带噪语音信号，另一路则是与噪声相关的信号，在实现时使用带噪语音信号减去噪声，即得到纯净语音信号。自适应噪声相消法由于使用了两个语音传感器，因此在实现时相对复杂一些，因此单通道自适应噪声抵消法被提出。单通道自适应噪声抵消法与自适应噪声相消法区别在于，与噪声相关的那个输入通道被带噪语音信号的延迟信号所替代，因此单通道自适应噪声抵消法的缺点在于该算法对于语音信号周期的精确估计以及跟踪具有很强的依赖性，同时噪声的浊化程度也严重地影响着算法性能的提高。由于该方法主要针对语音片段的浊音部分，所以清音部分算法效果性能很差。在使用语言进行交流时，辅音在传达意义上比元音重要，因

此该方法虽然能提高信噪比，但是对于语音信号可懂度的提高要差得多。由于算法具有这些先天不足，所以这种方法通常不能用来削弱宽带加性噪声。

③ 语音参数模型法：由于语音的发声过程可以用一个线性时变滤波器表示，因此基于语音参数模型的增强方法的主要思路是通过对语音建模后，使用带噪语音估计的模型参数来获取增强后的语音信号。通常对语音建模时一般采用全极点模型，这是因为浊音信号可以看成是激励源为周期与基音周期相同的脉冲串，而清音信号则可以看成是激励源为高斯白噪声。

④ 听觉场景分析法：这类语音增强方法较其他方法实现起来要复杂得多，但是由于该方法符合了人耳对声源的提取策略，因此效果相比较其他方法有一定提高。所谓听觉场景是对一系列听觉对象包括环境噪声、说话人声音、背景音乐声等的统称，该方法首先对这些混合成分进行分离，然后再将分离结果按不同对象进行分组。分组的方法很多，其中最主要的是依据位置区分不同的声源，即空间定位法。这种分组主要通过两种方法实现，即基于生理或者心理的特点，以双“耳”来检测空间位置信息，也可以采用麦克风阵列来实现根据神经元可能被组织成“最优刺激”或“最优幅度调制”频率，利用声调和调幅谱实现。

由于语音信号是随机信号，如果使用一个固定的噪声谱去估计先验信噪比是不合理的。为了解决这一问题，可采用一种基于谱熵及先验信噪比估计的改进维纳滤波器算法（图 6.12），该算法通过谱熵这一特征对带噪语音信号进行端点检测，并根据检测结果对无声段的噪声功率谱进行动态更新，以获得更加理想的先验信噪比，从而提高基于自相关的语音增强算法的去噪性能。

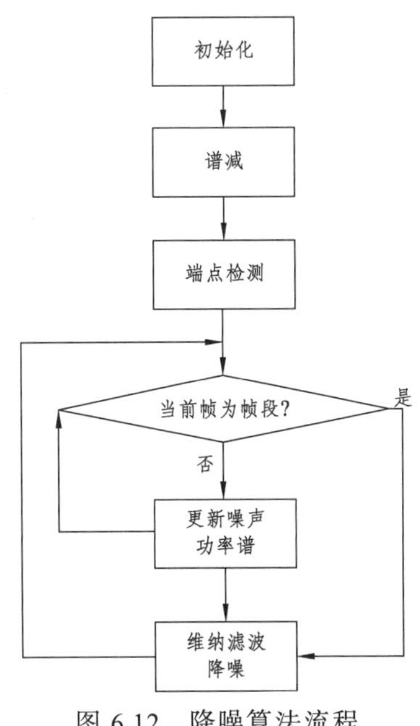

图 6.12　降噪算法流程

算法步骤描述如下：

（a）预处理。输入带噪语音信号，在对该信号进行分帧与加窗处理后，使用谱减法对噪声进行预去除，以提高输入语音信号的信噪比。在开始阶段，计算前帧信号的噪声功率谱，作为动态估计的初始值。

（b）端点检测。使用子带谱熵对带噪语音信号进行端点检测，并记录下语音信号有声段的起始点与终止点。可以看出，这一步是子带谱熵算法与基于先验信噪比的维纳滤波算法的结合点，也是所提算法的切入点，其主要目的是有效降低噪声对语音信号端点检测的影响，实现从源头上抑制噪声对语音识别系统的干扰。所谓子带谱熵是指将一帧语音信号划分成多个子带，然后求取每一子带的谱熵值。

（c）维纳滤波降噪。利用最近一帧无声段数据所得到的功率谱作为噪声的平均功率谱，并估算当前帧的先验信噪比，将上一步所得到的先验信噪比通过式计算维纳滤波器的增益。将当前帧的功率谱乘以滤波器增益，即可获得降噪后的语音信号功率谱，通过逆傅立叶变换，输出降噪后的语音信号。

（d）噪声功率谱更新。取出当前帧数据，并将该帧数据与上一帧无音片段的数据进行加权处理。

（4）语言切分技术。

语音识别的目的是将一段语音序列转换成对应的文字序列，由于口语中长时间的语音序列会影响语音识别的识别速度和识别效果，识别速度的低效率极大地限制了语音识别系统在大部分实际领域的应用，尤其体现在解码耗时太长上面。因此，为了加快识别速度，减少解码时间，提高语音识别系统的实时识别能力，将长时间的语音序列切分成较短的语音序列显得尤为重要，尤其是对于口语中的犹豫停顿部分的识别。将长时间的语音序列切分成多个短语音序列，再配合多线程解码方式，可以极大地提高解码效率，实现语音交互系统的实时性，并且可以拓展语音识别系统在实际应用环境的应用。

自动切分可以分为两个部分。第一部分是在时域上对采集到的音频进行预切分。预切分也可以称为粗切分或端点检测，主要任务是确定一段语音序列中的起点和终点，包括将音频信号中的语音段、无声段和噪声段进行区分，然后保留有效的语音段，排除其他的声段。在语音识别中，正确地判断语音序列中的语音段起点、终点对于提高识别率是非常重要的。第二部分是自动切分出有效语音段中犹豫停顿的位置，所采用的方法是对原始的特征进行单音素级别的解码，从而得到特征文件对应的音素序列，按照识别为静音部分（Silence，SIL）、犹豫停顿部分（Filled Pause，FP）的音素时间长度，选择时间长度超过特定阈值的位置做切分。

（5）语义理解技术。

野外复杂环境下的人机交互过程是异常复杂的，因此在人机语音交互的大部分过程中，必然涉及大量不同格式的命令词，在操控员使用语音识别功能时就要首先准确背记这些命令词，这一方法必将为操控员带来极大不便。

为解决此问题，需研究野外复杂环境场景下的语义理解技术，并将其与语音识别技术相结合，最终输出简洁的、去口语化的控制指令。语义理解是能够让机器理解用户的语言，识别用户意图，提高用户体验，并输出相关信息以执行用户操作的一项技术，如图 6.13 所示。此外野外复杂场景下的交互指令应是简洁的、去口语化的，提高了交互效率和准确度。

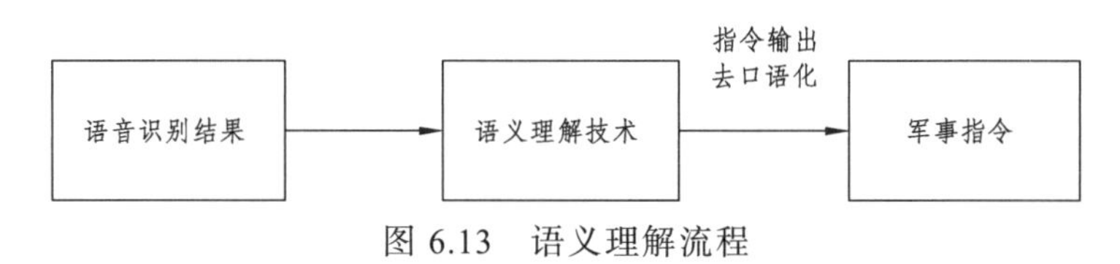

图 6.13　语义理解流程

在整个人机交互过程中，首先操作者通过麦克风输入语音，语音识别模块对语音进行识别得出相应的文字结果，语义理解模块对识别系统输出的文本进行分析，实现语义理解，返回相关信息供平台其他子系统使用。由于系统具备了对语义进行理解分析的功能，操控员的发音指令可以高度自由化，无须背记大量限定的命令词及格式，只需用自然语言正确表达语义即可，这样可以有效提高操作者的用户体验，降低语音交互系统的使用难度。目前，绝大部分的语义理解都是基于规则模型实现的，采用此方法可以通过不断添加规则使得整个语义理解系统越来越完善。可通过基于 ABNF（增强型巴科斯范式）文法网络实现基于规则的语义理解功能，同时结合 RNN（循环神经网络）模型获取难以遍历的语义等技术，实现对用户意图的理解，关键信息提取以及语义输出。在地面无人系统典型应用场景下，实现基于规则的语义理解功能可以使得操控员输入语音更加自由，不仅限于限定格式的控制指令，允许操作者发音少许错误、停顿和增减语气词等，甚至个别词语不同但语义相同，都能得到预期正确的指令结果。这样可以进一步减轻操作者的记忆压力，使得语音交互更加自然、流畅。

基于规则模型的语义理解，其实现依赖人工设计的语义规则，可设计一种低成本，易于维护的人工添加规则的方式，辅以相应的推算算法来实现语义理解功能。总体来说语义理解包含两层含义：一是能够实现不同符号之间的变换，二是能够进行推理。基于万维网联盟的语音识别语法规范 1.0 标准的一个句法格式 ABNF 文法，是语义规则标准的一种实现形式，理论上应用该文法可以表示任意复杂度的文本。语义理解实现过程中，可采用图的模型对文法文本进行解析，图的边存储字符信息，点表示匹配过程到达的状态及语义。采用广度优先搜索，搜索到达叶子节点即已经解析出有价值的语义信息。实际应用场景下的语义理解主要针对操控员的自由说指令内容进行理解，主要包含 ABNF 文法网络构建解析和文本容错技术两个方面。

ABNF 文法网络构建及解析方面，构建的 ABNF 文法网络需覆盖所有操控员可能说的指令文本结构和网络，包含所有对应的语义要素信息。在构建好的文法网络基础上能够对给定的文本进行解析，并输出对应的语义要素信息。

语义理解过程可以抽象成一个对话状态跳转过程，用一个公式表示：$State_t = F(State_{t-1}, SEM_t, DATA_t, ANSWER_t)$。$State_t$、$State_{t-1}$ 分别表示当前状态和前一个状态，SEM_t 语义包括 NLU（语义理解）、PK（语义排序）、DS（数据搜索），$DATA_t$ 表示当前输入数据，$ANSWER_t$ 表示当前场景状态，主要为 DM（对话管理）部分，它们的依赖关系如图 6.14 所示。

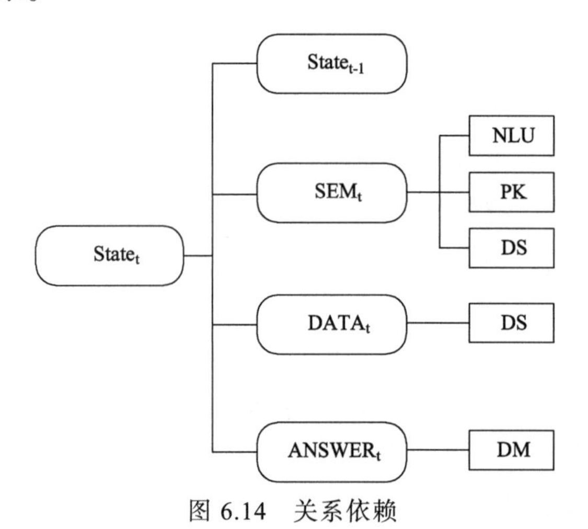

图 6.14　关系依赖

NLU 模块包括基于文法规则的语义理解和基于 RNN 统计模型的语义理解。基于文法规则的语义理解中，文法就是一个 ABNF 资源，用来匹配用户的单句说法，尽可能覆盖所有说话句式和业务内容。RNN 统计模型针对用户单句中的特定类型词语进行语义标注，利用模型进行语义预测，得到正确的语义。RNN 统计模型对于数量巨大难以遍历的词语，如地名等识别效果较好，文法覆盖的词量和说法种类较少但相对更易维护和修改，在复杂业务和场景中一般结合使用，效果更佳。

PK 模块是排序模块，NLU 模块输出的语义路径是无序的需要通过 PK 来确定最优的语义路径，排序规则可以结合：语义路径匹配得分、场景状态以及最近历史属于哪一业务等综合考虑。

DS 模块实现语义数据搜索和处理，具有语义继承，指代消解，业务关联，状态拒识，data 搜索等重要功能。其中，语义继承指单句语义无法准确理解用户意图，需要结合历史一起理解，是一种融合历史和当前单句语义的一种方法，它的输出可以体现用户真实的意图；指代消解是指根据历史数据对某些代词能够对应地给出指代语义；业务关联主要用于跨业务的多轮对话中，实现跨业务语义字段的继承，用于解决不同业务间相关联语义字段的共享；状态拒识主要是针对不符合该场景下的语义进行拒识，达到消歧和拒识的目的；data 搜索是指通过调用离线搜索引擎，获得关键语义字段所对应相关数据的过程。

DM（对话管理模块）利用场景状态语义和搜索的数据，更新当前用户所在的场景状态；联合最新的用户场景状态，输出相应的控制指令。

（6）模型训练过程。

模型训练即是语音模型训练，设计一套针对连续语音识别、说法不固定且控制指令具有特殊性特点的语言模型训练工具，训练流程如图 6.15 所示。

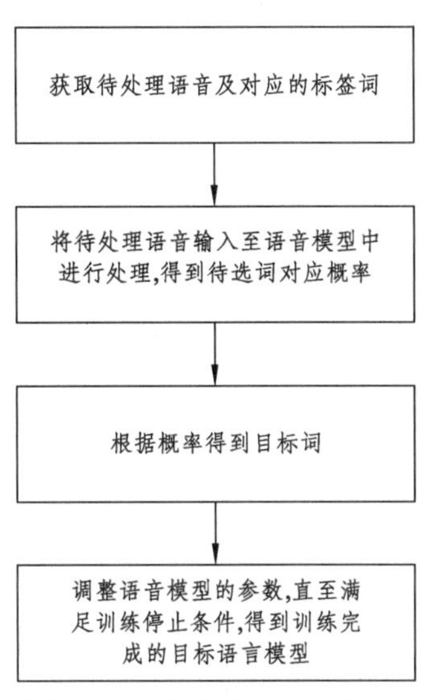

图 6.15　语言模型训练流程

在训练方法上，首先获取待处理语音及对应的标签词；然后将待处理语音输入至语言模型中进行处理，得到第一待选词对应的第一概率以及第二待选词对应的第二概率。其中，第一待选词为真值词表中的第一个词，第二待选词为待处理语音中的第二个词，以此类推。根据目标词与标签词的差异，调整语言模型的参数，直至满足训练停止条件，得到训练完成的目标语言模型。

3. 操控手势交互技术

手势动作是一种自然的信息传递方式，常包含丰富的信息，如手型、朝向、位置及手掌或者手背的运动等。由于手势交互的便捷、可移动等交互应用场景的优势，近年来受到了广泛关注。

（1）手势识别的几种方法。

根据手势采集和分析处理的技术途径不同，手势识别技术大体可以可分三种：基于计算机视觉的手势识别技术、基于数据手套的手势识别技术和基于肌电-运动传感相结合的手势识别技术。不同手势识别技术的性能对比见表 6.1。

表 6.1　三种手势识别技术途径的比较分析

手势识别技术途径	硬件复杂度	算法复杂度	识别率	环境适应性	便携性	成本
基于计算机视觉	高	高	低	低	低	高
基于数据手套	中等	中等	高	中等	中等	高
基于肌电与运动传感	低	低	高	高	高	低

① 基于计算机视觉的手势识别技术。

利用成像设备捕获手势动作执行过程中的系列图像，一般采用首先从图像中分离出疑似“人手”的像素云，随后提取人手的轮廓和质心，再与数据库中存储的手势图像进行匹配分析等步骤，识别出手势形态、位置等信息。这种技术的缺点是需要外部图像捕获设备，并且对外部光线要求等，应用于室外变化环境中时存在识别准确度不高问题。另外，当背景图像复杂时，图像处理算法复杂，就需要大运算量与高速处理设备，对于便携操作有一定的受限性，无法满足人机交互的便捷性和实用性要求。

② 基于数据手套的手势识别技术。

通过手套内部安装的应变计和姿势追踪器等传感设备获取运动信息，其中应变计用来检测手掌和手指的弯曲，手势追踪器捕获手势动作执行过程中的位置、朝向和速度等信息。基于数据手套的手势识别技术的优点是可直接感知手势动作的时间和空间信息，动作识别可靠性更高。缺点是手套设备笨重，人机交互过程的方便性和自然性不足，容易受手中其他物品的干扰，同时也干扰手部对其他物品的操作。

③ 基于肌电-运动传感的手势识别技术。

通过表面电极和微型运动传感器获取控制手势运动的肌肉的表面肌电信号和动作信号，结合肌电信号与运动信息的处理与模式分类来判别手势。这种技术的特点是不需要大规模计算，信号采集传感器与嵌入式处理芯片小，可设计成可穿戴式设备，不会干扰手部对其他物品的操作。多传感器的应用容易实现手势的准确识别，并容易扩展可识别手势的数量。目前，这种方法存在表面肌电电极与皮肤的接触问题，随着使用时间的延长，会造成肌电信号变弱，处理难度增加，但可以通过柔性电极技术逐渐解决。

下面以肌电-运动传感的手势识别为例，进行操控手势识别技术的介绍。

（2）基于肌电-运动传感的手势识别的设计。

为解决控制手势的精准交互，包含信号采集和预处理、多通道多视图信号融合、手势智能识别算法和连续手势识别 4 个步骤。

① 表面肌电信号采集系统设计及预处理算法。

通过不同手势动作与前臂肌群的相关性分析，制定有效的表面电极在手臂部位的分布形式，提高表面肌电信号的采集质量和有效性。由于表面肌电信号具有低频性、微弱性以及个体差异性，同时采集过程中易受环境噪声、工频干扰、移动伪迹以及心电等干扰，导致后续手势识别算法的识别准确率低。因此，需要进一步开展有效的去噪、降噪等预处理技术，提高表面肌电的信噪比，提高手势识别准确率。

② 多通道多视图的表面肌电信号和运动传感器信号融合。

数据融合是将各个途径、各个来源的采集到的原始数据和消息，通过有机融合的多参数、多层次和多元素的处理过程后，实现精准检测、有机关联和综合分析统筹评价的目的，最终得到所需要的信息或数据。相较于单通道、单特征和单一传感器获取目标的信息和数据，将表面肌电信号和运动传感器多通道多特征信号融合，能够通过迅速且较为容易的方法获得单一传感器获取不到的特性，并且将多传感器的信息融合后在时效性、健壮性、可靠性和全面性方面更强。

③ 基于端到端的深度学习的手势智能识别算法。

手势识别常用技术有三种：基于模板的识别方法、基于传统机器学习方法和基于人工神经网络的识别方法。其中，动态时间规整为基于模板识别方法，其算法计算量较大，实时性不高。基于传统机器学习算法的手势识别技术通常是采用信号分析技术从表面肌电信号中提取多种信号特征输入线性判别分析，采用向量机、隐马尔可夫模型等传统分类器进行手势识别，其特征抽取和选择过程十分费时，并且选用的信号特征好坏与否会对手势识别性能造成较大的影响。基于人工神经网络的深度学习方法可以从大量输入样本中自动学习出具有代表性的深度特征表示，而不依赖手工提取的特征以及复杂烦琐的特征优选过程，具有较强的健壮性和较高的识别准确率。基于这一特点，作者团队采用基于深度学习的手势识别方法，将表面肌电的手势识别问题定义为图像分类问题，在数据预处理和滑动窗口分割后将每个肌电信号样本或信号样本中提取出的特征转化为图像，输入深度神经网络模型中进行手势识别，基于卷积神经网络的手势识别框架如图 6.16 所示。

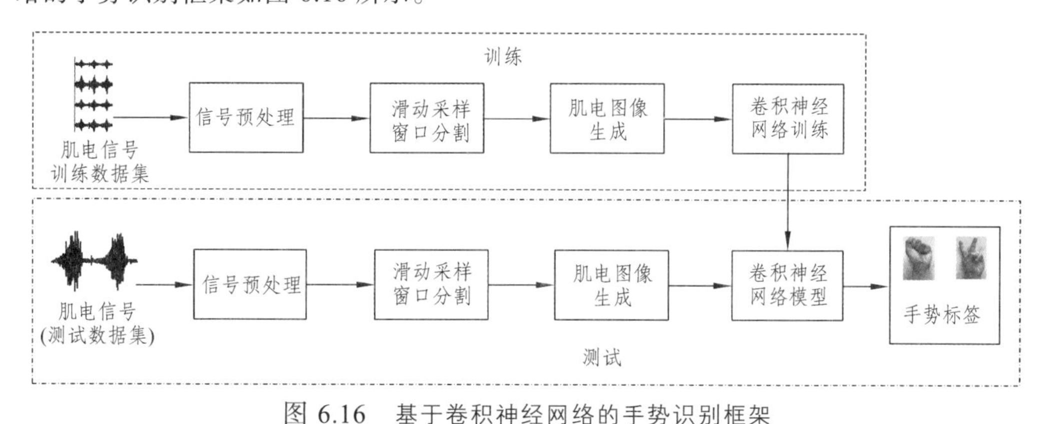

图 6.16　基于卷积神经网络的手势识别框架

④ 连续手势动作识别算法上采用基于长短时间记忆（LSTM）网络。

控制手势不仅包括单个手势动作，还包括多个控制手势组合在一起的连续控制手势。因此，将利用肌电和运动传感器信号的序列信息，使用卷积神经网络提取肌电和运动传感器的空间特征，利用 LSTM 的时序表达能力进行时序编码，获得手势的时序特征。在解码端，根据卷积神经网络和 LSTM 网络的时间空间手势特征，构建手势的上下文联系，最终输出连续手势的对应控制用语表达，其网络框架如图 6.17 所示。

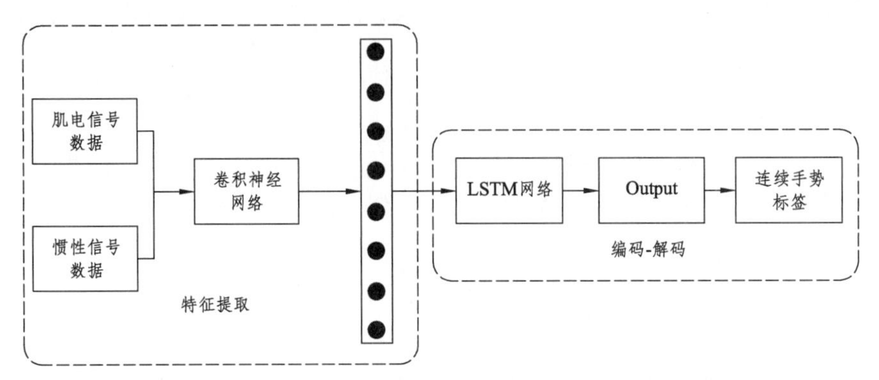

图 6.17　基于 LSTM 网络的连续手势动作识别框架

6.2.3　交互接口技术

远程控制的交互接口技术按照约定的通信协议和接口进行互联互通，实现操控端对无人平台的实时监测和控制。监测主要是指通过接口技术获取无人平台定位信息、电池状态、故障信息、各传感器数据和现场音/视频等信息。控制主要是在监测无人平台的基础上通过发送控制指令实现对无人平台的操控等相关操作。接口技术的通信协议应该采用承载与传输层（TCP/UDP）之上封装的定制化协议，以满足互联互通的安全性、可靠性和稳定性，协议封装以及协议层次结构如图 6.18 所示。

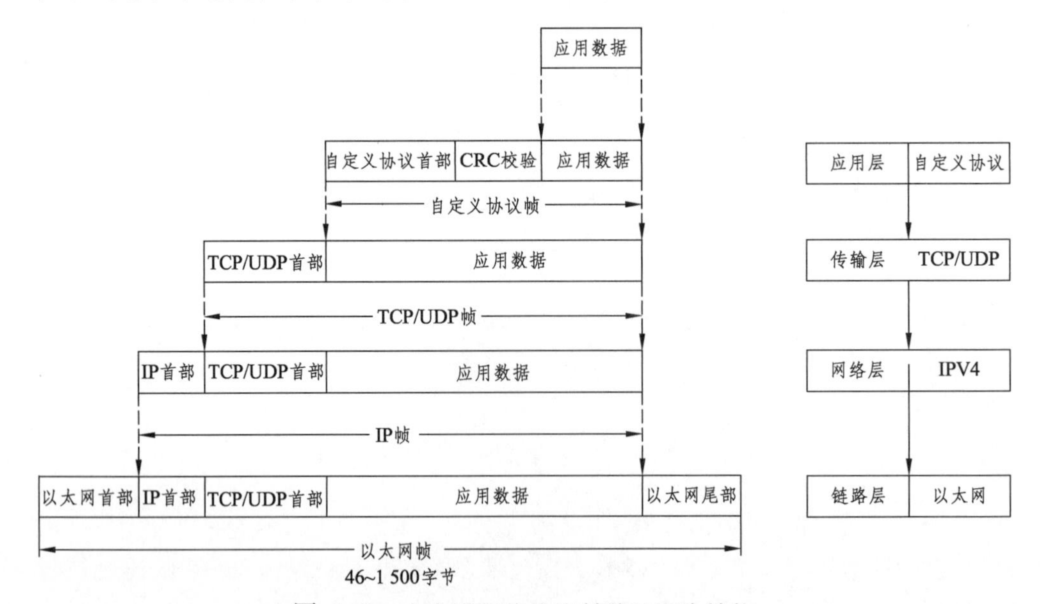

图 6.18　自定义通信协议封装及层次结构

远程控制接口按照数据流向将接口定义为两部分：操控端下发参数接口和无人平台状态参数上报接口，通过接口技术实现操控端对无人平台的监控。

操控端接入无人平台的情况下无人平台上报参数接口主要包含但不限于以下参数：

（1）无人平台基本参数。

无人平台周期性上报平台基本参数，主要包含驱动模式控制、制动控制、驻车、急停、照明和喇叭等状态信息，以及平台速度、胎压、温度和湿度等实时信息。

（2）无人平台卫惯参数。

无人平台周期性主动上报平台卫惯参数，包括经度、纬度、高度、横滚角、俯仰角和航向角信息。操控端通过卫惯参数可以对无人平台实时定位，可以通过地图进行路径规划等相关操作，也可以实现电子围栏提高安全性。

（3）无人平台告警参数。

无人平台通过本地健康管理系统诊断产生的告警需要进行实时上报，主要包含告警的模块、参数、告警的级别、引起告警的原因以及针对告警后的处理措施等。操控员根据操控端收到的上报告警信息进行相关操作，同时将告警信息录入诊断知识库。

（4）电池组信息参数。

无人平台周期性上报电池组信息参数，主要包含电池总电压值、总电流值、电池状态、当前剩余电量等参数。其中，剩余电量将作为全局规划输入参数之一。

（5）发动机信息参数。

无人平台周期性上报发动机信息参数，主要包含发动机的油箱油量、发动机转速和电机温度等相关参数。

（6）现场音视频数据。

无人平台在收到操控端音视频上传指令时，通过 UDP 信息流将音视频数据发给操控端，操控端能够通过音视频数据实时监测无人平台周围环境，做出操控判断，实现相应的控制操作。

操控端下发参数接口主要包含但不限于以下参数：

（1）操控端请求接入无人平台参数。

操控端主动发起接入请求，从安全性角度设计需要携带身份标识以及用户名和密码等相关参数，无人平台校验通过之后才会完成接入流程。其中，身份识别可以采用指纹、面部和虹膜等识别方式。

（2）操控端申请无人平台控制权。

操控端正常接入无人平台之后需要主动申请控制权限才可以对无人平台进行操控，在没有申请到控制权限之前只能接收无人平台主动上报的参数。

（3）操控端下发控制场景、模式参数。

为提高不同场景操控的交互设计友好性，无人平台支持不同场景、模式进行切换。

场景主要包含时段（白天和夜晚等）、天气（晴天、雨天和雾天等）和地形（城镇、山地、林地和沙地等）。模式主要包含自主导航模式、跟随模式、自主返航模式和操控端遥控模式等。

（4）操控端下发行驶控制参数。

操控端申请到控制权限后在遥控模式下可以对无人平台进行遥控，遥控下发行驶控制参数，主要包含速度和航向角等信息。

（5）操控端下发控制指令参数。

操控端申请到控制权限后可以对无人平台下发控制指令信息，包含驱动模式控制、制动控制、驻车、急停、照明和喇叭等控制指令信息。

（6）操控端下发无人平台自检参数。

操控端需要收集无人平台自检状况时可以主动下发自检命令，无人平台收到自检命令后会启动自检流程，结束后将自检报告反馈给操控端，操控端可以根据自检报告进行诊断和视情维护。

6.2.4 多平台智控技术

单一无人平台因为自身的资源限制无法胜任某些大规模任务，无人平台从单一无人平台向多无人平台协作应用发展是必然的趋势。无人平台集群形成多平台智控协同不仅能够完成诸如协同侦察、打击、围捕和大规模救援等单一无人平台无法完成的任务，还能在任务模块组合应用、灵活构建和提升任务效率等方面发挥优势。为了适应这一应用方式，多平台协同控制、高效应用需要加以关注。

1. 多平台智控协同策略

在多平台和多任务的分配优化中，全局最优的分配方案依赖于各个无人平台的协同。在分布式和离散式的结构中，分配过程中各无人平台易产生耦合，即单平台的决策依赖其他单位的分配计划，为最大化多平台组织性能或者至少确保有可行解，多平台内部需相互协作并在决策上达成一致。这里介绍三种实现决策一致性的策略：任务空间区分、态势同步和协同规划。

（1）任务空间区分。

任务空间区分是指按照任务类型将任务空间划分为不相交的子集，每个无人平台只能从其中一个子集中选择要分配的任务。在平台数量规模小和相对静态的环境中，能够让功能属性明确的单位执行相应的任务。在多平台中含有大量异构的无人平台或动态环境中，任务分割问题将变得异常复杂。尽管该策略能实现各平台的规划计算，并保证无冲突的多平台智控分配，但算法增加了额外的约束条件，会导致算法性能不确定性下降。

（2）态势同步。

态势同步是指无人平台运行规划算法之前完成态势感知上的一致，即任务分配问题的初始状态是相关的所有变量达成一致，如环境变量、健康状态和任务参数等达成一致。完成态势一致性同步后，平台个体独立地运行分配算法获得整个多平台的任务分配方案，并根据匹配与自身相关的计划进行执行。该方法的基本前提是在一致的规划参数下，通过运行相同的算法，各平台将产生相同的分配结果，算法能应对动态环境中任务变化、状态更新和参数调整等局部信息的变化。任务空间区分中的任何变化通常要求对任务空间完全的重新分割，而态势同步的协同方法能通过重新规划时态势的一致性，针对变化的信息，生成更符合实际的、高效率的分配结果。这一方法会产生大量的数据通信，需要获得高速带宽通信的支持。另外，当出现异构平台时，算法的复杂性、态势交互需求进一步加大，这加剧了对计算时间和通信带宽的消耗。为保证形成一致的分配结果，在动态环境中，要求一致性过程不断执行，直到态势感知误差非常小，如果无法收敛到极小的误差范围，则最终分配的结果是有冲突的。

（3）协同规划。

协同规划直接将约束条件合并到规划过程中，以保证计算出无冲突的解。在协同规划中，重点在于获得任务分配的一致性而非态势感知的一致性，大大降低了对带宽的要求。当无人平台之间和任务之间存在较少约束的场景下，对通信要求更低。当通信环境不可靠时，多平台智控范围内的态势感知无法保持一致，在单体态势感知上存在差异的情况下，协同规划仍可根据约束条件的限制确保分配结果是无冲突的。在实际应用中，要根据具体任务分配问题和通信环境，选择合适的协同策略以及分配算法收敛状态变量。

协同策略的应用并不一定是单一的，给定特定的应用和通信环境，可以有机结合三类方法来提高系统执行效能。

2. 多平台智控结构和主要方法

目前，常用的多平台智控结构有多平台集中式控制和多平台分布式控制两种。

（1）多平台集中式控制。

多平台集中式控制首先对执行任务的有人或无人平台进行任务编组。采用多平台集中式控制要求多平台中至少有一个平台（可以是有人，也可以是无人平台）能够获得任务内其他所有无人平台的状态信息，这一与所有平台互联的平台，称为主控平台。主控平台通过规划每一个无人平台的运动轨迹并加以分发来达到多平台协同控制要求，基本结构如图 6.19 所示。在实现过程中，任务组所有无人平台通过通信网络相互连接，主控无人平台通过通信链路持续获得所辖范围内的无人平台的位置、目标和状态等，同步高速运算规划得出每一个无人平台的期望运行轨迹、运动速度和行动决策等，并分发到各无人平台加以实施，期间在规划中要考虑平台的防碰撞、能量和能力等要素情况。

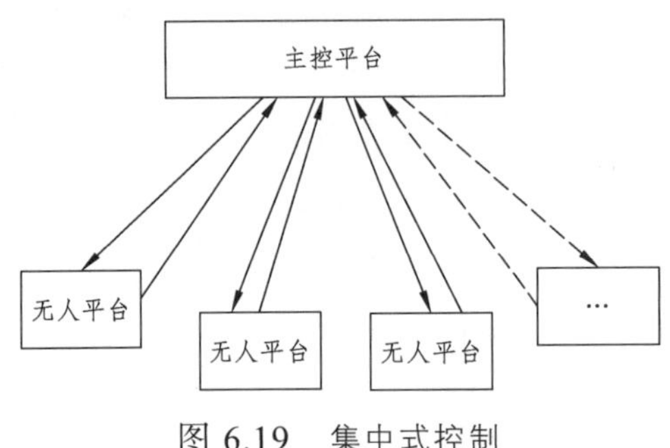

图 6.19　集中式控制

集中式多平台智控控制结构清晰，任务分配明确，是目前比较成熟且易于实现的方法。但在大规模的多平台智控中会产生庞大的信息交换，增加了通信带宽和资源需求，并且在全局路径规划、避碰机制和任务分配的优化设计方面难度加大。

（2）多平台分布式控制。

多平台分布式控制中，每个无人平台只需要得到相邻的无人平台的局部信息即可实现多平台控制，每个无人平台均配置了相应的计算单元，执行自己的任务。通过通信网络，任务实施组内的无人平台根据总体任务目标和自身平台状态信息规划自己的控制变量，并通过相互通信协同合作完成总体任务目标，如图 6.20 所示。这一方法降低了多平台系统中的通信带宽，提高了系统的灵活性。

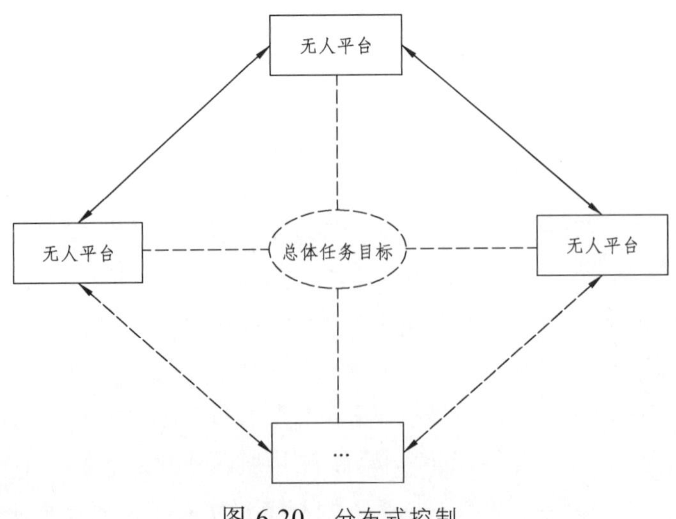

图 6.20　分布式控制

由于分布式控制方法具有更高的系统稳定性，本节主要介绍分布式的多平台控制方法，包括基于 Leader-Follower 法、基于卡尔曼滤波法、基于人工势场法、基于虚拟结构法和基于行为法的多平台智控方法。

① Leader-Follower 法。

基于 Leader-Follower 法的主要思想是在无人平台集群中确定一个领航者，负责领导整个任务组行动控制，其他无人平台作为跟随者跟随领航者行动。通过严格控制领航者和跟随者之间的相对距离和角度就可以得到期望的队形，当前位置点和期望位置点出现相对误差时，其误差量就转化为 PID 控制量进行控制。

② 卡尔曼滤波法。

基于卡尔曼滤波法是将多平台智控系统中的状态量输入到卡尔曼滤波器，从而估计出所有任务组无人平台的相对距离、加速度、速度和方位等状态量，并分发作用于每一个无人平台，通过 LQR（线性二次型调节器）控制，得到状态线性反馈的最优控制规律，输入到无人平台的控制端，构成系统闭环最优控制。

③ 人工势场法。

用一个虚拟力场来表示无人平台的期望队形约束力，障碍物被斥力场包围，目标点被引力场包围。无人平台所受的合力由目标点引力场的引力、障碍物斥力场的斥力以及多平台智控队形的约束力组成。随着无人平台在力场中运动，当与目标点的距离增大时，对其产生的引力就会迅速增大。最终，无人平台会在合力的作用下向最小势能处运动。

④ 虚拟结构法。

将多平台智控结构整体看作一个虚拟的刚体结构，其中每个成员都提前规划虚拟轨迹。在实际应用中，每一个无人平台对应虚拟结构中的一个顶点，通过设计相应的控制策略，使得无人平台在多平台智控结构中与虚拟顶点重合，即收敛到虚拟的轨迹。根据无人平台当前位置和虚拟结构顶点位置的相对距离可以得到 PID 控制变量，进而控制无人平台运动轨迹。

⑤ 行为法。

预先给多平台任务组中每个无人平台规划行动，可以是自主避障、路径跟随、队形的形成及保持等，控制器的输出则是这些期望的行动产生的控制作用。基于行为法的多平台智控控制可以由内、外两个独立的回路组成，其中外回路采用基于行为法的分布式多平台智控方法，控制无人平台的加速度；内回路采用 leader-follower 方法来控制多平台智控的队形。

几种方法的优缺点见表 6.2。

表 6.2 几种多平台智控方法优缺点比较

方法	优点	缺点
Leader-Follower 法	结构简单、易于实现	过于依赖领航者，稳定性不高
卡尔曼滤波法	易于实现、考虑控制变量的多平台智控	无法确定系统的整体行为、不具有避障特点
人工势场法	实时性强、突防突发威胁能力强、局部处理能力强	易出现局部困扰和无法得到全局最优、无法应用在数量大的智能体中
虚拟结构法	系统可以获得明显的反馈、便于多平台智控行为的确定和队形的保持	缺乏灵活性和适应性，尤其在避障过程中具有局限性
行为法	易于分布式控制、应变能力较强、易于避障	无法确定系统的整体行为、系统稳定性低

6.3 典型应用设计

远程控制软件主要实现对各型地面无人系统行驶平台和上装任务系统的管理和控制，具有连接上级应用软件与控制无人系统的作用，从功能上可以分为行驶控制、载荷控制和系统控制三部分。正如前文所述，无人系统处于高速发展的阶段，远程控制软件的实际功能和操作方式与技术的发展高度相关。当前无人系统还处于遥控为主，半自主初步应用的阶段，远程控制软件现阶段的主要功能设计包括：任务规划、行驶控制、载荷控制、状态控制、状态告警、配置管理和轨迹管理等。

6.3.1 主界面设计

远程控制软件主界面如图 6.21 所示，包括遥控模式的驾驶视频和当前任务下的主要无人平台状况、通信状况和应急处理按键等。界面以驾驶视频为主，大面积呈现在中央区域，关键平台状态信息在上方和侧边进行呈现，且采用浮动的方式，能在不遮挡驾驶路况关键信息的情况下，为操作人员提供驾驶关键参数信息，如图 6.22 所示。

图 6.21 操控主界面

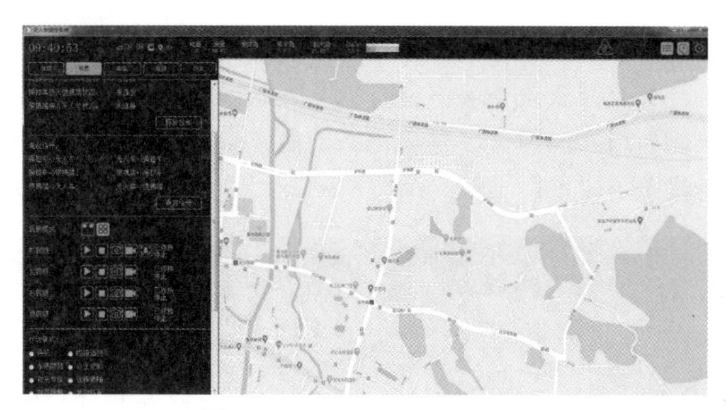

图 6.22　浮动菜单导航界面

同时，界面具有换肤功能，能够根据使用场景和操作人员需要，进行主题色彩的搭配，如图 6.23 所示。

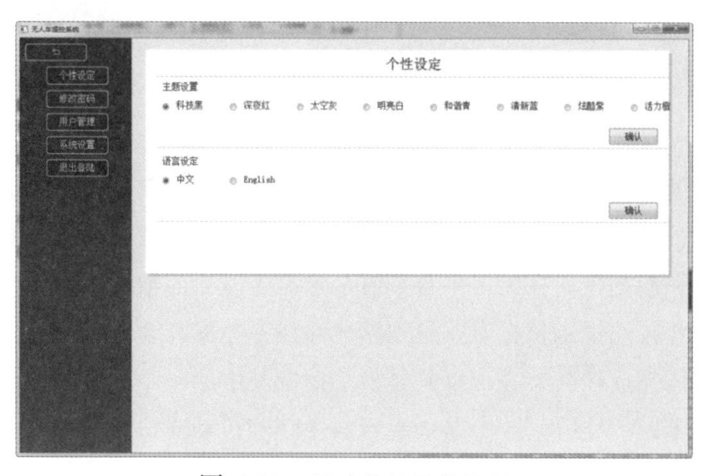

图 6.23　浮动菜单导航界面

6.3.2　任务处理

远程控制软件能够与上级应用软件互联，接收上级下发的目标侦察、目标引导、电子对抗和火力打击等任务，能将上级任务转化为无人平台可识别的任务指令序列，发送给无人平台执行任务，能够将上级任务转化为系统内部能够识别的数据流发送给无人操控协同管控终端。

6.3.3　行驶控制

远程控制软件具备对无人平台的遥控驾驶能力，包括“一对一”“一对多”等不同的控制模式。现阶段，典型的行驶控制软件为点对点的方式，基于无人平台实时回传的行驶视频，控制终端对无人平台进行远程遥控。操控员可通过键盘、手柄、摇杆等输入手段，控制无人平台的速度、转向、挡位、制动、照明、鸣笛和急停等，这种控制方式对无人平台没有智能化要求，只需要根据控制指令及时执行各种动作即可。典型的行驶控制界面如图 6.24 所示，主界面为前向视频叠加左、右侧辅助视频，并实时显示各种参数、状态等信息。

图 6.24　行驶控制界面

在多平台智控应用时，简单的点对点遥控驾驶方式，需要在控制端成比例增加操控席位，对指挥所空间、人力、通信资源等都是很大的挑战。所以，集群化无人平台的行驶控制，一般是建立在无人平台具有一定自主能力的情况下。这种情况下的控制方式，可以是操控端设定目标点、规划路线和任务分配，多平台通过内部协同自主按路线机动并协同完成任务；也可以是操控端控制其中的一个平台（如主控平台或者领航平台，参见 6.2.4 第 2 部分），其他平台自主跟随机动或协同行动。

6.3.4　载荷控制

载荷控制是指对无人平台上装载的侦察、打击、目标引导、电子对抗等任务载荷进行控制。载荷控制软件实现的是决策行为的执行，设计的核心是载荷控制的便捷性、准确性和实时性。便捷性方面，要求交互控制手段和流程要简洁、符合操控习惯；准确性方面，要求控制指令需要有确认、校验过程，能够无误、可靠地得到执行；实时性方面，是指任务载荷的控制需要及时反馈，对于时延抖动敏感的载荷，需要进行时延估计和补偿设计。

为减少操控席位，一般对于单个无人平台，侦察、观瞄、打击集成在一个交互界面进行控制，如图 6.25 所示。侦察视频 360°实时监控，自动识别到可疑目标即时提醒，操控手控制武器站调转到目标方向进行观瞄、控制打击或者武器站根据自动识别结果进行方向调整。

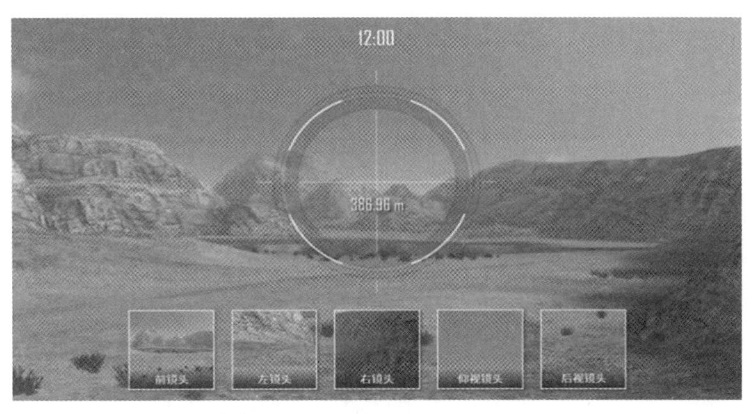

图 6.25　侦察打击载荷界面

6.3.5　状态监控

远程控制软件能收集无人平台实时上报的状态信息和指令反馈，包括控制权限、控制模式、配电信息、姿态信息、软硬件状态、能源信息、定位信息和偏航信息等，能够收集各种任务载荷的姿态信息、软硬件状态、控制模式和资源信息（如弹药、储能等）等。

远程控制软件根据信息重要级别进行分栏显示，通过颜色区分和图标区分清晰展示无人平台各项性能指标，辅助操控员掌握无人平台和任务载荷的健康状态信息、电源配置等，如图 6.26 所示。

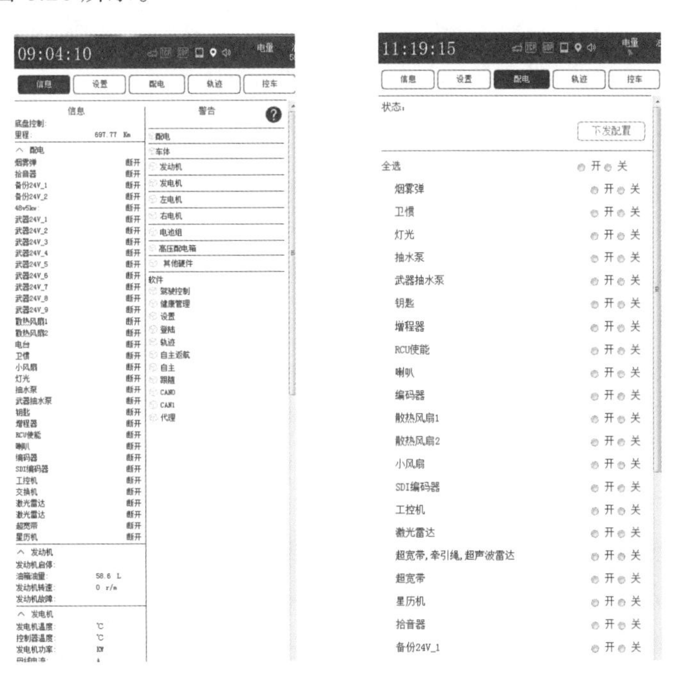

图 6.26　无人平台详细信息界面

6.3.6 状态告警

状态告警包括显示无人平台告警信息和危险状态。

无人平台周期检测自身健康状态，对平台内主要模块进行安全检测，对异常情况进行上报，操控端按模块对平台软硬件、总线和任务载荷状态进行分类显示，根据告警级别以不同颜色区分展示给操作员。

无人平台发生大幅倾斜、局部温度过高和油电量较低等严重情况时，操控端基于预设阈值进行安全判断，在人机交互界面根据不同类型闪烁警示图标，并辅助声音、震动等加以提示告警，如图 6.27 所示。

图 6.27 状态告警界面

6.3.7 配置管理

配置管理包括无人平台的机动模式控制、操控权限管理和视频管控等。

模式切换包括控制模式切换、驱动模式切换等。控制模式切换主要是针对不同的应用场景，结合无人平台和任务系统智能化水平、应用场景，可选择转换无人系统的控制模式，包括远程遥控模式、半自主模式和全自主模式等。驱动模式的切换主要是从安全的角度，在无人平台存在油动、电动等多种驱动模式的情况下，根据静默需求，切换驱动模式。

权限管理分为系统用户权限和无人平台控制权限两类。系统用户权限与有人系统一样，主要是控制不同用户对系统配置、数据的管理和查看权限等。无人平台控制权限是指对无人平台的遥控权限，对于多对一、多对多等情况下的无人系统控制，需要进行控制权限的协调。

视频管控是指根据任务需求，结合无线链路能力和质量，对行驶视频、任务视频的码率、分辨率、时延等参数和接入路数进行配置，如图 6.28 所示。

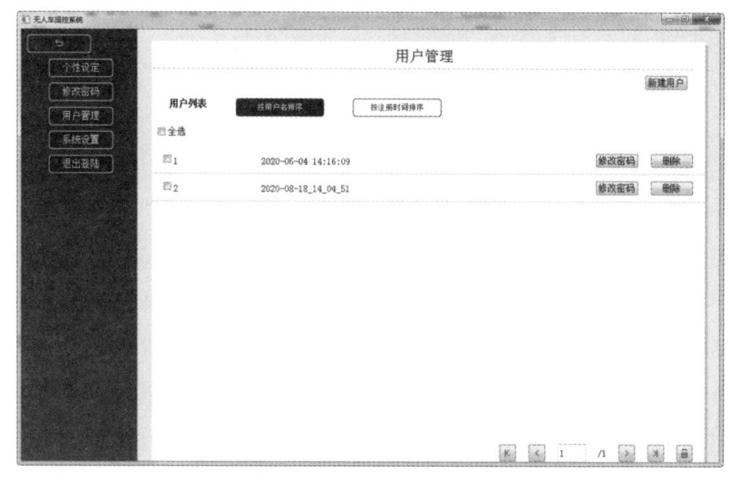

图 6.28　系统参数配置

6.3.8　轨迹管理

轨迹管理包括自定义轨迹任务、轨迹录制和本地轨迹管理等，如图 6.29 所示。

自定义轨迹能够通过图上选取轨迹点、导入历史轨迹和手动录入轨迹三种方式定义一条新的轨迹。

轨迹录制能够对无人平台上报的位置信息进行记录，形成完整的无人平台轨迹信息，并能自动过滤无效的点、冗余的点，根据无人平台姿态自适应调整记录频度，在保证轨迹质量的同时降低数据量。

本地轨迹管理能够分类、分页查看轨迹列表，图上查看轨迹形态，删除轨迹。

图 6.29　轨迹管理界面

6.4 本章小结

本章主要对地面无人系统的远程操控技术进行了介绍，首先概述了固定式、车载式、便携式等不同控制方式的应用场景和特点，并对远程控制功能需求进行了简要阐述，包括无人平台的控制需求、任务载荷的控制需求以及平台适应性需求等。

其次，对远程操控中涉及的核心技术进行了阐述，包含增强现实技术、智能交互技术、交互接口技术和多平台智控技术等。增强现实技术主要基于减轻操作人员负担、降低通信带宽占用等方面的考虑，进行了主要设计思路和方法的介绍。智能交互技术方面详细介绍了多通道交互、轻量化智能语音交互、操控手势交互等技术。交互接口技术方面主要结合作者团队工作实际，给出了一种交互协议封装格式。多平台智控技术方面，主要针对多无人平台协同应用，介绍了多平台智控协同策略和常用的控制算法。

最后结合作者团队工作实际，通过典型的远程控制软件应用设计案例，介绍了一种远程控制技术的具体实现形式。

7 智能通信技术

7.1 概 述

稳定可靠的通信网络是实现地面无人系统对内对外互联互通的基本保证。对于地面无人系统而言，其通信网络需求主要包括：上级指挥节点对无人系统的指挥通信需求，无人系统遥控节点对无人平台的遥控通信需求，无人平台与其他无人平台或有人平台之间的协同通信需求。三种通信需求分别对应第 2 章通信网络架构所提出的指挥网络、遥控网络和协同网络。

地面无人系统不同层次的通信网络对应着差异化的业务能力需求：指挥网络服务于指挥节点、遥控节点，主要用于保证指挥、情报、保障节点与遥控节点之间以准实时的方式交互指挥命令、态势信息和保障信息等；遥控网络服务于遥控节点、无人平台，用于遥控节点与无人平台之间以高实时方式交互载荷控制信息、无人平台控制信息和健康管理信息等；协同网络服务于无人平台、有人平台等节点，用于保障各任务节点之间以准实时方式按需交互态势、情报信息。

指挥通信的特点是业务流量相对较小，内容以语音、文电和报文为主，要求距离远、隐蔽性好和保密性强；遥控通信的特点是业务流量大，业务传输不对称，对时延和可靠性的要求较高；协同通信主要解决编队间协同信息交互的问题，网络容量大，要求信息共享和数据传输的时延低，并具备自组网能力。

本章结合地面无人系统各层网络的业务能力需求和特点，对智能通信技术的功能需求进行简要的分析，并对当前军、民领域发展现状进行介绍，在此基础上，对相关的核心技术原理和设计方法进行说明。

7.1.1 功 能

作为支持地面无人系统融入网络信息体系，遂行联合任务的“关节”，通信系统功能主要包括以下几个方面[72]。

1. 无人系统指挥功能

支持指挥节点对无人系统的指挥控制命令上传下达，支持情报节点、保障节点等有人平台与无人系统遥控节点之间的信息交互，支持无人系统遥控节点向指挥节点汇报和请示。指挥链路具备远距离、保密、抗截获等能力，支持语音、报文、文电等多种业务类型，具备多种通信手段，保障近程、远程对无人系统指挥需求，必要时配置应急和保底通信手段。

2. 无人平台遥控功能

支持遥控节点对无人平台的遥控操作，支持控制指令、状态信息和驾驶视频等的实时传输；适应无人平台的上装任务系统要求，与任务载荷控制系统无缝衔接，具备状态采集、查询等能力，为任务载荷控制提供通信和网络资源。遥控链路具备低时延、高带宽、高可靠、信道自适应和抗干扰能力，具备主、备链路，保证遥控过程的稳定可靠。

地面无人平台通信手段受地形影响较大，此外由于无人平台对通信设备体积、质量、功耗和天线架设方式等均有一定限制。地面无人平台遥控网络应支持中继通信方式，通过升空平台、便携式基站和通信车等中继节点，实现遥控业务的不间断。

3. 多平台协同功能

支持多个无人平台、有人平台协同应用时的态势信息和状态信息实时交互。无人平台具有快速机动的特点，多无人平台的网络拓扑处于实时变化中，因此协同网络必须具备快速组网、分布式无中心和实时在网的快速灵活弹性组网能力，具备“自组织、自恢复、自适应和自协同（参数协同）”四自一体网络应用能力和动中通能力。

在高风险、高对抗的作战环境下，通信节点不可避免会遭受敌方的破坏和打击，不可避免会出现节点局部损伤甚至多节点整体损失，在节点局部甚至整体损失的情况下，通信系统通过跨节点的自适应组网协同实现对战损功能的快速补充，达到整体系统的高抗毁能力。

4. 多网络融合通信功能

支持指挥网络、遥控网络和协同网络互联能力，通过 IP 统一承载、有线交换等方式，实现异构网络无缝链接，支持指挥节点对无人节点直接进行按需指挥控制。

5. 定位授时功能

地面无人平台主要靠北斗、GPS 获取绝对位置信息，通过惯性导航设备获得姿态信息。为应对卫星拒止或不可见问题，多平台应具备互相间的位置信息、姿态信息共享能力，并可在自身位置信息获取失败后通过相对位置信息推算自身定位信息。在授时方面，通信系统中的各节点应支持三种时钟授时源：

（1）北斗授时。

信号无遮挡，获取到北斗信号。

（2）部分北斗授时。

北斗信号被遮挡时，节点无法通过北斗授时完成入网同步，通过搜索已入网节点同步信号获得北斗时钟，完成同步入网。

（3）无北斗自举授时。

当北斗卫星被破坏或信号被阻塞时，所有节点无法获得北斗授时。此时，节点启动自举流程，以本地时钟作为自举的网络同步时钟。

6. 统一运维管理功能

为满足网络快速开通、系统灵活重构的要求，通信系统需支持统一便捷运维管控，支撑对网络信息系统内各类作战平台的统筹统管。具体来说应具备支持统一的参数配置格式与接口，平台资源上报和状态更新接口，平台服务注册、发布、调用与更新接口，以及应用推送、下载、更新接口等。

7. 环境适应及生存能力

地面无人平台工况复杂，工作环境既包括高达 60 ~ 70 °C 的高温热带地区，也有 –40 ~ –50 °C 的高寒地区，既有低压环境下的高海拔地区，也有振动冲击剧烈的复杂环境，烟尘或有毒气体环境等都会影响无人平台的使用。设计通信系统架构应考虑以上多种使用工况，重点考核通用硬件模块的性能指标，使得系统模型满足陆地复杂环境下的使用需求。通信系统设计适应城市以及山岳丛林地、高原高寒山地、山林地、荒漠地和海岛等应用场景；适应强对抗条件下的网电环境；具备抗摧毁、抗失控能力。

8. 其他能力需求

（1）安全保密。

地面无人平台通信系统应遵循安全系统架构设计原则，具体包括安全服务、安全机制、安全保护等级和信息安全保障体系等安全保密措施。支持指挥、协同业务数据及遥控指令的加密传输，并根据数据类型进行加密等级划分等。

（2）抗失控。

地面无人平台深入敌方阵地作战，地形及电磁环境复杂。为确保平台自身安全，通信系统应具备最低限度通信手段，支持平台搜索、位置上报等，必要时可采用远程自毁等抗失控措施。

（3）可靠性。

通信系统设计时需考虑对重要子系统、部件冗余架构，即在主节点（设备）发生故障时，备用或周围相邻节点具备自动接管主节点功能，完成所有的功能及提供所有服务。对冗余的更进一步的要求是，在主备用节点切换的过程中，不允许有信息的丢失。

（4）可扩展性。

地面无人平台技术发展日新月异，软件平台、硬件平台每隔几年都会发生一次迭代，数据传输速度要求会持续提高，运算速度也呈几何倍数增加，通信系统应提供开放、可扩展平台，支持新模块、组件乃至分系统的加入和更迭，以满足一段时间内平台发展的需要。

7.1.2 发展现状

1. 军用无人装备通信系统发展

美军高度重视无人平台智能作战，积极研发无人机、无人车平台及相关系统。在无人平台测控与侦察情报数据链系统方面，美军布局开发了多种类型数据链支撑无人系统的网络化作战，如通用数据链（CDL）、战术通用数据链（TCDL）和战术数字数据链（TDDL）等[76]。

为实现目标复合跟踪与协同定位，提高迅速瞄准移动目标及时间敏感目标和精确定位的能力，加强各武器平台之间的精确战术协同，解决“从传感器到射手”的数据链接问题。美军针对武器平台作战特点，相继开发了战术瞄准网络技术（TTNT）、QNT协同数据链等数据链。

（1）通用数据链（CDL）。

CDL 主要用于实现情报、监视、侦察平台与地面站及其他作战节点之间的情报数据交换，是一种保密、全双工、抗干扰和点对点的宽带数字数据链。CDL 工作在 X 波段或 Ku 波段，将来有可能扩展到 Ka 波段，可提供标准化的前向链路和返向链路服务。前向链路以 200 Kbps 的传输速率把指令、保密话音、距离和导航修正和链路控制信息等传送给无人平台。返向链路则以 10.71 Mbps、21.42 Mbps、44.73 Mbps、137 Mbps 或 274 Mbps 的传输速率将传感器获取的未经处理的原始图像、信号情报数据实时传送给地面指挥中心。美军的“全球鹰”“捕食者”等大型无人机系统早期都通过装备 CDL 进行视距通信或超视距通信（中继）。

（2）战术通用数据链（TCDL）。

1997 年，美国政府通过国防高级研究计划局启动了战术通用数据链（TCDL）研发计划，该计划要求开发一个能够兼容 CDL 的低成本、重量轻和支持多种无人机等小型 ISR 平台的数据链系统。TCDL 是一种具有保密、全双工和点到点的视距微波通信数据链，工作在 Ku 频段，可在 200 km 范围内，以 200 Kbps 的前向链路速率和 10.71 Mbps 的返向链路速率在有人和无人驾驶的飞机之间机器与控制站之间提供安全、可互操作的宽带数据传输，并与原有的 CDL 互通，同时还能支持速率高达 45 Mbps 的替代通信方式，速率可扩展到 137 Mbps 和 274 Mbps。TCDL 最初是针对战术无人机应用而设计的，如“掠夺者”和“前驱”，后来 TCDL 的设计扩展到其他有人或无人驾驶机载侦察平台，如“缩帆索”、E-8、陆军地空机载侦察（ARL）系统及“猎人”“先锋”、陆军“影子 200”无人机等。

（3）战术数字数据链（TDDL）。

TDDL 是专为需要高度保密通信的无人机设计的新一代先进数字数据链，可为传感器平台与控制站之间提供点到点、全双工、抗干扰和数字微波通信。TDDL 采用软件无线电技术，编码调制和数据速率具有灵活性和可编程性，且可与 TCDL 和 STANAG7085 互操作。TDDL 的机载设备质量不足 6 kg，作用距离在不中继的情况下达到 200 km，可支持在 Ku、S、C、X、14.40 ~ 15.35 GHz 等多各波段工作，前向链路传输速率约为 9.6 ~ 2001 Kbps，返向链路传输速率约为 1.6 ~ 10.71 Mbps，并可上升到 45 Mbps。

（4）战术瞄准网络（TTNT）。

TTNT 是由美国国防高级研究计划局（DARPA）与洛克威尔・柯林斯公司合作开发的一种网络技术，是一种应用于对时间敏感目标的快速瞄准定位和精确打击的无线网络通信技术，能够在战术飞机、无人机、情报和监视侦察平台以及地面站之间提供高性能、低时延和互操作的数据通信服务。自 2001 年项目发布以来，已经成功进行了多次演示验证和挂飞试验。美军在多次军事演习中证明了 TTNT 能在各种飞机、舰船和地面无人平台上进行集成应用（图 7.1），如在美军联合远征部队第三阶段试验演习（JFEX-08-3）中，TTNT 就表现出了极强的野外态势感知能力和网络中心战能力。可以看出，TTNT 技术已具备较高的技术成熟度。目前，完成验证的武器装备多为陆海空平台，相关研究机构也在讨论 TTNT 应用于导弹武器协同作战的可能性，以在协同作战、目标指示和毁伤评估等方面发挥重要作用。

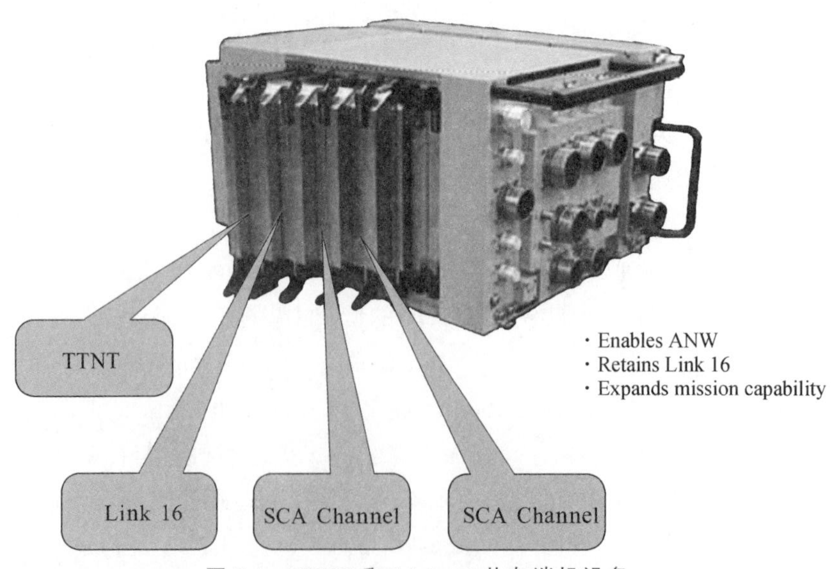

图 7.1　TTNT 和 Link-16 共存端机设备

相比 Link16 数据链，TTNT 具备 4 大特点：

① 基于 IP 的网络格局。这点完全有别于原有的 Link16 系统的 TDMA 机制。

② 高速、宽带和低时延。TTNT 支持的网络容量高达 10 Mbps，信息延迟为 1.7 ms。

③ 快速自组网。TTNT 的网络结构简单，可以自动组网，新用户进入更新协议并注册的时间约为 3 s。而 Link16 组网则需要手工加入，一般需要 1 ~ 2 天时间。

④ 支持用户数量多。TTNT 网络可以支持 200 个成员，每个成员都有自己的独立 IP，相比 Link16 的 20 个成员高了一个数量级。

（5）Quint 协同网络（QNT）。

DARPA 为了解决武器弹药、地面的空中控制员（单个地面作战单元）和战术无人机等平台数据连接能力存在的缺陷，于 2005 年发起了 Quint 网络技术（QNT）研究计划，它将会是一种模块化、可靠且廉价的网络数据链，用来支持打击时敏和移动目标所需的精确打击和高效率的机器到机器的瞄准定位，并支持目标战斗识别、分发战术无人机和单个地面传感器数据以及战斗毁伤评估。

QNT 要适应未来复杂的作战环境，就必须具备组网能力，而这正是 QNT 开发最难以实现的部分，因为 QNT 数据链组网涉及网络拓扑、网络管理、数据链使用的波形以及终端等。未来 QNT 数据链网络的拓扑可能会呈分离的树形，而不会呈环状，并且 QNT 数据链网络的拓扑可能会在不同的情况下有所不同。而要管理 QNT 数据链网络则必须将其嵌入到更大规模的网络内来进行管理，因此必须要为 QNT 数据链的管理和数据链电台提供所需的连通性。

按照 DARPA 的要求，QNT 必须具备组网能力，采用软件无线电设计，支持半双工或全双工工作，可以构成最多包含 1 000 个节点的网络，距离为 150 nmile（277.8 km）时传输速率达到 100 Kbps 以上，而距离为 40 nmile（74.1 km）时数据传输速率达到 2 Mbps。QNT 终端将会运行美军联合战术无线电系统（JTRS）波形库里面的波形，如增强位置报告系统（EPLRS）、移动目标用户系统（MUOS）、战术瞄准网络技术（TTNT）或 Link16 等。目前，罗克韦尔·柯林斯公司已经研究出了 QNT 样机，它是一个双信道的软件无线电台，工作在 VHF（30 ~ 88 MHz，118 ~ 152 MHz）、UHF（225 ~ 400 MHz）和 L 频段（1 350 ~ 1 850 MHz），距离为 100 nmile（185.2 km）时数据传输速率可达 500 Kbps，而距离为 50 nmile（92.6 km）时，数据传输速率可达 2 Mbps。

2. 民用无人车通信技术发展情况

在民用领域，车载互联网（简称车联网）是通信及信息技术在汽车行业的典型应用，也是汽车行业在电子应用领域的一个新兴应用[73]。对车联网的定义，普遍认为车联网是利用先进的传感技术、智能技术、网络技术、计算技术、控制技术对道路和交通进行全面的感知，从而实现人、车、物和路的畅通、安全、高效地运转，其发展的终极目标之一是实现汽车的无人驾驶。

随着 5G 通信技术的发展和逐步商用，5G-V2V 是解决车与车之间通信（Vehicle to Vehicle，V2V）的核心发展方向，是未来民用无人驾驶向全自主水平发展的基础技术。

（1）5G通信技术简介。

2015年6月24日，国际电信联盟（ITU）正式公布了5G技术的名称为IMT-2020，计划在2020年左右实现5G的商用。5G不仅能够实现人与人的连接，还能实现人与物、物与物的连接。因此，为了能够满足将来各种各样的应用场景，ITU提出了5G技术应具有的12大关键技术指标，见表7.1。

表7.1 5G关键技术指标对比表

序号	指标名称	4G性能指标要求（ITU-R M.2134）	5G性能指标要求（ITU-R M.2411）
1	峰值速率	下行：1.5 Gbps； 上行：675 Mbps	下行：20 Gbps； 上行：10 Gbps
2	峰值频谱效率	下行：15 bit/s/Hz； 上行：6.75 bit/s/Hz	下行：30 bit/s/Hz； 上行：10 bit/s/Hz
3	用户侧速率	—	下行：100 Mbps；上行：50 Mbps
4	边缘频谱效率	下行：0.04～0.1 bit/s/Hz； 上行：0.015～0.07 bit/s/Hz	3×LTE
5	平均频谱效率	下行：1.1～3 bit/s/Hz/cell 上行：0.7～2.25 bit/s/Hz/cell	3×LTE
6	区域流量容量	—	10 Mbps/m^2（室内热点场景）
7	用户面时延	10 ms	增强移动宽带场景：4 ms；低时延高可靠场景：1 ms
8	控制面时延	20～20 ms	低至1 ms
9	连接密度	10万个设备/km^2	100万个设备/km^2
10	可靠性	—	低时延高可靠场景，宏小区，32 bytes @<1 ms，99.99999%
11	移动性	支持高速移动接入：最大支持350 km/h	支持高速移动接入：最大支持500 km/h
12	带宽	最大支持20 MHz（不考虑CA情况）	支持带宽可灵活配置，最多400 MHz（不考虑CA情况）

可以看出，相比于4G，5G要求的各项指标性能均提高了几倍到上百倍不等。5G不仅是4G的延伸，同时也是第一个全球统一标准的网络，伴随着5G标准的落地完成，5G也将应用在各种各样的实际场景中。ITU还确定了未来5G应具有的三大应用情景，如图7.2所示。

第一个是增强型移动宽带（Enhance Mobile Broad band，EMBB），其主要带来的是移动连接速率的大幅提升，4G智能手机能实现的峰值网络速度大约为几百兆每秒，而到5G时代，可实现千兆级别的连接速度，为智能手机上的AR/VR游戏提供了流畅操作。第二个是超高可靠与低时延通信（Ultra Reliable & Low LatencyCommunication，URLLC），这种类型的应用情景要求非常低的时延，尤其是在无人驾驶领域。5G技术能让系统的延迟降低至 1 ms，4G 的延迟大约为 50 ms，而人类最快的反应也仅为 100 ms，5G 的要求基本能达到安全的无人驾驶。第三个是大规模（海量）机器类通信（Massive Machine Type of Communication，MMTC）。现有的 4G 通信技术架构，每平方千米只能支持几千个用户同时在线，而到了 5G 时代，每平方千米能够支持几万甚至是几十万的物联终端同时在线，连接密度的大幅度增加，为今后大规模的物联网发展，即万物互联提供了可能。

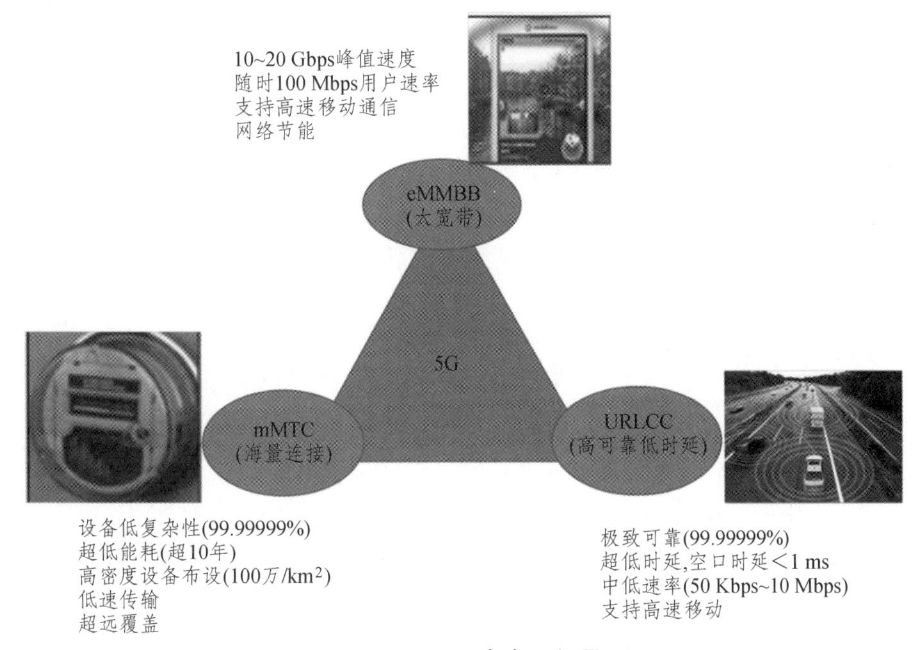

图 7.2　5G 三大应用场景

这三大应用情景分别代表了大带宽、低时延和广连接，在 ITU 确定的三大应用情景中，包括了多种类型的实际应用，如智能家居、3D 超高清视频、自动驾驶等，而在高可靠低时延类通信的应用中，自动驾驶又是最重要的应用方向之一（自动驾驶也可被称为无人驾驶，无人驾驶是自动驾驶的高级阶段）。在现阶段，行业内企业布局无人驾驶存在三种不同的形态：第一种形态是汽车厂商自己进行创新和提升，如宝马、大众等汽车制造商；第二种形态是互联网公司进入这个领域，如百度、谷歌等；第三种形态是汽车厂商与互联网公司进行合作。当然，不论是哪一种形态，5G 都将是实现无人驾驶最基本的技术之一，通过 5G，可以实现交通灯、路灯等城市基础设施以及汽车、行人等的连接。除了 5G，也有部分企业利用基于专用短程通信（Dedicated Short Range Communications，DRSC）进行连接，但该连接存在许多不足之处，如通信的覆盖距离较短且需要针对路边设施进行大规模改造和资金投入。只有使用 5G 技术，才更有可能真正地实现无人驾驶。

（2）5G 技术对无人驾驶的影响。

根据美国汽车工程师协会（SAE）的划分标准，将自动驾驶汽车分为了 6 个等级，分别为无自动化（L0）、驾驶支援（L1）、部分自动化（L2）、有条件自动化（L3）、高度自动化（L4）和完全自动化（L5）[74]，详细标准见表 7.2。而实际上，从 L3 开始，无人驾驶系统才开始完成相应的驾驶操作。L1、L2 属于辅助驾驶，L3、L4 属于自动驾驶，只有达到 L5 才算真正的无人驾驶。无人驾驶也是联网汽车、自动驾驶的终极形态。

表 7.2　自动驾驶技术分级标准

<table>
<tr><th>自动驾驶分级</th><th>名称</th><th>SAE 定义</th><th>驾驶操作</th><th>周边监控</th><th>支援</th><th>系统作用域</th></tr>
<tr><td>L0</td><td>无自动化</td><td>由人类驾驶者完全操作，在驾驶过程中可以得到警告和保护系统的辅助</td><td>人类驾驶者</td><td rowspan="3">人类驾驶者</td><td rowspan="4">人类驾驶者</td><td>无</td></tr>
<tr><td>L1</td><td>驾驶支援</td><td>通过驾驶环境对方向盘和加减速中的一项操作提供驾驶支援，其他的驾驶动作都由人类驾驶者操作</td><td rowspan="3">人类驾驶者和系统</td><td rowspan="4">部分</td></tr>
<tr><td>L2</td><td>部分自动化</td><td>通过驾驶环境对方向盘和加减速中的多项操作提供驾驶支援，其他的驾驶动作都由人类驾驶者操作</td></tr>
<tr><td>L3</td><td>有条件自动化</td><td>由无人驾驶系统完成所有的驾驶操作，根据系统请求，人类驾驶者提供适当的应答</td><td rowspan="3">系统</td></tr>
<tr><td>L4</td><td>高度自动化</td><td>由无人驾驶系统完成所有的驾驶操作，根据系统请求，人类驾驶者不一定需要对所有的系统请求做出回答，限定道路和环境条件</td><td rowspan="2">系统</td><td rowspan="2">系统</td></tr>
<tr><td>L5</td><td>完全自动化</td><td>由无人驾驶系统完成所有的驾驶操作，人类驾驶者在可能的情况下接管，在所有的道路和环境条件下驾驶</td><td>全程</td></tr>
</table>

真正的无人驾驶需要实现 V2X（Vehicle to Everything）连接，X 代表的是车、路、行人以及周围环境。英特尔原 CEO 科再奇表示，未来的无人驾驶汽车，每辆车每小时需要处理的数据量将达到 100 GB 以上，且需要延迟低至几毫秒，而目前 4G 网络的延迟还不足以满足未来无人驾驶的需要。同时，在遇到突发状况需要紧急停车时，低延迟也能够保证足够短的制动距离以及行车安全。假如汽车的行驶速度为 60 km/h，以 4G 的时延来说，50 ms 时延的制动距离为 0.83 m，而以 5G 的时延 1 ms 来计算，制动距离仅为 0.016 7 m，极大地提升了驾驶的安全性[74]。同时，4G 网络还面临着功耗大、传输带宽不足、稳定性差等问题，而 5G 特有的优势为无人驾驶的发展提供了技术支持。

（3）基于 5G 的无人驾驶测试。

运用 5G 技术的无人驾驶汽车一定是最终的发展方向，不过目前来看条件还不成熟，尚处于试验阶段。2018 年 3 月，中兴通讯携手中国电信、百度在河北雄安新区完成了基于 5G 网络实况环境下的无人驾驶车测试。2018 年 9 月，景驰科技与广东联通合作，测试了基于 5G 网络下的 L4 级别的无人驾驶应用场景：远程控制无人车。在展示环节，景驰无人驾驶车平稳地开进了现场，完成了直行、转弯、倒车等相应动作。2018 年 11 月，天津联通联合中国汽车技术研究中心、华为共同打造了 5G + V2X 融合网络无人驾驶业务试点。2019 年 1 月，由重庆移动、华为、东南大学和法国 EasyMile 公司等联合研发测试的 5G 无人驾驶巴士开始试运行，这辆巴士能基于 5G 网络，准确地绕过障碍物，并完成自动调整前进速度等操作。

国外也在同一时期进行了 5G 无人驾驶的测试。在 2018 年世界移动通信大会上，韩国电信运营商 SK Telecom 展示了虚拟城市 K-City 中基于 5G + V2X 技术的无人驾驶试验成果，测试的两辆车均实现了实时的大量数据传输以及精准控制。2019 年 3 月，日本索尼公司与日本移动通信运营商 NTT DoCoMo 宣布，双方将合作测试索尼的新概念车：NewConceptCart SC-1，利用 5G 技术，实现了多种遥控的功能。现阶段基于 5G 技术的无人驾驶汽车企业大部分处于测试阶段，且仅能实现人与汽车的单项通信，若要实现 V2X，还需要汽车制造商、通信设备商以及运营商的共同努力[75]。

7.2 基于多维认知的自适应通信技术

对于无人协同通信来说，通常要求传输尽可能快，以达到实时控制的能力；遥控通信中包括了监控音视频、控制和状态监控等不同的业务，对服务质量要求也有所不同。同时，多无人平台的应用也需要在紧张的频谱资源内寻找合适的频率资源，确保互不干扰可通联。为了满足这些差异化需求和解决频谱资源紧张问题，可以从认知和自适应控制两个方面进行设计。

一是多域认知，包括频谱感知、信道感知和网络感知三个维度，从物理层、传输层和网络层等多层中感知提取参数，形成认知结果。即通过频谱感知，基于认知无线电可以依据这些感知到的频谱信息动态地为无人协同网络、遥控通信分配合适的频率资源，从而可以极大地提高频谱的利用率；通过链路质量的感知测量进行信道感知，从而确定匹配的通信参数；通过对拓扑信息、网络流量信息、网络时延信息和业务类型的认知进行网络感知，从而实现路由、网络管控等。

二是设计合理的频率自适应、速率/功率/带宽等信道自适应、网络自适应方案，确保有效的在有限的频谱资源内，选择匹配的信道参数，尽可能地满足用户的 QoS 要求，且实现网络负载的均衡优化。

7.2.1 帧结构设计

多维自适应在帧结构设计时，以随路信令方式，将信令和业务分离，如图 7.3 所示。其中同步、信令始终以大功率发送，其接收灵敏度、对抗多径能力和抗干扰措施最强，确保信令的可靠传输。同时，同步、信令时隙所感知信噪比、场强、阻塞情况、分组成功率、负载状态和多径等信息，可用来做链路质量评估、选频、功率控制、负载均衡及信道自适应的依据。数据时隙主要用于承载各种通信业务信息。

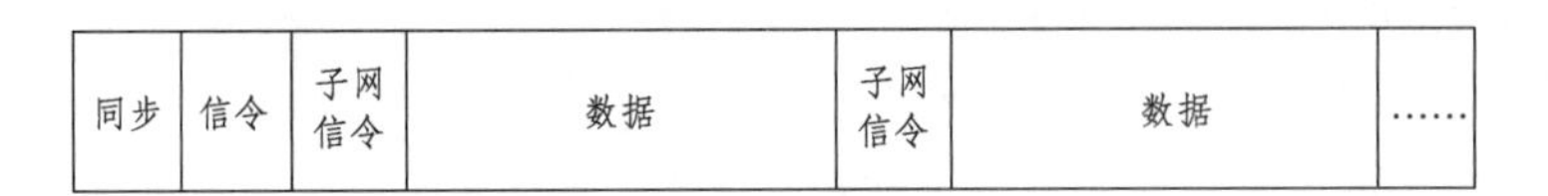

图 7.3 基本帧结构

7.2.2 频率感知与自适应

1. 频率感知

根据无人系统通信应用情况，频谱感知按照策略可以分为面向遥控应用的单用户感知和面向多无人平台协同的多用户协作感知。其中：① 单用户感知常用的频谱感知方法有匹配滤波器法、能量检测法和循环平稳特性检测法等。② 多用户协作频谱检测是把处于不同地理位置的认知无线电节点的独立检测结果按照一定的方法进行合并处理，利用空间分集来补偿单个节点独立检测时可能遭遇到深度衰落所产生的检测错误。通过不同节点间的协作，降低了由于单个节点的错误信息导致检测失败的概率，进而提高整体的频谱检测精度，所形成的共享频谱信息，可以提高认知无线电系统的整体检测性能，降低全网检测时间。协作频谱感知的原理如图 7.4 所示。

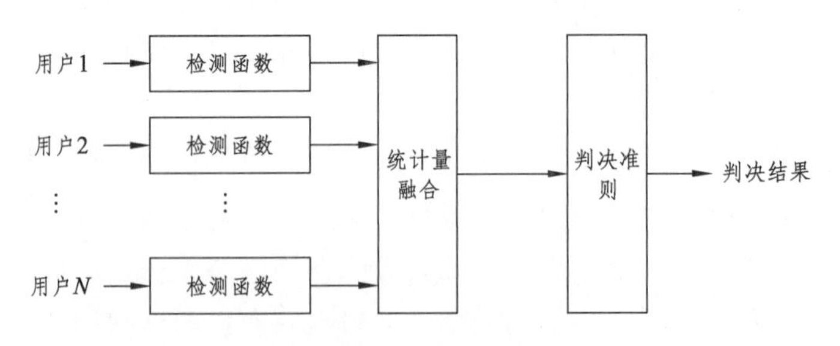

图 7.4 协作频谱感知示意图

对于频率信息，每个节点会在本地存储一个以频点为索引的多维数组如图 7.5 所示，对任一邻节点需要存储各频点的信噪比、场强和多径情况等，其中信噪比、接收场强作为信道好坏的依据，是频率选择的依据。

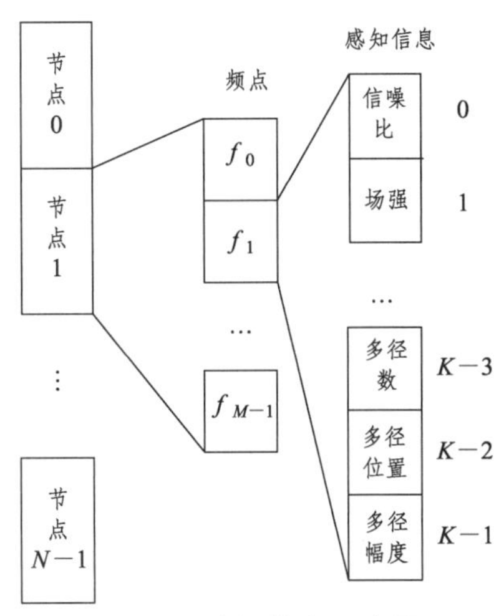

图 7.5　感知信息示意图

另外，在进行频率选择时，需要考虑本地电磁环境，可以通过本地场强对本地电磁场情况进行感知。通过本地场强的能量、时间两个维度对本地环境进行基本判断，如高噪声、起伏变化大或者噪声小和比较“干净”。如果本地噪声比较大或者变化起伏大，那么意味着该频率已被占用或者存在被干扰的可能性较大，在候选频率时应尽量避免。基本方法：接收机进行本地信号接收扫描，射频信号先要被放大器进行放大，然后进行 A/D 采样，经过数字下变频，将频谱搬移至基带，最后经过一个低通滤波器滤除带外噪声，保留带内信号加噪声送至信号处理单元估算带内能量，通过计算多个频点的基带带宽内的总能量，然后反推估算出本地射频端的场强，进而判断本地电磁场情况。本地感知如图 7.6 所示。本地感知场强数据记录作为每个节点的感知信息一部分加以记录。

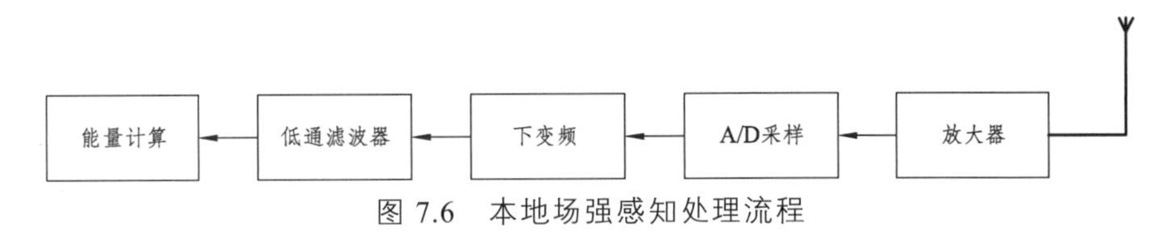

图 7.6　本地场强感知处理流程

2. 频率自适应控制

（1）频率决策。

单个无人系统通信设备每次收到感知信息后会和历史数据融合处理，做一定时间累计加权处理，对各频点进行加权排序，加权处理方式为

$$\text{时间权值}\ 0\times\text{链路质量权值}\ 0+\text{时间权值}\ 1\times\text{链路质量权值}\ 1+\cdots+\text{时间权值}\ n\times\text{链路质量权值}\ n$$

处理结果与当前频点的信噪比、场强做比对，按照一定的策略（如某个新频点的信噪比、接受场强比当前频点优于一定的程度，或者当前频点信噪比和接收场强低于

一定的值时，当前频点被替换为新的频点），确定是否需要对当前频点做调整更换。在分组频率集配置中，当使用频率集中发现被干扰的坏频点时，则可以随机地或按信道质量优先替换该频点，这种替代可以一直进行下去，直至备用频率集中没有可以使用的频率为止。

对于多平台的频率决策，可以采用分布式频点集中式决策机制。尤其在初始建网频率探测阶段，分布式频点集中式决策，可以提高决策效率。初始感知探测频率集的确定由两个阶段完成，首先是单平台的感知结果，其次是在确认各节点完成分布式决策后，由主节点完成最终决策。将 N 节点预决策信息与本地信息进行“与”运算，得到探测频段内所有频点的最低信噪比，并据此统计出各速率挡下的频点。完成一次感知周期，主节点根据感知结果，更新本地探测数据库，筛选合适频点，直到满足预置频率集条件停止探测，若不满足，则启动新一轮感知。

（2）频率更新。

对于决策选出的频点，通过信令反馈到网内其他节点，各节点更新到此节点的发送频率参数。当各节点向此节点发送数据时，根据更新后的频率进行发送。

如图 7.7 所示，3 个节点组成 1 个全联通拓扑结构。以节点 0 和节点 1 通信为例。节点 0 根据收节点 1 和节点 2 控制信道的接收情况，记录统计节点 0 收节点 1 和节点 2 各频点的信噪比、场强情况等，通过频率决策优选出频率集 F（1，0）和 F（2，0），并通过信令反馈给节点 1 和节点 2。节点 1 在发送数据时先判断数据的目的节点，若是发给节点 0，则数据时隙发送选择频率集 F（1，0），并通过控制信道通知节点 0 在相应数据时隙切到频率集 F（1，0），实现节点 1 至节点 0 的业务发送。

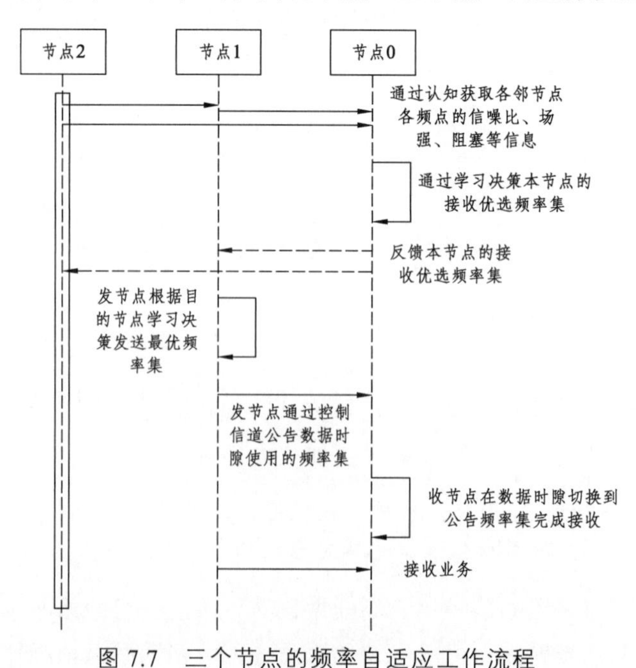

图 7.7 三个节点的频率自适应工作流程

7.2.3 信道感知与自适应

1. 信道感知

为了提高无线信道的可靠性和传输速率，认知无线电技术通过对信道信息进行感知并自适应地调整发射端参数，从而使通信系统的性能接近最优。对于信道的感知通常包括信噪比（SNR）、多径参数、误码率（BER）等。

（1）信噪比估计。

目前常用二阶矩四阶矩法。二阶矩四阶矩算法利用接收信号的二阶矩以及四阶矩特性进行 SNR 估计，是一种盲信噪比估计算法。设接收信号为

$$y_k = x_k + n_k \tag{7.1}$$

其中，信号 x_k 和噪声 n_k 均为零均值相互独立的随机过程。则接收信号 y_k 的二阶矩 M2 和四阶矩 M4 分别为

$$M_2 = E\{y_k y_k^*\} = S + \sigma^2 \tag{7.2}$$

$$M_4 = E\{(y_k y_k^*)^2\} = k_S S^2 + 4S\sigma^2 + k_n\sigma^4 \tag{7.3}$$

式中 S——信号功率；

σ^2——噪声功率；

k_S，k_n——信号和噪声的 kurtosis 系数，是随着调制方式改变的常数，定义为

$$k_S = E\{|x_k|^4\}/E\{|x_k|^2\} \tag{7.4}$$

$$k_n = E\{|n_k|^4\}/E\{|n_k|^2\} \tag{7.5}$$

由此可得信号功率 P_s 和噪声功率的估计值 P_n 分别为

$$P_s = \frac{M_2(K_n - 2) \pm \sqrt{(4 - K_s K_n)M_2^2 + M_4(K_s + K_n - 4)}}{K_s + K_n - 4} \tag{7.6}$$

$$P_n = M_2 - P_s \tag{7.7}$$

信噪比的计算为

$$\text{SNR} = 10\log_{10}\left(\frac{P_s}{P_n}\right) \tag{7.8}$$

（2）多径参数估计。

多径参数一般包括最大多径时延、多径数量与强度参数。最大时延估计方法有相位法、相关法和自适应滤波器参数模型法等。多径参数搜索可以通过导频与接收信号进行相关处理，从而得到多径的峰值；再通过多径选取从相关的结果中选出符合要求

的多径，进而估计出包括多径相位、多径能量在内的多径信息，如图 7.8 所示。

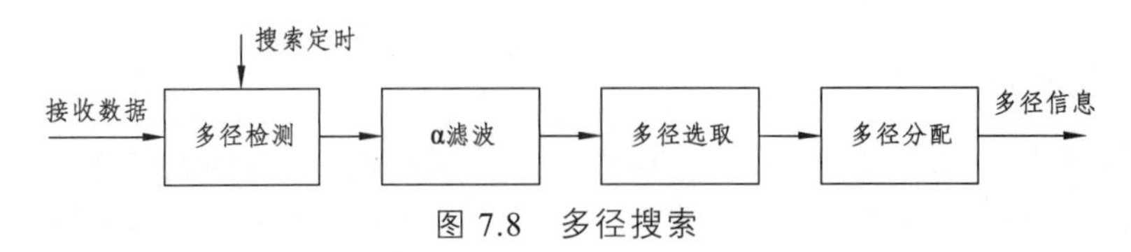

图 7.8 多径搜索

从接收到的多条路径混叠信号中分离出各条路径分量是进行多径信息估计的关键和前提。这里采用导频与接收信号进行相关，再利用自适应滤波算法进行解相关分离出多径分量，这种方法能够实现高分辨率的多径分量提取。多径分离的具体流程如下：

输入：接收到的多径混叠信号 $r(n)$，$n=0$，1，…，$N-1$，导频信号 $g(n)$，迭代停止阈值 Threshold。

输出：多径分量 $s_1(n)$、$s_2(n)$、…

① 初始化混叠信号 $d(n)=r(n), n=0,1,\cdots,N-1$。

② 计算混叠信号与导频信号互相关函数 $R_{dg}(n)=\mathrm{corr}(g(n),d(n))$，遍历 $R_{dg}(n)$，得到函数最大值 a_k 及其下标 k，若最大值小于 Threshhold，流程结束。

③ 采用自适应滤波算法提取多径分量：

$$s_i(n)=\mathrm{filter}[a_k r(n) g(n-k)] \tag{7.9}$$

$$d_{i+1}(n)=d_i(n)-s_i(n) \tag{7.10}$$

（3）误码率信息。

误码率（Bit Error Ratio，BER）信息同样是信道的重要参数，表示码元被错误接受的概率，即所接收到的码元中出现差错码元数占传输总码元数的比例，它是衡量数据在规定时间内数据传输精确度的指标。根据准确的误码率分析结果可以精确调整传输参数来达到最佳性能。误码率估计方法有两种，利用统计量置信水平的误码率估计方法和利用解码前后的数据估计伪 BER 法。

利用统计量置信水平的方法通过利用循环冗余校验（CRC）方式来确定一段时间内发生的误码情况，再根据统计置信水平原理，只要验证数字系统或器件的误码率指标是否优于某一规定标准，即可在测量精度和测试时间之间进行折中处理，而且仍能保证测试结果的准确度。

伪 BER 法是指对接收端解调后的基带信号同时设置若干个具有不同判决门限的比较电路，当一个抽样值落在该区域内记为一次误码。设置不同的门限，得到的伪误码统计就不同，可以通过若干个伪误码推出实际的误码。这一方法的优点是简单、快速，不需要发送特定的探测码组，只要发送数据信号，就可以对信道质量进行评估[76]。

2. 速率、功率、带宽自适应控制

（1）决策策略。

无线链路参数自适应判决的依据包括物理层提供的信噪比、误码率和收信号强度指示（RSSI）。表 7.3 给出参数调整决策设计的基本策略。

表 7.3　参数调整策略

SNR	收信号强度			
	低		高	
	误码率		误码率	
	低	高	高	低
低	链路较好，降低速率	弱信号，降速率/提功率	人为干扰（通过干扰识别，识别具体干扰，促发网络切片）	链路较好，硬抗干扰，较小速率
高	链路较好，可考虑提速率/降功率	小信号/多径同时作用，降速率	小信号/多径同时作用，降速率	链路较好，可考虑降功率/提速率

（2）控制流程。

功率自适应的目的是使发送节点功率在覆盖本子网的前提下，尽量不干扰其他子网的通信。控制流程是在完成感知的基础上，根据参数调整策略，发送节点选择出最合适的发送功率等级，自适应调整功率等级进行发送。当节点为关键节点时，可自动调大功率等级，使其覆盖的范围更广，确保稳定性。

速率自适应控制流程是在完成感知的基础上，发送端根据收反馈信息进一步调整发送速率并选择相应的调制编码方式（Modulation and Coding Scheme，MCS）、带宽，各节点以大功率在信令时隙上进行参数发送和反馈，接收端根据控制信息，进行带宽、解调方式的调整。在业务期间，对于数据发送速率，根据反馈的状态信息动态调整，基于计算出的链路质量调整 MCS。当链路质量变好时，采用慢增长方式调整 MCS；当链路质量变差时，采用快衰落方式调整 MCS。

速率自适应与功率自适应相结合，为了避免速率、功率或带宽等参数自适应过程中发射功率和数据速率在门限值附近频繁切换，减少振荡，可在门限值上加保护带。如图 7.9 所示，保护带的大小根据仿真和试验时的经验值设定。

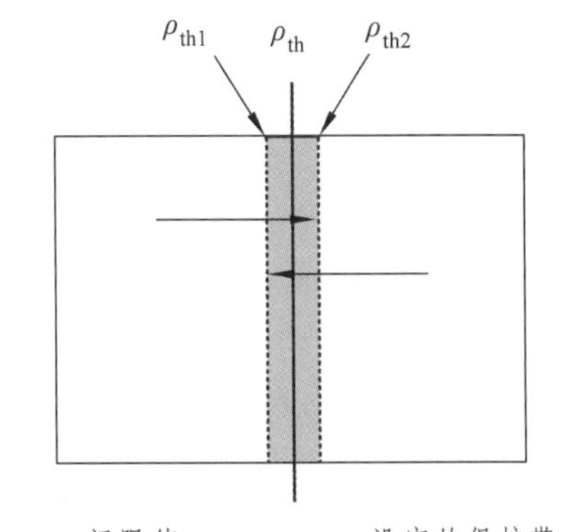

ρ_{th}—门限值；ρ_{th1}，ρ_{th2}—设定的保护带。

图 7.9　切换保护示例

图中，当系统从 A 区向 B 区切换时，其值必须越过 ρ_{th2} 才切换；当系统从 B 区向 A 区切换时，其值必须越过 ρ_{th1} 才切换。

7.2.4 网络感知与自适应

1. 网络感知

无人系统通信中不同业务要求的通信质量保障有所区别。例如，协同指令控制类消息要求高可靠，音视频等环境感知信息要求尽量实时能够呈现，还有些周期性健康管理类信息对时延、丢包率等不敏感。因此，在网络资源调度、分配和路由策略等方面也会存在差异。

网络感知就是对网络的拓扑信息、流量信息、时延信息和业务类型等信息进行感知，从而为业务质量保障提供良好的网络调度、资源分配的决策依据。网络感知与自适应组成如图 7.10 所示。

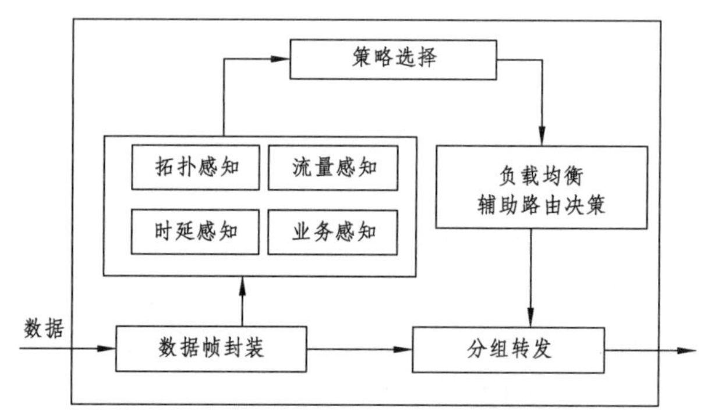

图 7.10 网络感知与自适应组成

（1）拓扑感知。

拓扑信息的感知是完成高效率的路由设计的基础。目前拓扑感知主要分为两种：基于信息反馈的拓扑感知和基于 Agent 漫游的拓扑感知。基于信息反馈的拓扑感知主要过程包括节点对自身掌握的拓扑信息的封装，发送给目的节点，目的节点接收信息并返回拓扑信息反馈以及节点接受反馈后对自身拓扑信息的更新。基于 Agent 漫游的拓扑发现通过一个或者多个 Agent 代理按照一定的策略在网络中不断游走，在网络中的各个节点处收集信息，并对该节点的拓扑信息进行更新，从而不断使自身携带的信息更新到全网的节点，拓扑信息得到全网范围的传播，算法最终使网络中的每一个节点都尽可能多的掌握了整个网络的拓扑信息，从而使每个节点都找到自身在网络中最合适的拓扑状态。

（2）流量感知。

流量感知一般是使用配置在信道上的无线网络接口，通过对无线网络信道中的流量进行抽样，来监测一定时间内信道上的流量。一般采用的抽样监测方法为规则抽样、简单随机抽样和分层随机抽样。规则抽样是通过一个事先确定的函数来决定抽样的起点和抽样间隔等关键参数。最简单的规则抽样就是 $1/N$ 规则抽样，它是抽取每 N 个数据包的第一个数据包。但由于网络中流的多样性以及持续时间长短不同的特性，利用规则抽样得到统计结果往往不准确。简单随机抽样是根据预先定义的随机过程来确定抽样的起点和抽样间隔。简单随机抽样是从 N 个报文总体中随机选取 n 个报文作为样本。简单随机抽样存在对小流量估计的网络流量的统计结果不准确的问题。分层随机抽样的基本思想是使用总体中的一些逻辑信息（这里的逻辑信息可以是按时间分层，按包大小分层，按包类型分层）来增加测量精度。分层抽样过程分为 2 个处理步骤：① 将总体元素根据一些逻辑信息进行智能分组；② 每个分组进行简单随机抽样。

（3）时延感知。

时延感知可以通过收集各个节点的一跳时延和一跳丢包率，每隔一定时间，网络中的目的节点在已有路径上发送探测包到源节点，探测包的内容包括探测包被转发的最新时间和相同探测包的发送个数。中继节点在接到探测包进行转发时，提取包中的转发最新时间和探测包的发送个数，利用当前时间和上次转发时间之差，获得一跳时延。

（4）业务感知。

业务感知是认知网络环境下实施服务质量策略的基础。业务感知可以由业务流的特征、流标记以及流统计阈值来独立完成，也可以与业务管理服务器配合，从而保证系统具有强大的智能处理能力和业务灵活性。结合无人系统业务信息进行“业务-通信”一体化设计，可以通过无人系统业务信息的特征提取，识别出业务类型、参数、互联对象等，进行业务需求、业务质量分析，准确感知全网业务情况。例如，通过视频参数可以推算出通信带宽资源要求，通过互联对象数量感知确定是否需要资源的动态调配达到按需负载均衡等。

2. 网络自适应控制

（1）决策策略。

不同业务需要的通信质量不同，业务对优先级和时延的不同要求，为传输提出了要求。因此，在网络自适应决策中，通过设定不同的负载门限，进行资源调度，以满足业务应用。

对每个节点设定 3 个门限，分别为高负载门限、低负载门限和最高负载门限。其中，最高负载门限是指某个节点达到其带宽能力上限；低负载门限、高负载门限和当前负载有关，是动态变化的。业务与负载门限的设定参考表 7.4。

表 7.4 典型业务对负载门限的设定参考

业务类型	服务要求	服务方式	负载门限设定策略
规划文件下发	信息量中等，要求高可靠，实时性不敏感	竭尽所能	负载门限 = 最高负载门限
远程控制	信息量较小，实时性要求高	竭尽所能	负载门限 = 最高负载门限
远程音视频监控	信息量大，业务规格可动态调整，实时性要求高，可靠性不敏感	尽力而为	高负载门限≤最高负载门限×某个百分比系数（可以根据网络容量和总业务模型进行估算，如 80%） 低负载门限≥最高负载门限×某个百分比系数（可以根据网络容量和总业务模型进行估算，如 40%）
协同控制信息	信息量较小，实时性要求高	竭尽所能	负载门限 = 最高负载门限
健康管理信息	信息量较小，实时性不敏感	尽力而为	高负载门限≤最高负载门限×某个百分比系数（可以根据网络容量和总业务模型进行估算，如 20%） 低负载门限≥最高负载门限×某个百分比系数（可以根据网络容量和总业务模型进行估算，如 10%）

（2）控制流程。

自适应控制处理流程如图 7.11 所示，节点工作时监测业务负载情况，形成监测业务负载曲线，如图 7.12 所示。在任意时刻，节点都会根据当前业务负载设定高负载门限和低负载门限，这两个门限动态更新。业务负载包括业务类型、队列分析，队列深度随时间增大，则说明业务需求增加。一旦超出高负载门限，则比较是否超出最高负载门限。如果未超出则增加调度时隙资源，实现高容量、高带宽；如果超出最高负载门限，先判断是否有备选路径，有则在备选路径上预约时隙资源，无则设置定时策略。最后将本节点的传输能力广播出去重复此步骤。若低于低负载门限，则释放时隙资源。

从图 7.12 可以看出，T_1 时刻：节点占用一定的时隙资源，其他的时隙均处于空闲状态。T_2 时刻：节点发现业务负载超出了高负载门限，执行图 7.11 的判决增加占用时隙资源，如果超出最高负载门限，则申请备份路径时隙资源。调整完毕后，节点继续按照图 7.11 所示将本节点的时隙占用、定时策略等发送给其他节点，同时接收其他节点发送来的同类信息。T_3 时刻：节点发现业务负载低于了低负载门限，执行图 7.11 的判决减少时隙占用，其他的时元均处于空闲状态；面对业务负载降低，定时策略可以阶梯式调整。调整完毕后，节点继续按照图 7.11 将本节点的时隙占用、定时策略等发送给其他节点，同时接收其他节点发送来的同类信息。

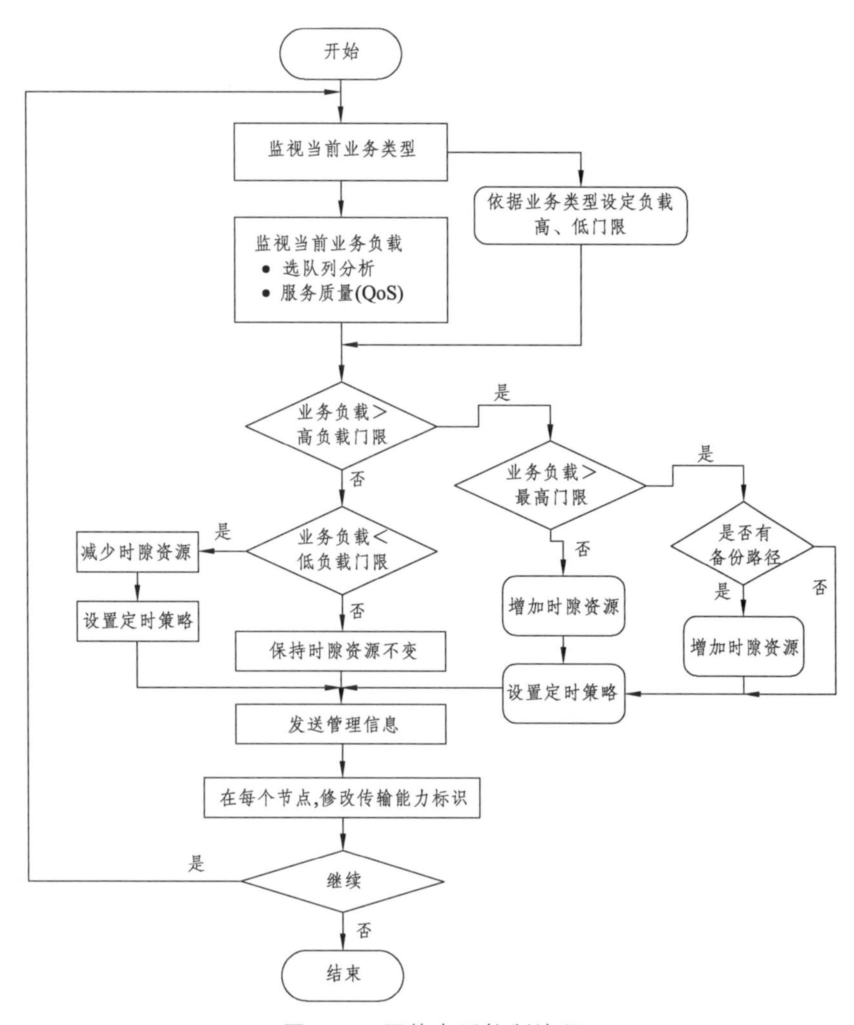

图 7.11　网络自适控制流程

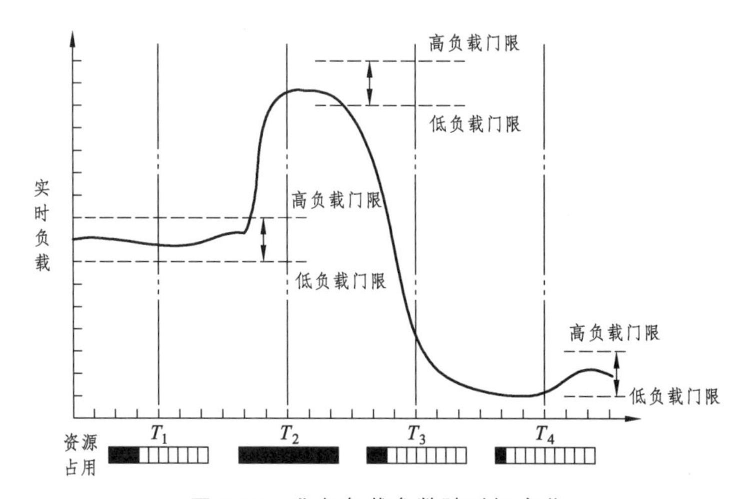

图 7.12　业务负载参数随时间变化

7.3 高带宽低时延传输技术

低时延传输除了物理层要有足够的传输带宽保障外，还要在空口传输上尽量降低时延。

高带宽、高速率通信目前在民用和军用领域均获得较大突破，最常见的为 OFDM 技术和 MIMO 技术。

7.3.1 OFDM 技术

OFDM（Orthogonal Frequency Division Multiplexing）即正交频分复用技术，主要思想是将信道分为若干正交子信道，将高速数据流转换成并行的低速子数据流，调制到每个子信道上进行传输。正交信号可以通过在接收端采用相关技术分开，以减少子信道之间的相互干扰。

OFDM 中各个子载波是相互正交的，每个子载波在一个符号时间内有整数个载波周期，每个载波的频谱零点和相邻载波的频谱零点重合，减少了载波间的干扰。

其优点主要如下：

（1）OFDM 将高速的数据流分解为多路并行的低速数据流，在多个载波上同时进行传输。对于低速并行的子载波而言，发送符号周期远远大于多径时延，多径效应造成的时延扩展相对变小。当每个 OFDM 符号中插入一定的保护时间后，码间干扰（ISI）几乎可以忽略，因而也不需要复杂的信道均衡，接收机复杂度低。

（2）OFDM 系统满足 Nyquist 无码间干扰准则，最大限度地利用了频谱资源，频谱效率高。

（3）OFDM 易于和其他技术结合，如 MIMO、CDM、TDM、FDM 和跳频等。

（4）支持可变工作频谱带宽（系统部署灵活、系统开发平台化）。

（5）可调度资源具有时、频两个维度（结合 MIMO，还具有空域的维度），资源的颗粒度小，便于资源优化调度、链路自适应等。

7.3.2 MIMO 空间复用技术

多天线技术又称为多输入多输出（Multiple Input Multiple Output，MIMO）技术，是在发送端和接收端设置多个天线，以提供空间复用增益、阵列增益和发送分集增益。

（1）空间复用增益：将数据流分组到每个发送天线上发送，不同的数据流到达接收端后再进行组合。这种技术可以增加系统的传输速率。

（2）阵列增益：通过预编码或波束成型将信号的能量集中到指定的一个或几个方向上。这种技术可以同时为不同方向上的多个用户服务，提高系统接入容量。

（3）发送分集增益：每个发送天线上发送相同的数据，接收端对接收到的数据流进行组合得到接收信号。这种技术可以增强系统的可靠性。

采用 MIMO 技术获得空间复用增益、提高系统传输速率的原理如图 7.13 所示。发射的高速数据流被分成几个并行的低速数据流，在同一频带从多个天线同时发射出去。由于多径传播，每个发射天线对于接收机产生不同的空间签名，接收机利用这些不同的签名分离出独立的数据流，最后再复原成原始数据流。因此空间复用可以成倍提高数据传输速率。

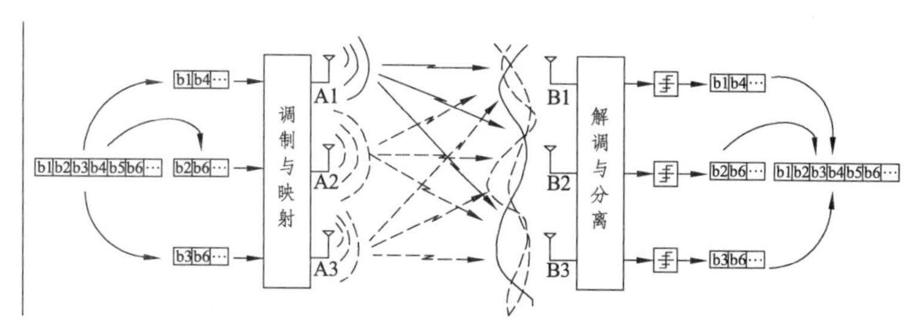

图 7.13　MIMO 空间复用技术原理

7.3.3　低时延传输技术

影响空口传输时延的除了传输带宽外，主要因素还包括数据传输时长、资源调度时延等。本部分将从降低数据传输时长、降低资源调度时延等方面进行介绍。

1. 降低数据传输时长

降低数据传输时长一般有两种方案。一种方案是缩短帧长度，将资源调度周期降低，达到数据传输时长降低的目的。以某型 LTE 系统为例，如表 7.5 所示，若将其子帧长度降低为原长度的 1/4，则一次数据传输时长和一次重传时长均降为原来的 1/4。

表 7.5　缩短帧长度时延压缩对比　　单位：ms

	常规子帧	压缩子帧
一次数据传输时长	1	0.25
一次重传时长	5	1.25

另外一种方案是减小资源调度的颗粒度，若在现有 LTE 系统中，以 OFDM 符号为单位进行资源调度传输，相对于 1 ms 的数据传输可以压缩约 92%，见表 7.6。

表 7.6　减小资源调度颗粒度时延压缩对比　　单位：ms

	单子帧调度	符号调度
一次数据传输时长	1	0.067
一次重传时长	5	0.375

若在通信系统设计中，将以上两种方案合并设计，可以进一步降低传输时延。

2. 降低资源调度时延

对于自组网来说，传统的资源调度方式主要是 CSMA 和 TDMA，但二者都有着明显的缺点。CSMA 虽然调度时延降低，但大规模组网时，碰撞概率很高，而 TDMA 由于采用固定分配方式，其资源调度的时间很长。

为了降低资源调度的时延，可采用混合接入控制方案。在硬件资源允许的条件下，还可以采用 FDMA 的接入控制方案，既可以保证接入容量，又能降低资源调度的时延。

在接入网系统中，以 LTE 系统为例，采用集中调度的方式，只有下行控制信道解析之后才能实现数据收发，由于下行控制信道的资源有限，往往导致调度时延较大。为了降低调度时延，可以引入更加灵活的下行控制，将下行控制信道分散，尽量使有数据传输时就有下行控制，可以在解析下行控制时提前接收数据，减小资源调度等待时间。

7.4 综合抗干扰技术

地面无人系统通信应用中，可能会受到自然干扰、工业干扰、人为干扰，需要根据无人通信的应用模式，结合高性能物理层设计技术、基于变换域的宽带信号干扰剔除、防录放干扰技术、自适应选频等技术来综合处理多种干扰的问题。其中自适应选频参照“7.2.2 频率感知与自适应”的内容。

7.4.1 高性能物理层设计技术

通过高速跳、跳间联合交织编码和扩频等方式实现抗干扰处理。高速跳频主要抵抗跟踪干扰，从抗跟踪性能、跳颗粒度和功耗等维度考虑；交织编码和扩频方式可有效应对阻塞干扰。

通过采用不同的纠错编码码率、交织长度、调制方式，实现不同的抗干扰性能。抗干扰能力及灵敏度性能理论评估值见表 7.7，其中噪声系数按 5 dB 评估。

表 7.7 各挡速率性能对比

速率	2 Mbps	1 Mbps	512 Kbps
Turbo	1/2	1/2	1/2
调制	QPSK	QPSK	QPSK
抗干扰	10%	30%	40%
灵敏度 dBm	−99	−102	−105

Turbo 码是一类软输入/软输出的编码方式，能够充分利用软信息和迭代译码提高性能，具备接近 Shannon 理论限的良好性能。另外，Turbo 码本身具备良好的纠删特性，能够在没有干扰或只有少量干扰时，系统具有较高的接收灵敏度，能够传输更远的距离。当出现一定程度的阻塞干扰时，仅导致接收灵敏度下降，但是获得与无干扰情况下相同的数据传输能力，阻塞干扰越大，接收灵敏度下降越多，实现了接收灵敏度和抗干扰能力的动态折中。

7.4.2 基于变换域的宽带信号干扰剔除技术

在遥控方式下，需要采用宽带通信。不同于窄带通信，带宽很宽时，很难找到干净的频段，即接收端收到有效信号的同时，也引入更多窄带干扰信号，因此需要对宽带波形中的窄带干扰进行识别及剔除。另一方面，区域内多个遥控网络应用并行，频段资源非常有限，若采用跳频方式，扣除宽带跳频所需保护频带后，可用频点匮乏。当干扰以窄带方式分布在宽带信号内时，靠高速跳频难以在全频段躲避各种窄带干扰，采用变换域滤波技术用于抗窄带干扰不失为一种有效的技术途径。

在接收端采用变换域滤波技术对抗梳妆干扰，处理流程如图 7.14 所示。接收到信号后，变换到频域，识别干扰的频谱分布，通过加窗延迟相加减少干扰信号的频谱泄露，针对干扰的频点，实施抑制或剔除，变换回时域进行解调解码。

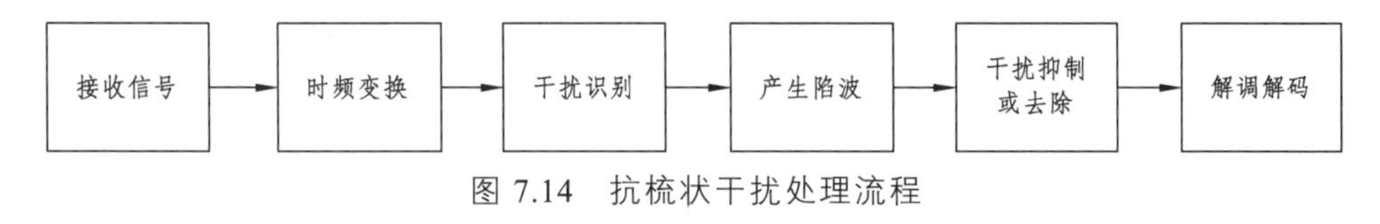

图 7.14 抗梳状干扰处理流程

图 7.15 所示为 1/2 Turbo 编码、BPSK 调制的宽带波形，采用变换域滤波技术对抗窄带干扰性能的仿真结果。对仿真结果分析，采用变换域滤波技术后，间隔分布的窄带干扰对波形接收性能的影响下降约 0.5 dB。

7.4.3 防录放干扰技术

防录放干扰是为了避免造成信号牵引或信息欺诈。录放干扰主要是通过对波形特征参数的观察，利用暴露的同步信号等特性参数实现信号牵引或信息欺诈。最常见的是发送和用户相同的导频序列达到信号牵引或信息欺诈。

为了防录放干扰，可以从物理层信号同步和接入层接入控制进行设计，对同步有效信息评估、数据 CRC 校验。

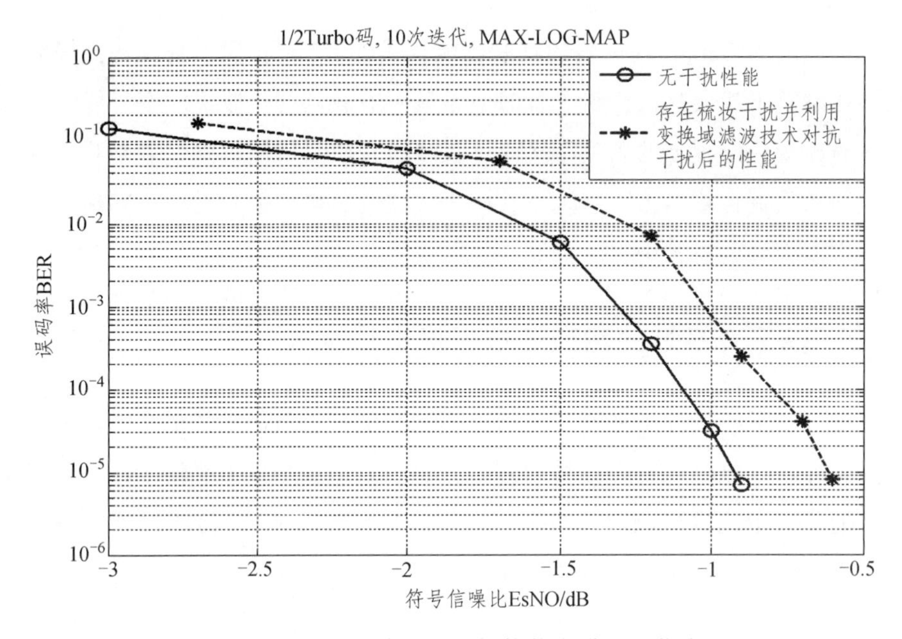

图 7.15 变换域滤波技术抗梳状窄带干扰仿真

（1）加入跳频频点与 CRC 校验参考值在时间纬度上的联合伪随机性，不同时机采用跳频图案与 CRC 校验参考值的不同组合，即使敌方通过录放干扰针对部分频点进行专门干扰，但通过频点与 CRC 校验组的联合判断，可大大增加录放干扰被识别的概率，保证网络同步和业务传输的正常进行。

（2）在同步信号的 PN 序列设计方面，采用多 PN 序列的设计思路，可考虑采用一类 Zadoff-Chu 序列，足够多低互相关性的同步序列，即以伪随机方式进行 PN 序列的时变性，从而降低入网节点跟录放同步信号误同步的概率。

（3）由于录放同步信号的 TON 值一定是小于当前正确的 TON 值的，因此在信号处理方面，对接收到的 TON 值将进行合法性验证，如果非法，则丢弃，继续使用上一次的合法 TON 值。

7.4.4 抗干扰措施的配备

根据无人通信不同应用模式，所采用的抗干扰措施有所不同。基本配置方法见表 7.8。其中，高性能编码交织技术、防录放干扰技术和自适应选频技术是基本配置，在所有场景中都会采用。遥控通信还将配置基于变换域的宽带信号干扰剔除技术，以保障应用宽带时遇到窄带干扰能够不受影响。

表 7.8　无人通信抗干扰技术配置

抗干扰技术	指挥通信	遥控通信	协同通信
高性能编码交织技术	●	●	●
基于变换域的宽带信号干扰剔除	○	●	○
防录放干扰技术	●	●	●
自适应选频技术	●	●	●

注：● 表示基本配置；○ 表示按需调用。

7.5　大容量组网技术

大容量组网技术主要是针对地面无人系统规模庞大，组网节点较多，高效协同通信的需求，实现大规模组网、编队间快速协同。大容量组网技术可以从多址接入和路由技术上解决，还可以采用多用户 MIMO 技术获得阵列增益，从而提高系统接入容量。

7.5.1　多址接入技术

在自组网无线网络中，无线信道由多个节点共享，协调节点访问信道的媒体访问控制（Media Access Control，MAC）机制是自组织无线网络的关键技术之一，它不仅关系到能否充分利用无线信道资源、实现节点对无线信道的公平竞争，同时影响网络层与传输层协议的性能，也是自组织无线网络支持服务质量（QoS）的关键。然而，自组织无线网络自身的特点（如分布式、隐终端/显终端问题和网络拓扑频繁变化等）使得研究高效、公平和支持 QoS 的 MAC 机制面临很大的挑战性，已成为自组织无线网络的一个研究难点。

接入控制是 Adhoc 网络的关键技术，接入控制协议效率的高低，很大程度上影响着网络的组网效率和吞吐量。另外，快速路由技术对接入控制的要求更高。下面将对目前的 MAC 协议进行分类介绍与分析。

1. 竞争类多址接入协议

竞争类多址接入协议中各节点都可通过竞争获取信道的访问权限，并通过随机退避、重传解决信道访问冲突。竞争类多址接入协议在网络负载较低（即冲突较少）情况下可以获得较高的信道利用率和较低的传输时延，但在网络负载较大、冲突大量发生的情况下，协议性能急剧下降，严重情况下导致协议无法正常工作，网络出现拥塞。同时，对于多跳自组织无线网络，竞争类多址接入协议需要解决隐藏终端和暴露终端的问题，并且问题解决的好坏直接决定网络的性能。

在单信道接入协议中，所有的控制报文和数据报文都在同一个信道上发送和接收。受传播时延、隐藏终端和节点移动等因素的影响，单信道自组织无线网络中有可能发生控制报文之间、控制报文和数据报文之间的冲突。由于数据报文要比控制报文长得多，数据报文的冲突会严重影响信道的利用率。所以，这种信道接入协议的主要目标之一就是通过控制报文尽量减少甚至消除数据报文的冲突。典型的单信道竞争类接入协议有 CSMA 等。

2. 分配类多址接入协议

分配类多址接入协议下对信道的访问由一个基于时分多路访问（Time Division Multiple Access，TDMA）机制的调度表控制。基于 TDMA 机制，时间触发型 MAC 协议将信道按照时间划分为多个小的通信时隙，通过某种调度算法建立时隙和节点之间的映射关系，并通过映射关系决定在某个特定时隙内允许哪个节点接入信道及占用信道的时间片大小。在时间触发型 MAC 协议中，由于在任意时刻网络中只有一个节点正在访问信道，而且只有在所分配的时隙内该节点才能传输消息，这样便消除了网络中各节点间的信道访问冲突。不过，时间触发型 MAC 协议需要网络中的所有节点保持时间同步。时间触发型 MAC 协议主要用于网络负载较大、网络流量分配比较公平的情况，通过充分利用各个时隙，使网络工作于一个较稳定的状态。但在网络负载较低或者流量分配不公平情况下将可能因为等待发送时隙而不能充分利用信道，导致时延增加，这类协议一般不太适合于突发性较大的网络应用业务。典型的分配类多址协议主要有静态 TDMA 和动态 TDMA 两种。

按照时隙分配方式的不同，时间触发型 MAC 协议可进一步分为静态预分配和动态预分配 MAC 协议，表 7.9 对常用的接入协议进行了对比。

表 7.9　3 种接入协议对比

	CSMA/CA	静态 TDMA	动态 TDMA
时延	大	大	中
碰撞	严重	无碰撞	中
吞吐量	低	低	中
交互复杂度	无	无	高
适用网络规模	小规模	小规模	小规模
对节点移动的支持	节点移动时可能发生碰撞	不会发送碰撞	节点移动时可能发生碰撞

在大规模、快速移动的自组织网络中，需要解决的问题包括提升网络吞吐量、降低传输时延和为网络的快速收敛提供有效支撑。

7.5.2 路由技术

自组织无线网络是一个多跳的无线网络，网络中各节点间通过多跳数据转发机制进行数据交换，通过路由协议实现分组转发策略。由于无线信道变化的不确定性、节点的移动、加入和退出等会引起网络拓扑结构的动态变化。自组织无线网路由协议的作用就是在这种动态变化环境中，监控网络拓扑结构变化，交换路由信息，定位目的节点位置，产生、维护和选择路由，并根据选择的路由转发数据，保证网络的连通性。

自组织无线网络路由协议应当满足的特性要求有快速、准确、高效和可扩展性好。对于自组织无线网络路由协议的定量评估指标则应包括端到端的平均时延、分组的成功递交率、分组协议的开销、路由请求时间等。

在自组织无线网络中，主要包括广播、多播和单播三种应用模式。单播是最基本的应用模式，单播协议对多播方案的选择有最重大的影响。对于多播协议，则应该充分利用底层单播协议的信息，而不应该不考虑单播协议，单独地设计多播方案。

1. 单播路由协议介绍

按照路由发现策略，路由协议分为主动路由协议（Proactive）、被动路由协议（Reactive）和混合路由协议。

主动路由协议的路由发现策略与传统的路由协议类似，各节点需要周期性地在网络中传播路由更新消息，以维护路由表的一致性和正确性，它的优点是系统寻径时间少，缺点是周期性的路由更新消息对网络带宽的占用较大。被动路由协议只在有数据需要发送的时候才向网络中广播选路请求信息，并等待目的节点回送路由应答信息，其优点是不需要周期性地广播路由信息，因而节约网络带宽，缺点是寻径时间较长。混合式路由协议则结合主动路由与被动路由协议的优点，增强了网络路由协议的适应性。

典型路由协议如图 7.16 所示。在应用时，需要通过综合分析各种路由协议的优缺点，以选择、设计适合于大规模自组织无线网络的路由协议。

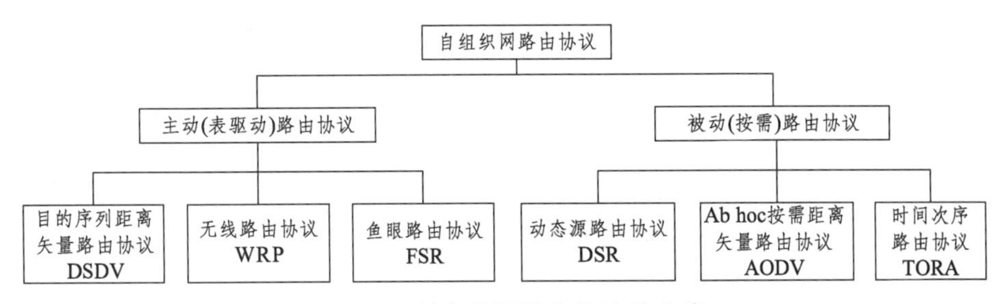

图 7.16　现有典型路由协议的分类

2. 多播路由协议介绍

在野外环境中，节点通常以群体的方式执行任务，因此多播具有重要意义。多播业务可实现多方高效通信，其基本特点是发送节点不需要向多个接收节点逐个发送数据，而是发送节点只向网络发送数据的一份实例，经由网络节点复制并发送到多个接收节点。多播在传输多方通信数据时，不仅减轻了发送源系统的处理负荷，也降低了网络带宽的使用。

自组网中的多播路由协议必须简单、健壮并尽量减少控制消息交换。具体来说，它不仅需要确定哪些中间节点对多播分组进行转发，以尽可能地减少重复分组和控制开销，提高带宽的利用率，而且需要满足一些新的要求。

根据多播传输结构的不同，自组网中现有的多播路由协议主要分为两类：基于树（tree-based）的和基于网格（mesh-based）的协议。

基于树的多播路由协议可划分为源树（source-based tree）和共享树（shared tree）两种方案。

源树方案为每个发送源建立一棵树，在发送者和接收者之间选取最佳路径，因而具有小的延迟和高的效率，但随着网络规模的扩大、发送源/接收者的增多、节点移动速度的增加，网络性能下降很快，并且每次链路中断时，都需要重构树。因此，源树方案只适应于网络规模较小、节点运动较慢的场合。

共享树方案为多个发送源建立一个共享树，发送者和接收者之间选取的是次优路径。核节点不再作为数据转发的中心，而仅仅用于维护树的成员，因此与源树方案相比，延迟较大、效率较低，但其性能受网络规模、组规模、运动速度的影响较小。

共享树方案存在一些缺点：首先，路径不是最优的，同时业务量集中于共享树，而不是均匀地分布在网络。其次，所有共享树协议需要一个簇首（或一个核或一个汇合点）来维护组信息和创建多播树，簇首会变成失效的中心，同时网络的移动也会增加选择簇首的开销，因而降低多播效率。

网格方案在发送者和接收者之间提供了多条路径，因此在高度动态的网络中，利用这种冗余可以获得高的包分发率。与之相反，多播树仅提供一条路径，当这条路径中断时，数据转发被破坏，直到由树的重构过程重新建立新的树枝/子树。当节点移动较快时，与使用多条路径的方案相比，这会导致更低的吞吐量。

多播网格的不足之处是增加了数据转发开销。在带宽受限的自组织无线网络中，这种冗余转发会消耗更多的带宽，而且当生成更多的包时，冲突的可能性更高，这会对端到端延迟产生影响。

3. 路由协议对比分析

一个理想的自组网路由协议应当满足分布式运行、提供无环路由、按需进行协议操作、对单向信道的支持、提供节能策略、可扩展性和安全性等几个方面的要求。表7.10是根据上述要求对现有几种自组网路由协议的比较。

表 7.10　自组网路由协议的特性对比分析

特性	协议				
	DSDV	WRP	DSR	AODV	TORA
分布式操作	是	是	是	是	是
算法的基本类型	距离矢量	距离矢量	源路由	距离矢量	反向链路
无环路路由	是	是	是	是	是
主动\按需	主动	主动	按需	按需	按需
周期性更新路由	是	是	否	Hello 分组	否
维护多条路由	否	否	是	否	是
支持单向链路	否	否	是	否	否
分组转发机制	逐跳	逐跳	源路由	逐跳	逐跳
平面/分级	平面	平面	平面	平面	平面
提供安全机制	否	否	否	否	否
路由度量选择	最短路径	最短路径	最短路径	最短路径	最短路径
特殊硬件需求	否	否	否	否	双信道与 GPS
支持多播功能	否	否	否	是	否
路由维护	路由表	路由表	路由 Cache	路由表	路由 Cache
QoS 支持	否	否	否	否	否

由上表可知，DSDV、WRP、DSR、AODV 和 TORA 等自组网路由协议各有优缺点。主动路由协议基于路由表更新机制，其更新间隔对性能的影响很大。间隔太大，协议将不能快速反应拓扑结构的变化；间隔太小，则网络可能因充满路由表更新消息而阻塞。当网络规模和移动性增加（超过一定的阈值）时，大部分主动路由方案将不可行，因为仅用于保持与拓扑变化一致而需要传送的路由更新消息就将消耗大部分的网络容量和节点处理能力。相反，被动路由协议并不维护尚未被需要的路由，而且其路由请求/应答控制分组通常比主动方案中基于路由表更新的分组小，因此所产生的路由控制信息比主动路由协议少得多。但由于在数据开始传输之前必须先发现路由，因此会产生路由建立延迟，而这在主动协议中没有。在网络的载荷不太重、节点移动速度不太大的情况下，即使对于非常大型的网络，被动路由协议通常能显示出低路由信息荷载和低存储要求的优点。但随着移动性的增强，正在传输数据的路由可能会中断，需要再次调用路由发现过程。在高度移动性和重荷载（有大量通信对）的情况下，路由高速缓存将变得无效，路由控制流量趋于快速增长，路由信息流量大于实际吞吐量。

由上面的分析可知，被动路由协议与主动路由协议各有优缺点，任何一种协议的选取必须结合自组织网络波形的通信能力和应用场合。

7.5.3 多用户 MIMO 技术

在 MIMO 系统中，一个基站同时与多个用户通信，构成了多用户 MIMO 系统。按照上下行链路分，多用户 MIMO 通信又可以分为多址接入（MAC）通信系统和广播（BC）通信系统，对应的信道分别称为多址 MIMO 信道和广播 MIMO 信道，系统模型分别如图 7.17 和图 7.18 所示。

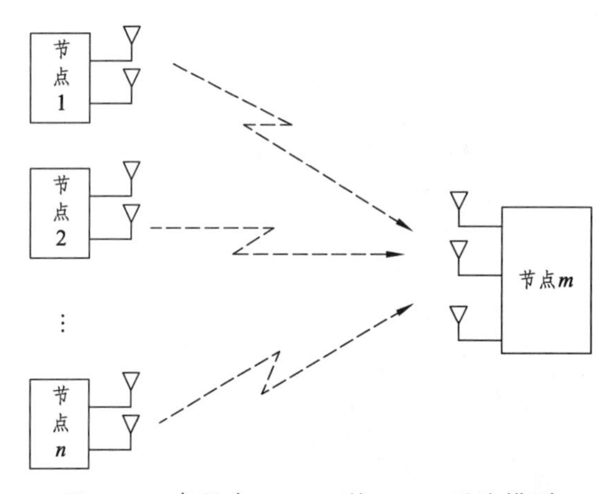

图 7.17　多用户 MIMO 的 MAC 系统模型

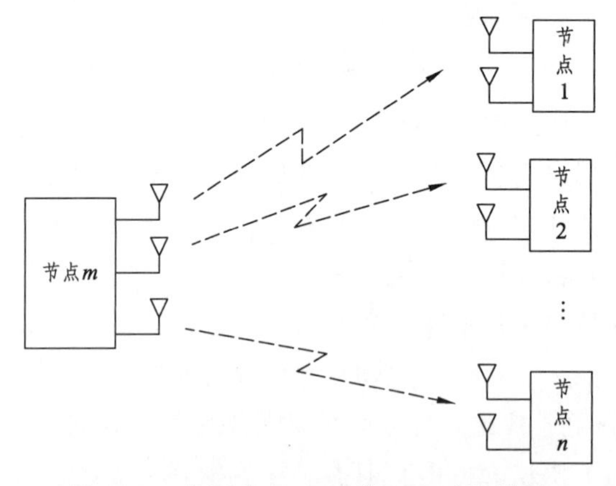

图 7.18　多用户 MIMO 的 BC 系统模型

MAC 模式下，多个节点同时向一个节点发送数据，所有发送节点工作在相同的频段上，向同一个接收节点发送数据，接收端收到多个节点发送的数据后进行用户数据区分。

BC 模式下，一个节点向多个节点发送数据，发送节点将数据串并转换成多个数据流，每一路数据流经脉冲成形、调制，再通过多根天线同时发送，接收节点接收到发送节点发送给所有接收节点的数据，再分离出目的节点为自身的数据。

相比单点通信系统来说，在节点处理能力足够的前提下，多用户 MIMO 技术可以大大提高网络的接入容量。

7.6 典型系统设计

7.6.1 系统设计

以一个典型的无人系统单元指挥应用为例，其网络架构设计如图 7.19 所示，设计指挥网络、遥控网络和协同网络三层架构，遥控节点、无人平台通过有线交换实现不同网络的互联。

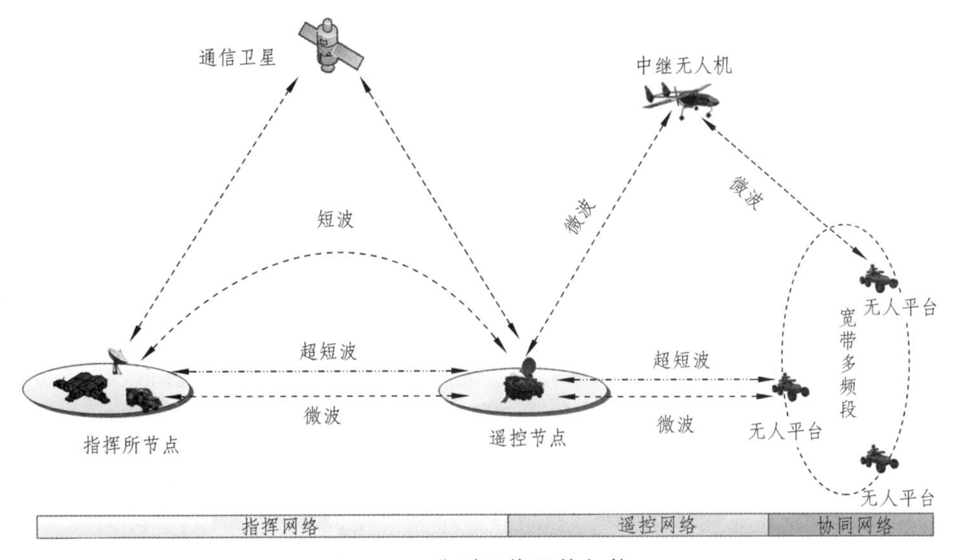

图 7.19 典型通信网络架构

1. 指挥网络

指挥所节点与遥控节点之间配置短波、超短波、微波和卫星等多种通信方式，满足不同应用场景下的指挥通信需求。其中，超短波具有较强的复杂电磁环境、物理环境适应能力，作为主要指挥通信手段；微波具有较高的传输速率，但复杂环境适应性相对较弱，用于通信条件较好时的指挥通信手段，可以传输更为丰富的指挥业务；短波具有通信距离远，且不依赖基础设施的优势，但速率低，可靠性相对较低，主要用于其他通信手段不可用时的应急指挥；卫星通信具有远程通信优势，用于超视距指挥。多种通信手段通过合理的频率规划和系统兼容性设计，可同时使用，用于备份或协同指挥。

2. 遥控网络

遥控网络采用超短波、微波互为备份方案，以保证遥控链路的可靠性。其中，超短波不同于指挥网络，在遥控网络中采用宽带信道，以提供更高的传输速率，满足遥控业务需求；微波同样采用高带宽传输体制，相对超短波具有更高的传输速率，但复杂环境下的传输距离较近，链路设计时支持采用多时隙方式进行中继传输。

3. 协同网络

协同网络采用宽带多频段方案，以适应无人平台机动过程中所面临的复杂环境适应性需求和多平台协同应用时的大容量、高速传输需求。多个无人平台间采用自组织方式进行分布式组网，协同感知，任务过程中，根据感知态势，实时调整通信网络参数。

7.6.2 核心硬件模块化设计

由于无人平台类型多样，不同的平台会有资源和空间限制，硬件设计需要采用较为通用、灵活的架构，以适应不同场景不同平台的遥控、协同和通信需求。因此，无人平台通信设备硬件可采用分体式、模块化集约设计，便于按需组合和灵活安装。它主要由综合处理单元（基带处理、通用计算）、综合射频单元两部分组成，每部分均采用模块化板卡设计，根据应用需求配置合适的板卡，即可快速实现整机功能构建或重构。

1. 综合处理单元

综合处理单元是通信系统的核心控制部分，一般可分为背板模块、电源模块、信号处理模块、综合交换模块、业务处理模块和前面板模块，采用标准机箱，其他业务模块如卫通卫导模块可按需扩展，如图 7.20 所示。

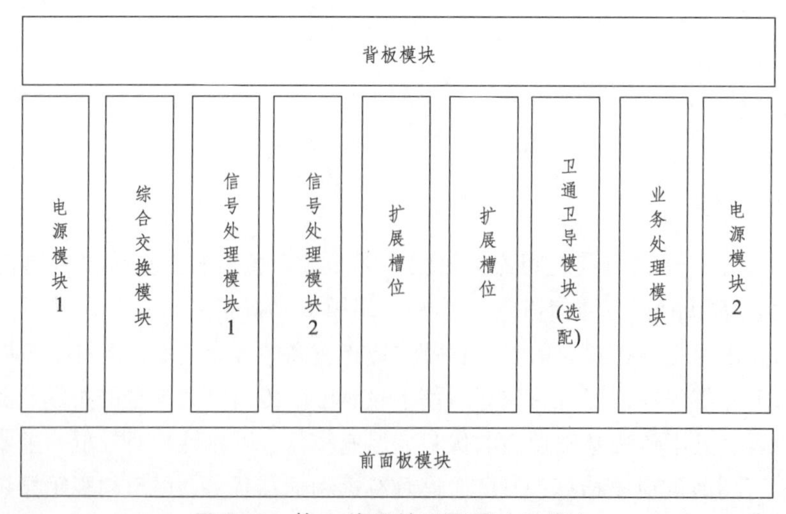

图 7.20　核心处理单元原理（示意）

其中，信号处理模块主要完成基带信号处理，中频信号的模数/数模转换、数字上/下变频、数字调制/解调、基带数字信号处理、无线通信协议、音频信号声码话处理和有线控制接口等；综合交互模块完成整机的以太网业务交换，提供多路百兆/千兆以太网接口；业务处理模块采用通用计算单元，提供整机业务信息处理能力；背板模块实现整机内部高速信号交换；前面板模块提供设备对外接口。

随着软件无线电技术的发展和应用，更多的信号处理模块均采用软无标准设计，支持多种通信波形的按需加载和灵活配置，构建可扩展、可定制和可重构的通信平台，适应未来一段时间内的技术发展需要。

2. 综合射频单元

综合射频单元完成中频信号到射频信号的变换，再经过功放和滤波模块，将射频信号通过天线发射出去。如图 7.21 所示，综合射频单元可将多段射频信号分开处理，通过光纤与核心处理单元对应的基带处理单元连接，从而实现基带与射频单元的独立灵活配置。

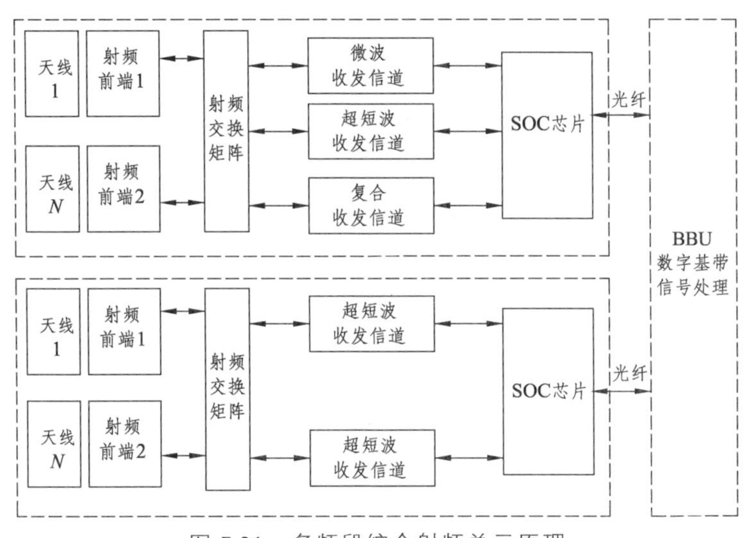

图 7.21　多频段综合射频单元原理

综合射频单元工作原理如下：

下行信号通过 BBU（基带信号处理单元）将其打包成适合标准接口协议（如 CPRI）要求的帧格式后，由数字光纤收发器转换成光信号、由光纤传送到 RRU（综合射频单元）。RRU 通过数字光纤收发器将接收到的光信号转成基带数字信号送入基带信号处理单元，将其恢复成基带数据，经 Transiver 及射频信道单元变换为射频信号后，进入功放放大后，经天线发射至覆盖区域。

上行信号通过天线接收进入 RRU，LNA 对接收到的上行信号进行放大后，送至射频信道单元，随后进入 Transivier，输出基带信号进入基带处理单元，基带单元对上行信号进行格式处理后，通过数字光纤收发器转成光信号由光纤送至 BBU。

7.6.3 主要通信软件设计

由于无人平台结构多样，不同的应用场景下具有差异化的通信体制、网络能力需求，为每一种无人平台、差异化场景分别独立设计软件架构和协议栈是不经济的，也是不现实的。基于软件无线电的通信装备采用可扩展的开放式体系结构，具备波形可加载、可配置和可移植等一系列优点，与传统基于硬件的通信装备相比，具有宽频段、多功能、易兼容、便于升级和组网能力强等优势，可从根本上解决互联、互通和互操作问题，代表了通信装备的重要发展方向。因此，异构无人平台可在通用的软件架构上，设计标准化波形组件，按需动态加载，实现多场景应用。

软件无线电通信体系结构如图 7.22 所示，从下自上包括通用硬件平台、通用软件平台和通信波形 3 个部分。通用硬件平台主要包括由射频前端、天线、功放组成的射频信道单元和 CPU、DSP 等基带处理模块，基于统一的硬件体系结构，提供无线信号处理能力。通用软件平台包括操作系统、中间件、硬件抽象层和核心框架，其作用是对硬件平台进行统一管理，为波形应用提供一致的运行环境支持。通信波形采用组件化方法进行设计，组件接口采用标准化定义，具有较高的复用性和可移植性。比如，宽带多频段协同网络波形和遥控网络波形可以采用同样的调制解调、编解码等物理层组件，但采用不同的接入层组件和网络层组件，实现差异化通信网络能力。

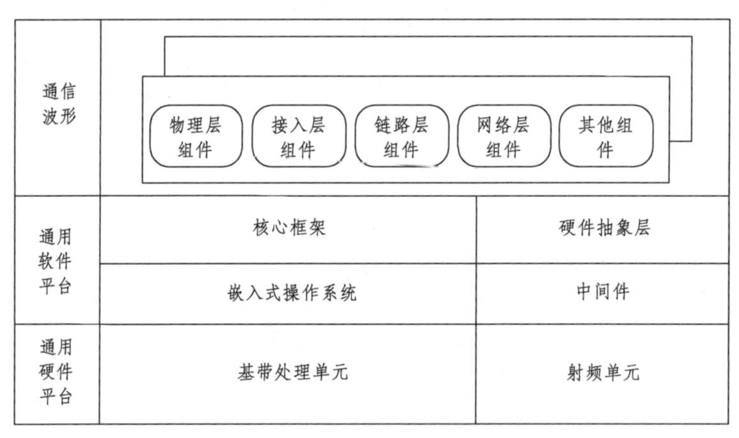

图 7.22 软件无线电通信体系结构

7.7 本章小结

本章基于地面无人系统典型网络架构，首先对指挥、遥控、协同三种通信网络的功能需求和能力进行了分析，然后对军用无人系统通信组网技术、应用于民用无人驾驶领域的 5G 技术情况进行了介绍。

其次，围绕地面无人系统对通信网络的高可靠、高适应性、高实时、抗干扰和大容量等特定需求，展开介绍了基于多维认知的自适应通信技术、高带宽低时延传输技术、综合抗干扰技术和大容量组网技术等。自适应通信方面介绍了频率、信道和网络等多个层次的感知技术；高带宽低时延传输方面，主要对OFDM、MIMO空间复用技术进行了介绍；综合抗干扰方面，针对地面无人系统通信网络可能遇到的干扰问题和性能需求，介绍了高性能物理层设计、宽带信号干扰剔除和防录放干扰技术等相组合的综合抗干扰方法。大容量组网技术方面，主要对多址接入技术、路由技术和多用户 MIMO 技术等进行了介绍。新技术的应用提高了无人系统通信网络的性能和智能化水平，同时也带来了系统复杂度的提高，设计时需要结合实际应用需求合理配置各项技术。

最后，以典型地面无人系统指挥应用为例，介绍了一种无人通信系统分层网络设计架构和具体设备的软、硬件设计方案。

学习与训练技术

8.1 概　述

8.1.1 分　类

为使无人系统具有良好的自主能力并适应新的智能化战争，需聚焦无人系统自主化能力的提升，充分利用无人系统能够自我成长、自我博弈的特点，强化以“机”为主体对象，“人-机”协同、“人-机”对抗的新型训练方式，实现机器学习和操作员训练一体化，形成完整的训练体系、训练环境和训练机制。

无人系统作为新兴装备，学习和训练是系统“用得上、用得好”的重要一环。学习和训练包括围绕基于机器学习的无人系统性能提升的学习和训练，以及围绕操控员能力提升的人员技能训练。

1. 围绕无人系统性能提升的机器学习和训练

为使无人系统具有良好的自主能力并适应新的智能化战争，需聚焦无人系统自主化能力的提升，以机器学习为技术途径，围绕无人系统态势预测的准确性、环境感知的普适性、行动规划的正确性、多种平台控制的泛在性、操控交互自然便捷等方面，通过强化学习、增量学习、迁移学习、端到端学习等机器学习方法进行性能的提高。

2. 无人系统操控员技能学习和训练

无人系统作为新型装备，需要操控员熟悉无人系统性能，熟悉并正确操控无人系统，使之运行流畅、敏捷快速反馈、正确执行任务。在面向协同应用方面，操控员需要通过人员操作协同，能够将无人系统融入系统应用中，使无人系统部署协同、行动协同、侦察、行动、火力功能协同。甚至在对抗环境中，能够充分发挥操控员的战术应用素养和无人系统的无畏威胁、状态稳定的技术优势，达到出奇制胜的效果。

8.1.2 功　能

学习与训练功能主要包括无人系统性能提升的机器学习功能，和提升对无人平台操控能力的操控员技能训练。

1. 机器学习主要功能

（1）能够对环境感知、智能决策、行动控制、智能交互等进行学习和训练。

（2）具有离线式和在线式学习和训练模式。

（3）能够适应数据样本的动态变化和目标种类、任务类型的动态扩展。

（4）学习与训练的模型具有良好的泛化能力，适应各种地形、地貌、季节和气候。

（5）能够持续改善异常情况，具有增量自学习能力。

（6）模型所需计算资源应与无人平台硬件资源相匹配。

（7）能够将已经学习到的知识迁移到新的应用场景。

（8）具有利用少量的标注数据来训练网络模型，学习不同子任务的共性，以使模型具有较高的泛化性能，适用于不同的任务场景。

2. 操控员学习与训练

（1）支持操控员单兵训练、协同训练和对抗训练。

（2）支持全流程、全科目和全场景评价要求设置。

（3）具有仿真训练环境 + 半实物仿真环境，能够通过灵活配置构建多种无人平台仿真训练系统，支持多种平台操控员操作技能学习和考核。

（4）具有实装训练环境，支持操控员实际学习和操作训练，适应不同地形条件、气象条件下和电磁环境的操控应用。

（5）能够记录操控员操作状态、步骤和响应，并综合操控结果进行人员训练结果评估。

（6）能够对操控员进行阶段性培训和效果评估，包括平台操控技能、合成训练协同操作技能和对抗环境操控技能评估。

8.2 机器学习和训练

8.2.1 系统组成

学习与训练平台按照功能的不同，可以分为三个不同的层次：基础设施层、核心模块层和交互应用层，如图 8.1 所示。

1. 基础设施层

从机器学习算法的流程上来说，最重要的两个资源是计算资源和数据资源，因此基础设施层需要对数据和设备进行统一管理。按照具体的功能来分，基础设施层可以分为数据管理模块、监控模块和集群管理模块。

数据管理模块：对于训练模型来说，一般都需要将原始数据以特定的形式和对应的标签输入模型中进行训练。因此，该模块主要解决如何采集和管理数据，以及数据预处理。数据采集是指系统根据上层指令完成相关数据的读取工作，并将数据转换为模型需要的输入格式。数据集管理模块定义了配置数据集读取定义接口、配置数据集预处理定义接口、删除修改数据集接口和数据集读取接口等。

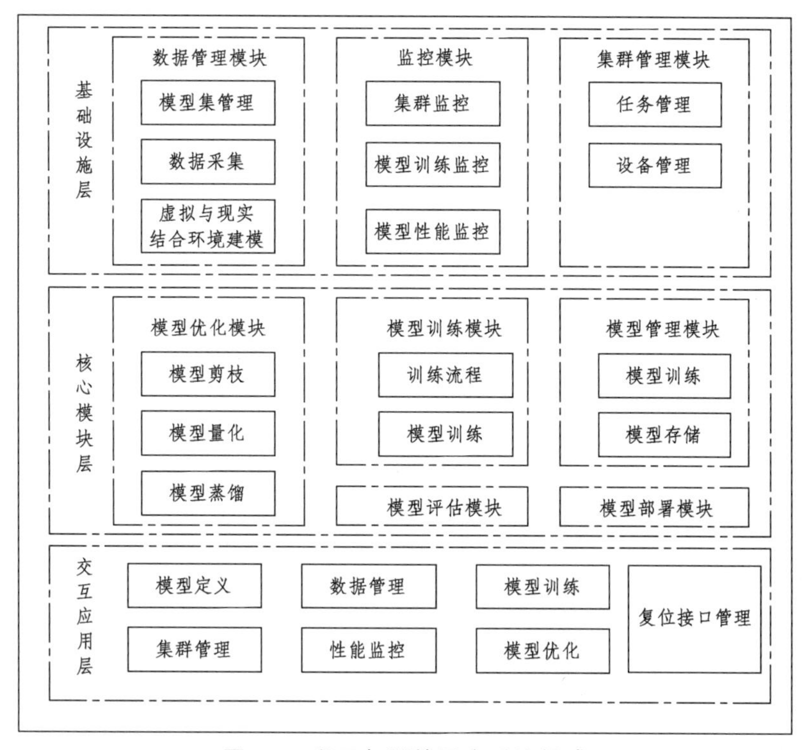

图 8.1　学习与训练平台系统组成

监控模块：该模块主要监督数据读取与处理过程是否存在异常情况以及对集群计算资源的使用情况，用户可根据具体的使用情况重新分配计算资源，避免浪费。通常由集群监控子模块、模型训练监控子模块和模型性能监控子模块组成。

集群管理模块：该模块管理所有可以用来计算的 GPU 等计算硬件集群，同时给模型训练分配训练资源，包括设备管理子模块和任务分配子模块。其中，任务分配子模块主要为了支撑后续的模型训练，支持手动设备分配接口和智能设备分配接口。设备管理子模块是系统负责管理集群中多种设备的一种模块，支持添加设备接口和修改删除设备接口等。

2. 核心模块层

核心模块层是整个学习与训练平台最为核心的一个层次，主要任务包括模型训练、模型优化、模型评估、模型管理和模型部署等模块。

模型训练模块：主要负责协调集群管理模块，并定义模型训练的流程，包括训练流程定义子模块和模型训练模块，支持数据集输入接口、模型输入接口、训练参数输入接口和模型训练接口。其中，训练流程定义子模块定义了数据集和模型，以及训练参数，如训练迭代数、数据预处理、模型是否保存、使用何种优化器等。训练模块是系统中最为耗时的一个模块，其主要作用是依据定义好的训练流程去分配训练资源和计算资源，进而进行模型训练过程。

模型优化模块：该模块主要使系统具有优化模型的能力，减小模型的物理大小和加快模型的推理速度。模型压缩和模型加速的方案中大多数是针对特定硬件而设计的。

模型管理模块：该模块主要用于模型的定义和存储，包括模型定义子模块和模型存储子模块，支持传统算法定义接口、深度学习算法接口、模型存储和读取接口等。

模型评估模块：模型评估模块用于评价模型训练结果的好坏，根据设计的评价指标对训练模型在测试数据集上的表现进行综合评价。

模型部署模块：该模块根据需要部署的设备，生成可在该设备上运行的模型。目前，训练模型通常在高性能的 GPU 上，而实际应用需要部署在边缘设备上，两者的硬件条件具有很大的差别。模型部署模块为了解决此问题，通过控制模型的底层实现，进而使用一种通用的接口生成在目标平台可以部署的模型。支持模型部署接口，输入模型以及目标平台，生成该模型在目标平台可调用的接口。

3. 交互应用层

交互应用层是为了给用户提供一套完整的交互使用逻辑，包括一些常用的模型训练接口、可视化接口以及复位接口等。算法支撑平台给用户或者非算法开发者提供了一个简单有效的途径去实现机器学习算法的应用，方便更多人使用，因此交互层需要提供一套完整的交互流程，包括数据采集与管理、模型定义和训练、训练参数配置、集群资源配置、实时监控以及模型工程部署相关的可视化训练与学习接口。同时，为了便于用户使用和开发维护系统，还支持更多模型管理接口，便于自动拓展设计。

数据采集与管理模块主要用于数据的采集流程以及数据的分类管理，便于模型训练过程读取；模型定义和训练模块主要用于如何定义模型以及调用模型的基本接口；训练参数配置模块主要训练模型一些基本参数（如学习率）等接口；集群资源模块主要调用和显示集群资源的接口；实时监控模块用于训练过程中的状态监控；模型工程化部署主要负责训练完成后的模型的工程化移植和部署。

8.2.2 算法训练基本流程

机器学习算法训练流程包括数据流程、模型训练流程、模型优化和部署流程。

1. 数据流程

（1）用户在交互应用层界面定义相应的数据集，定义数据集的读入方式和类型、确定数据集大小、根据训练方式确定数据采集和生成的方式、数据集配置参数并保存这些参数。

（2）根据应用需求，选定相应的数据集，定义预处理的流程，包括数据清洗、数据扩充、数据转化格式等。其中数据扩充有旋转、平移、放大缩小、颜色抖动、随机裁剪、随机粘贴以及风格迁移等[78]。

（3）经过数据预处理之后，用户可根据交互模式进行数据的调用和管理。

2. 模型训练流程

（1）在交互模块中模型定义子模块总定义模型结构，调用模型管理模块的接口，完成算法模型的定义。

（2）在模型训练子模块中完成模型训练的相关参数配置。

（3）根据训练流程定义子模块分别完成训练数据、数据预处理、训练模型以及训练参数的配置和输入；选择相应的优化器进行优化，其中优化器包括随机梯度法、自适应法、BFGS（拟牛顿法，指用 BGFGS 作为拟牛顿法中的对称正定迭代矩阵的方法）、RMSProp（Root Mean Square Prop，是一种用于深度学习梯度计算的方法，用梯度自身大小约束自身避免过大或过小，减少人为干预和极端情况发生的可能）等[79]。

（4）完成配置后，调用训练子模块开始模型训练。

（5）调用集群管理模块将训练任务分配在相应的计算设备上，力求资源使用最大化。

（6）在模型训练过程中，不断调用模型监控模块，查看训练过程是否稳定、正常，是否符合相应规律并保存各类统计指标。

（7）模型训练完成后，训练结果在用户界面可视化呈现训练最终结果。

3. 模型优化和部署流程

（1）用户在模型定义子模块中定义小模型，作为最终输出模型。同时，选择表现效果较好的模型为大模型，通常大模型的参数量和计算量都会远远大于小模型。

（2）在训练方法中选择蒸馏方法、剪枝、量化等，输入之前的大模型和小模型；读入相关的模型参数、数据集参数、训练配置参数等[80]。

（3）模型和数据集配置好后，根据选定的训练方法和训练配置参数进行训练。

（4）调用监控模块，查看训练过程是否正常并保存相应的统计量。

（5）模型优化训练完毕后，设定需要部署的硬件平台以及相关参数；生成在部署平台上的可执行模型文件，供用户直接调用。

8.2.3 深度学习技术与典型应用

地面无人平台环境感知重点之一是对非结构化道路可行驶区域的感知。基于人工智能技术的发展、大量标注数据的应用和计算能力的提升，使得基于边缘计算能力的可行驶区域检测成为可能。

1. 学习与训练基本方法

模型学习与训练基本流程为数据准备及预处理、深度学习模型构建、损失函数设计、优化器设计、模型评估及优化、模型部署及应用，其训练过程如图 8.2 所示。

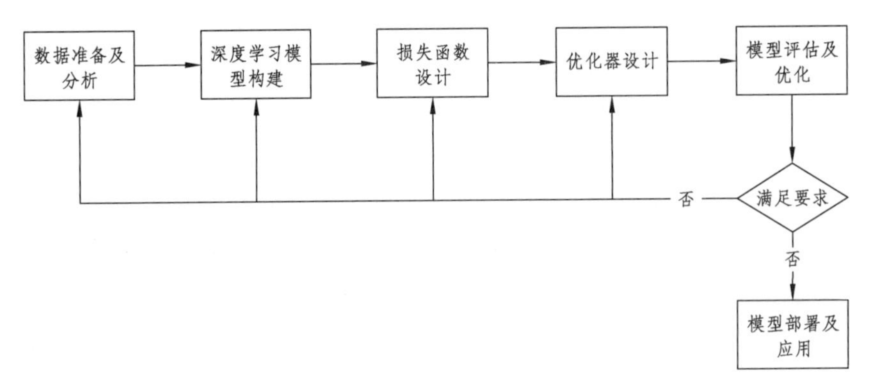

图 8.2 感知模型训练流程

（1）数据准备及预处理。

数据的质量和数量直接影响感知模型的性能，因此首要工作是分析数据，对数据进行清洗，使其具有统一的数据格式，并统计数据集大小、目标尺度分布、目标类别及分布情况等。其次根据任务需求提取感兴趣的数据集，一般要求样本的数量要充足，样本数量越多训练出来的模型效果越好，模型的泛化能力越强。然而在实际应用场景中，常常面临样本数量不足或者样本分布不均的问题。为解决此类问题，通常利用数据增强技术丰富数据形式和类型，增大数据量，平衡数据分布。

在激光雷达、深度相机感知周围环境的数据处理方面，以点云的形式呈现周围环境，针对点云数据的增强方法有旋转、加噪声扰动、降采样、增采样、缩放以及不同程度的遮挡等。旋转是指沿坐标轴旋转一定角度，若以水平面为 XOY 平面，Z 轴为垂直方向，对于地面无人平台，则可沿 Z 轴旋转 $0 \sim 360°$生成不同姿态的目标点云数据。加噪声扰动是指在点云中的坐标 X、Y、Z 上增加高斯噪声或在回波强度加上噪声，但需把握噪声的均值和方差，以免产生副作用。降采样数据增强是在原有点云数据集中根据设置的降采样率进行随机采样，不仅丰富了点云的数据形式，在一定程度上也可以加快运行速度。具体而言，将目标点云划分为若干个小的正方体，然后再求出每个小正方体的重心，以该重心近似代表小正方体中所有的点，实现降采样。而增采样方式则是通过内插方式增加点云数据量使点云数据表现为多样性。通过设置不同程度的遮挡模拟目标被其他物体遮挡情况，可使感知目标表现形态更为多样化，增大点云数据集。

基于视觉感知的图像数据增强方法则更为丰富多样，包括以下三大类数据增强方式：一类是通过裁剪、翻转、旋转、缩放等几何变换方式实现数据增强。第二类是通过颜色变换（改变图像饱和度、亮度、对比度、噪声）等方法实现数据增强。第三类是高级变换的数据增强方式，包括 Cutout、Mixup、Cutmix、Mosaic、风格转换等。Cutout、Mixup 通过将不同场景的图片进行拼接，提升样本的丰富性；Cutmix、Mosaic 丰富了背景形式，能提升检测的健壮性和准确率；风格转换则可应用于将源图像风格转换为另外一种风格，如将夏季风景转换为冬季风景、晴天风景转换为雨天风景等。

此外，还需对数据进行标准化和归一化等预处理操作，将原始图像的像素值限制在一定范围内，如[0，1]之间，从而可使训练过程中学习参数波动更小，训练和学习更高效。

（2）深度学习模型构建。

基于深度学习框架的感知模型主要包括三部分：骨架模型、颈部链接模型和头部预测模型，如图 8.3 所示[81]。

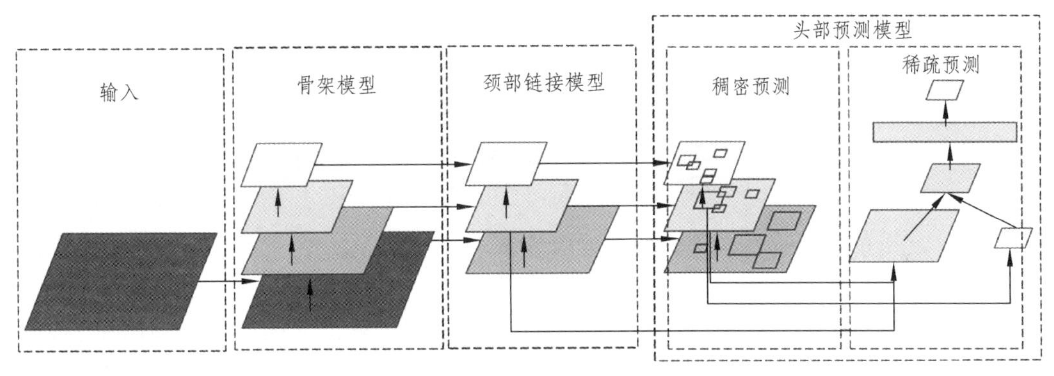

图 8.3　感知模型框架

骨架模型（backbone）：骨架模型又称为特征提取器，用于提取样本信息。颈部链接模型（neck）：一般由几个自下而上的路径和几个自上而下的路径组成，融合不同层级和感受野大小的特征图，实现低级特征与高级语义特征的融合，更好地利用骨架模型提取的特征。头部预测模型（head）：利用提取的特征图进行预测，根据任务的不同，分为分类预测和回归预测两大类。

（3）损失函数设计。

感知模型的效果和优化目标是通过定义损失函数来实现的，一般包括分类和回归两大任务。常用的分类损失有 0-1 损失（预测函数的正负，正为 1，负为 0）、log 损失（Log 损失是 0-1 损失函数的一种代理函数）、softmax 损失（将输入特征和权重做线性叠加，输出个数为标签的类别数）等。回归损失函数包括 L1 损失（真实值和预测值的绝对值之和）、L2 损失（真实值和绝对值的平方和）、Huber 损失（带参数的损失函数）等。

损失函数的设计需依据当前感知任务中的数据类型及分布、优化算法、计算效率等各方面综合考虑。例如，当类别不平衡时，优先考虑采用 focal loss（解决正负样本比例严重失衡的函数）作为分类的损失函数。一般而言，L1 损失对异常数据更具健壮性，L2 损失则在学习过程中会偏向异常数据，导致分类效果更差，但 L2 损失函数连续，计算效率更高。

（4）优化器设计。

在感知模型中使用最为广泛的两个优化器是带动量的小批量梯度下降算法和 Adam 算法（一种自适应调节学习率的优化算法）。小批量梯度下降算法每次从训练集采样若干样本进行梯度更新，相较随机梯度下降算法，其梯度更新方差更小，收敛更稳定。Adam 算法无须手动调节学习率，对稀疏数据表现较好，且其收敛速度更快。

在模型训练的过程中交替使用两种优化器，在训练前期采用 Adam 优化器加快训练，待模型参数变得更为平稳，切换为带动量的小批量梯度下降算法进行精调训练，以使感知模型获得更好的性能。

（5）模型评估及优化。

模型训练参数设置：在完成数据处理、模型选择、损失函数和优化器设计后，开始模型学习与训练的迭代过程，整个过程通过不断调整模型参数，以使损失函数达到最小值。其中，学习率和批大小是模型训练的重要参数。

① 学习率作为其中最重要的参数之一，太大的学习率会使损失函数值下降过快导致振荡，甚至不收敛；太小则导致模型学习与训练效率太低，或陷入不好的局部极小值点。

② 批大小是另外一个重要调节参数，可根据损失函数振荡情况进行选择。若损失函数曲线呈下降趋势，但波动较大，则可适当增大批大小直至波动较小。此外，批大小也不宜过大，过大可能导致训练模型的性能达不到最优状态，一般批大小设置为 2^n，推荐值为 16、32 或 64。

评估模型性能的方式主要有两种：一是训练误差和测试误差评估模型，二是实际测试指标。

③ 通过对比训练误差与测试误差来评估模型性能。通过比较训练误差和测试误差之间的关系评估训练模型的状态。如果训练误差和测试误差均较高，则说明训练迭代次数不够，处于欠拟合状态；若迭代很久之后仍无法降低训练误差和测试误差，则说明选用的模型太小，无法学到知识。如果训练误差和测试误差相差较大，训练误差较低，而测试误差较大时，则模型处于过拟合状态。只有当训练误差不断下降，而测试误差从下降趋势开始变为上升趋势，此时说明模型已达到较好拟合状态。

④ 将训练好的感知模型用于实际测试环境验证其效果，根据识别准确率、召回率、模型计算效率等指标评估模型性能。当指标满足设定值，说明选用的模型符合应

用需求。若指标不满足要求，则需分析训练数据与实际数据分布和差异，从数据层面和模型等多方面分析其原因，以此迭代优化模型。

2. 可行驶区域检测识别典型应用

可行驶区域检测识别为地面无人平台提供整个路面检测，也可以提取部分路面信息，结合其他感知技术或地图信息为局部路径规划、行动决策提供辅助信息。

（1）数据准备及分析。

可行驶区域包括结构化道路、半结构化道路和非结构化道路。结构化道路一般是指具有清晰的道路标志线，且道路背景单一、几何特征明显的道路，如高速公路和城市主干道等。非结构化道路一般指没有清晰车道线的道路边界，其存在外部干扰（如乡村道路、阴影水坑等）影响，背景复杂多变，几何特征不明显。半结构化道路则介于结构化和半结构化道路之间。

为了适应不同的野外场景应用需求，数据集中应涵盖结构化、半结构化和非结构化道路。数据质量和分布直接影响模型的效果，为此获取高质量、不同分布的道路数据集至关重要。为兼顾效率和应用场景的多样性，采用两种数据获取方式：一是利用公开的道路数据集，如 KITTI 数据集，该数据集是目前国际上最大自动驾驶场景下的计算机视觉算法评测数据集，包括市区、乡村和高速公路等场景采集的真实图像数据；二是人工数据采集及标注，如图 8.4 所示。

图 8.4　可行驶区域标注数据

（2）模型设计及训练。

可行驶区域的检测方法有基于人工设计特征的机器学习方法和基于特征自学习的深度学习方法。人工设计特征包括路面颜色信息、道路模型、路面纹理特征、道路边缘线、消失点等特征，基于人工设计特征的机器学习方法对于结构化道路的可行驶区域具有较好的效果，但对于复杂路况的非结构化道路效果不佳，而基于深度学习的可行驶区域检测模型具有更好的表现，同时可避免耗费大量的人力设计特征。

语义分割是深度学习在无人平台场景识别的一种有效方法，实现了端到端的模型，输入图像，网络直接输出可行驶区域像素类别，无需人为设计特征，并且可通过透视变换，将图像投影到鸟瞰视角，对可行驶区域边缘线进行拟合，可获得更精确健壮的可行驶区域。

基于深度学习的可行驶区域检测模型被设计成分类任务，对图像中的每一个像素点进行分类。为此，模型设计和训练方法可采用本节学习与训练基本方法中深度学习模型构建，包括不同特征融合、模型加速训练等技术提升模型泛化能力和计算效率。

（3）预测效果。

基于深度学习的可行驶区域检测效果如图 8.5 所示，从图可知基于该方法的可行驶区域识别效果较好，且可适应不同的结构化和非结构化道路，具有较强的健壮性。

图 8.5　可行驶区域检测效果

8.2.4　小样本学习技术与典型应用

基于深度学习方法的感知和决策模型大都是基于数据驱动技术，依赖大量的标注数据进行学习与训练，从而获得较好泛化能力的模型。然而实际应用场景往往缺乏大量有标注的数据，因此，面对少量样本的场景时，深度学习方法面临较大的挑战，一般不可直接应用。小样本学习是指利用少量的标注数据来训练网络模型，学习不同子任务的共性，以使模型具有较高的泛化性能，可适用于不同的任务。

小样本学习的方法主要有基于数据增强的学习方法和基于元学习的方法两大类。

1. 基于数据增强的学习方法

小样本学习本质是由于标注数据的匮乏，导致模型学习容易过拟合，从而导致训练模型的最优解与真实解存在较大的偏差。因此可以从数据层面出发，通过数据增强方式增加样本数据集，解决该场景下的小样本学习问题。获得充足的样本数据集，则可直接应用深度学习技术实现模型训练，达到较好的泛化能力。数据增强技术可分为基于数据自身的增强技术和基于数据特征的增强技术[82，83]。

以图像数据为例，数据层面的增强方式可采用相关算法直接对原图像数据进行修改。特征层面的增强方式有三种方式：一是由于目标域与源域的数据存在一定的共性，为此可利用该共性进行数据增强，如利用四元组损失函数，将源域中图像特征的方差变化迁移到目标类，从而丰富目标域特征的变化；二是利用额外的类级别的语义信息，来学习图像—语义—图像的自编码器，从语义空间上扰动来帮助图像特征域进行数据增强；三是采用一组由生成器和判别器组成的生成对抗网络，交替优化生成器和判别器，从源域中学习到特征分布，应用在目标域的特征空间生成新数据，达到数据增强的目的。

2. 基于元学习的学习方法

元学习算法是一类学习如何学习的方法，具体是指随着经验和任务数量的增长，在每个任务上的表现和性能得到提升。该类算法主要目的不是为了适应某一个问题，而是学习如何解决多个任务。当其学会解决一个新的任务，就越有能力解决其他新的不同类型的任务。

针对小样本学习任务，主要有基于度量学习、基于模型和基于优化的元学习方法[84-86]。

基于度量学习是学习数据之间的距离函数，计算目标数据与带标签数据之间的距离，借助最近邻思想完成分类。其主要学习与训练过程为先将源域数据划分为一批小样本学习的子任务，并采用各种不同的度量学习目标函数，来获取合理的度量表示。基于度量学习的元学习网络包括孪生网络、匹配网络、原型网络和关系网络等。

孪生网络是寻找一个映射函数，将目标域和源域数据通过该映射函数转换到一个特征空间，每一个数据都对应一个特征向量，通过设定的距离度量函数评估特征向量之间的差异，最后通过这个距离来拟合输入数据的相似度差异，如图 8.6 所示为孪生网络架构。

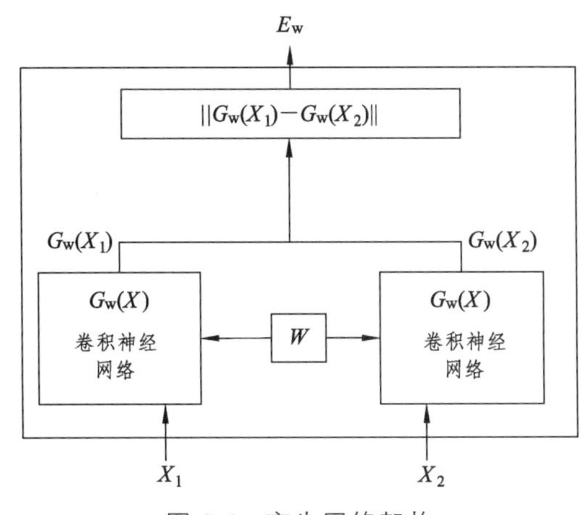

图 8.6 孪生网络架构

匹配网络采用不同的特征提取器，使用余弦相似性，将目标的嵌入特征与源支撑集中的每个图像进行比较，最后通过 softmax 函数（归一化指数函数，可用于多项式逻辑回归、多项线性判断分析、朴素贝叶斯分类器等基于概率的多分类问题）进行分类。

原型网络则避免将目标图像数据与源图像支撑集中的每个图像数据比较，而是提取到图像的特征后，通过对类中每个图像嵌入的计算平均值作为该类的一个原型，然后再计算目标图像的嵌入与每类原型的距离，得到目标图像的标签，如图 8.7 所示。

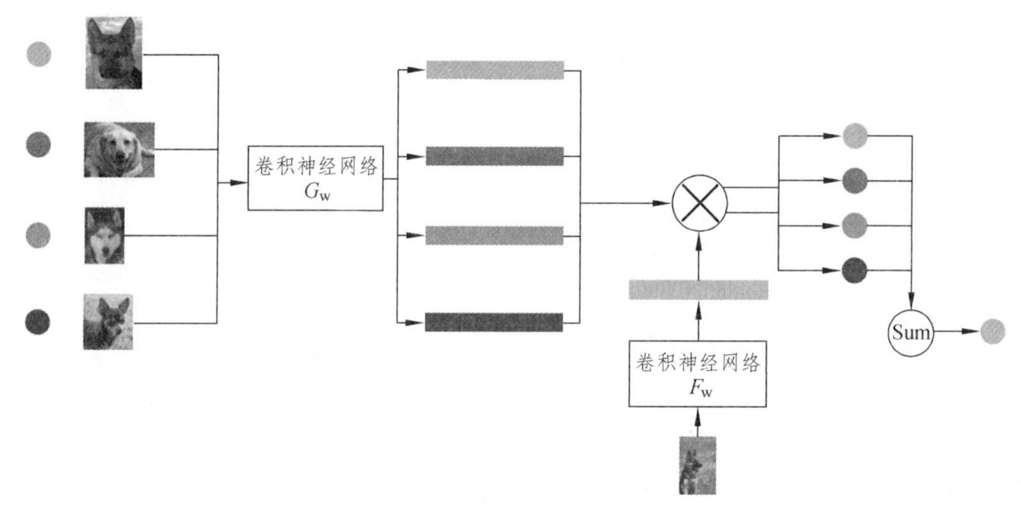

图 8.7　匹配网络架构

关系网络由提取特征的嵌入模块和关系模块组成，将特征提取和度量空间的决策过程融入一个单一的网络，实现了端到端的学习思路，如图 8.8 所示。

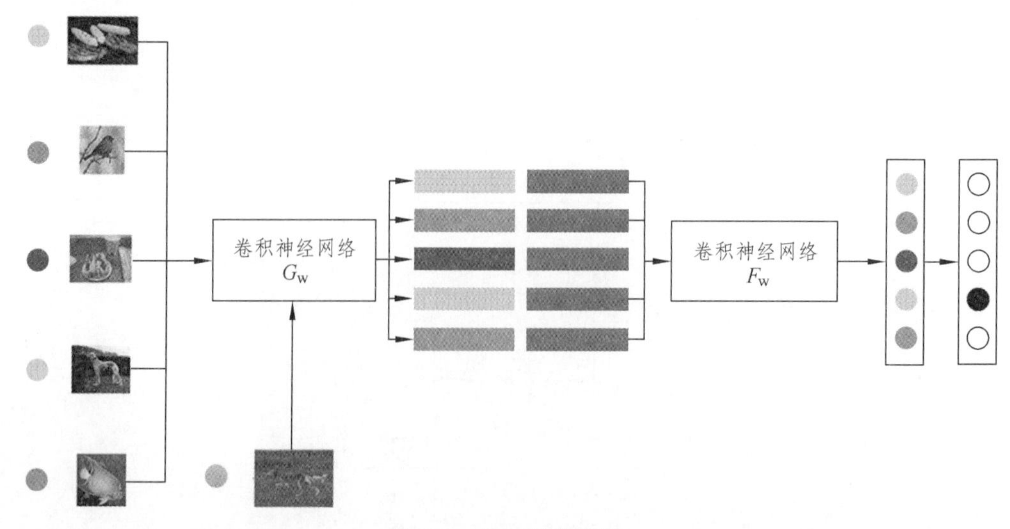

图 8.8　关系网络架构

3. 基于匹配网络的小样本目标识别典型应用

小样本学习也是地面无人系统学习训练中会遇到的情况之一，本节以地面无人系统中雨雾天气、沙尘暴以及浓烟/浓雾等能见度较低的特殊环境中应用为例，设计小样本目标识别应用案例，采用基于匹配网络的小样本学习方法，分别从数据、模型和预测三方面进行阐述。

（1）数据准备及分析。

如图 8.9 所示，收集能见度较低的数据，包括自行车、轿车、货车、坦克、公交车和行人，共计 6 个类别作为小样本学习的目标，每个类别采集 300 张图片。将数据集分为 3 个子集：一是手动挑选 60 张图像，每类 10 张作为训练集；二是验证集，每类 30 张，共计 180 张，不含目标的图像 300 张；三是测试集，至少包含一个目标图像，每类 30 张，共计 180 张，不含目标的图像 300 张。

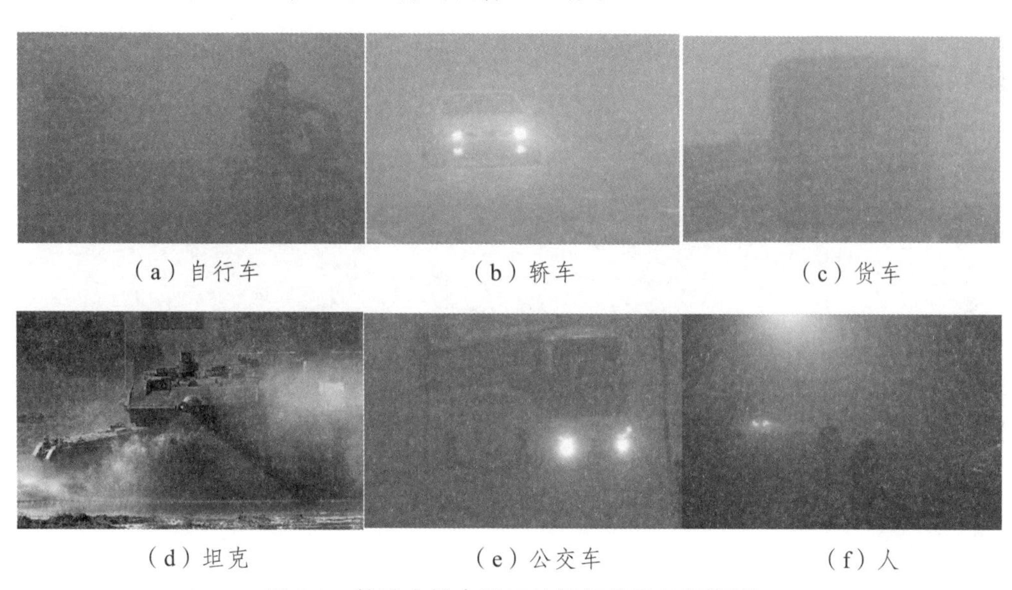

（a）自行车　（b）轿车　（c）货车

（d）坦克　（e）公交车　（f）人

图 8.9　基于小样本学习的低能见度目标识别

（2）模型设计及训练。

设计的模型框架如图 8.7 所示，训练过程为给定一个有 60 个样本的训练集 $\boldsymbol{S}$ 和 480 个样本的验证集 $\boldsymbol{B}$，训练匹配网络模型使得在训练支撑集 $\boldsymbol{S}$ 的条件下验证集 $\boldsymbol{B}$ 的预测误差最小。即首先对训练支撑集和验证集进行嵌入学习，通过验证集样本对每个支撑集样本计算权重：

$$a(\overline{x}, x_i) = \frac{e^{c[F(x), G(x_i)]}}{\sum_{j=1}^{k} e^{c[F(x), G(x_j)]}} \tag{8.1}$$

式中，$\overline{x}$——验证集样本；

x_i——训练集样本；

c——余弦距离；

$F(x)$，$G(x)$——验证集样本和训练集样本的特征表示函数。

计算得到权重之后，则可预测验证集样本的类别：

$$\bar{y} = \sum_{i=1}^{k} a(\bar{x}, x_i) y_i \tag{8.2}$$

式中，y_i——训练集样本 x_i 类别标签。

（3）预测效果。

模型预测是指将测试样本输入训练好的模型提取测试样本的特征向量，与训练集各类别的特征向量进行余弦相似性计算，得到相似性值最大且大于设定的阈值，如 0.45 为有效的预测结果。为验证该模型的泛化能力，检测新的未知样本，一般采用独立同分布采样方法，抽取测试集进行近似评估，部分测试样本相似性计算和预测结果见表 8.1，从测试情况知，该模型算法预测结果的最大值与真值一致，具备较好的性能，验证该模型可应用于此类场景。

表 8.1　测试匹配结果

训练集	测试集					
	0.48	0.02	0.01	0.0	0.04	0.33
	0.03	0.82	0.18	0.05	0.11	0.02
	0.01	0.07	0.51	0.04	0.24	0.03
	0.02	0.02	0.06	0.67	0.05	0.01
	0.03	0.05	0.24	0.13	0.53	0.03
	0.43	0.02	0.01	0.11	0.03	0.58
预测结果	自行车	轿车	货车	坦克	公交车	人

8.2.5 增量自学习技术与典型应用

地面无人系统中经常会有目标检测的需求，并且不同任务需求的目标也会发生变化。为了适应数据样本的动态变化和目标种类、任务类型的动态扩展，避免重复训练和计算资源浪费等问题，可以通过增量自学习构建无人系统的自学习框架，使其具有持续演化和提升能力的功能，并支持模型在线学习、在线更新，实现开放性、可扩展性体系结构的搭建。

无人系统的增量学习技术主要解决 3 个问题：一是任务类型、应用场景的样本持续扩充；二是改善使用过程出现的异常情况，不断提高感知和决策准确率；三是减少因数据样本增加而造成的训练复杂度。

对于增量学习的数据主要有源数据和目标数据。源数据指已有的训练数据，目标数据是需要扩展的应用场景、检测到的异常样本而增加的数据。其中，异常样本来源于无人系统中检测模型检测到的异常情况，通过采集相关的数据生成新的样本。采集目标数据的要求和源数据的要求雷同，尽可能保证样本的完备性，数据内容应覆盖所要扩展的目标种类或者应用场景、收集到的异常样本。

1. 基于知识蒸馏的增量学习训练框架

理想的增量学习系统需满足 3 方面要求：模型可以学习目标数据中的新类别，同时保存基于源数据训练得到的模型知识；模型需在所有新旧类别中表现良好；内存消耗不应当随着新类别、新样本的增多而增加。

因此，采用一种基于知识蒸馏的增量学习方法在保持原有内存消耗的情况下提高模型的泛化能力和准确度。知识蒸馏旨在通过教师模型（Teacher model）引导学生模型（Student model）的训练过程，使得学生模型具备教师模型的能力，在增量学习中，教师模型是在源数据训练得到的模型，学生模型是在目标数据上的训练模型。整个增量学习框架包括模型训练方法、评判标准和模型输出，如图 8.10 所示。

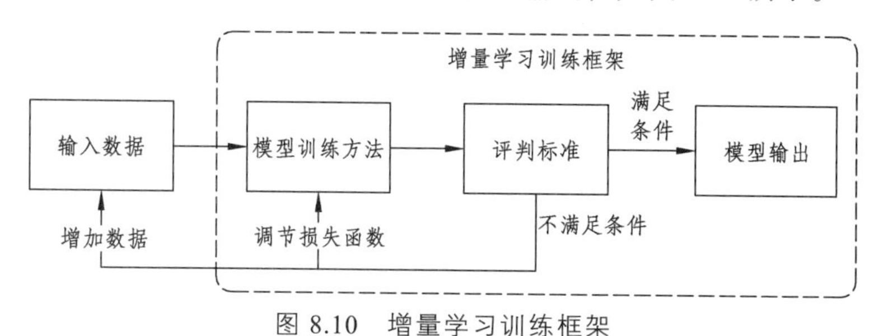

图 8.10　增量学习训练框架

（1）模型训练方法。

如图 8.11 所示，基于知识蒸馏的训练方法包括两个模型，分别为教师模型和学生模型。训练过程中固定教师模型的模型权重参数，通过调节学生模型权重参数，使得在源数据和目标数据同时表现优良。增量学习的任务为在训练好的教师模型基础上，基于新数据训练新的学生模型，两个模型应当具有这样的关系：在初始化（直接用教师模型的参数初始化学生模型）时，二者差异不大，但随着训练的继续（只加入目标数据），二者的知识蒸馏损失函数逐渐增加。一个良好的增量学习系统应当在保证知识蒸馏损失函数最小化基础上，识别损失函数最小，也就是使得目标数据和源数据的性能达到一个平衡点。通常设定蒸馏损失函数为 KL 散度函数（衡量两个概率分布的差异），作用是保留教师模型与学生模型在源数据上预测结果一致，识别损失函数使教师模型在目标数据上表现优良。

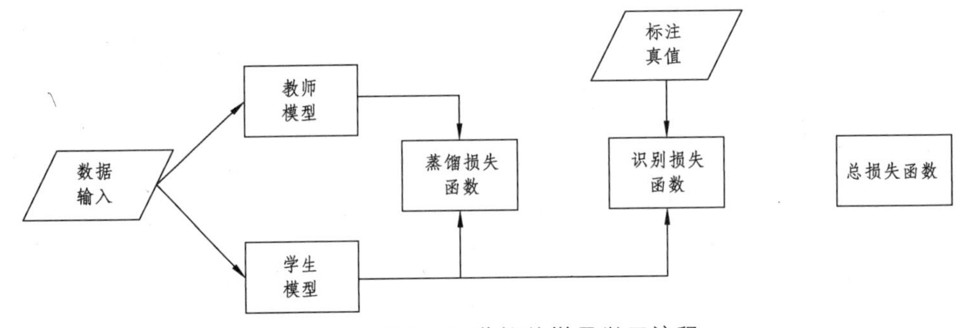

图 8.11　基于知识蒸馏的增量学习流程

根据预先定义的蒸馏损失函数，用于计算当网络正向传播后，网络的整体损失值，当损失值越大时，说明网络前向传播的结果与标签越不匹配。使用一种优化算法根据损失值来计算网络参数的偏移量，用于更正网络权重和偏置的参数值，使网络的整体损失值达到最小。目前，常用的优化算法有非自适应优化算法（如随机梯度下降 SGD、批量梯度下降 BGD）和自适应优化算法等。自适应优化算法具备自动调节学习率的特点，能减少训练时间，但通常难以达到最优值；而非自适应的优化算法需要手动调节学习率，训练周期较长，但通常可以得到较好的结果。

（2）评判标准。

评判标准是指模型在源数据测试集和目标数据测试集上表现结果的评价是否优良（达到设定的准确率）。如果达到相应的标准，直接输出模型结果；如果没有达到要求，统计错误的样本，根据统计信息增加相应的训练样本，同时调节或重新设计损失函数，再次训练模型直到达到评价标准。

（3）模型输出。

模型输出阶段输出模型的参数文件和相应的配置文件并且更新无人系统旧模型。为了减小框架中更新模型过程所带来的网络传输问题，学习与训练平台的辅助更新框架从新模型中提取少量重要的权重代替整个模型的全部权重或者通过霍夫曼编码进行权重压缩，更新无人系统设备上的旧模型，确保更新的速率和质量。

2. 基于增量学习的目标检测设计

以目标检测为例说明增量学习的应用。应用中，目标分别设定为 Arial 字体的数字 0、1、2、3、无人机，共计 5 个类别，如图 8.12 所示。采用增量学习的思路构建目标检测模型，在初期阶段集中采集一批数据并完成相关标注，基于此数据快速训练出一个原型模型，可供其他功能模块测试。在测试阶段，不断收集测试过程的图片，增加数据量，丰富数据格式，将新产生的数据加入训练集中不断迭代训练，提高模型的检测效果。如图 8.13 所示，采用增量学习的方法不断迭代，随着数据量的增多与丰富，识别准确率逐步提高。

图 8.12　目标类别

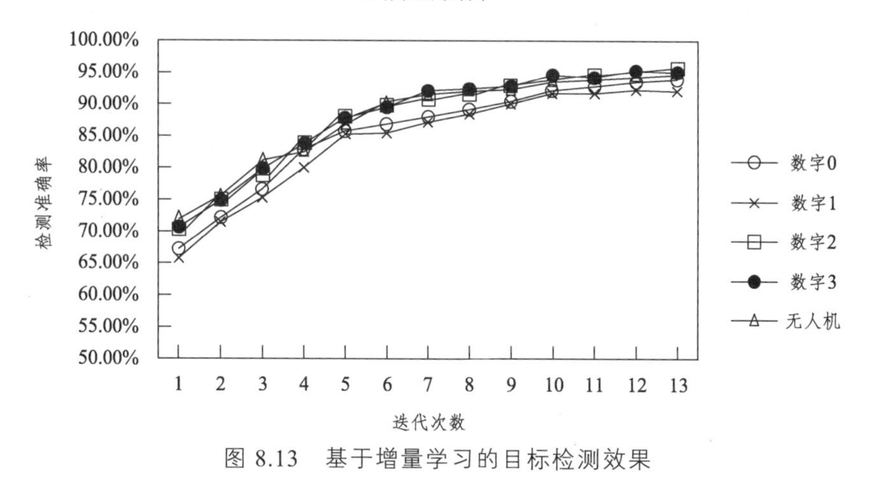

图 8.13　基于增量学习的目标检测效果

8.2.6　迁移学习技术与典型应用

为了将无人系统已经学习的知识应用到新的场景和任务中，避免重复学习，无人平台需要进行迁移学习。迁移学习是将已经学习到的知识迁移到新的应用场景中，即通过已有领域的知识来改善对另一个领域的学习，其主要利用了新旧任务之间的关联性[87]。

1. 问题建模

对迁移学习的问题进行建模，是研究的前提。任务和领域是迁移学习中最基本的两个概念。任务是迁移学习的目标，由两部分组成：标签空间和标签映射的函数，主要学习从源域到目标域的映射。源域是已有大量标签知识的领域，而目标域是指要迁移到的领域，由要预测标签的数据组成。领域是迁移学习的主体，主要由两部分组成：数据以及概率分布。最终可以将迁移学习建模为，给定一个有标签的源域数据和一个不同于源域数据分布的目标域，基于已有模型进行的学习可适应于目标域。

2. 基本方法

从大类上对迁移学习进行分类，可以分为同构迁移学习和异构迁移学习。同构迁移学习是指通过纠正数据的分布差异（边缘分布差异和条件分布差异）来实现迁移学习。异构迁移学习指的是对目标域和源域的特征空间进行对齐。从迁移知识的形式来看，可以分为基于样本的迁移学习方法、基于特征的迁移学习方法、基于模型的迁移学习方法和基于关系的迁移学习方法[88]。

（1）基于样本的方法。

基于样本的迁移学习方法，主要是指根据预先指定的权重生成规则，对样本重新整理生成，来进行迁移学习[89]。在迁移学习中，对于源域和目标域，通常其概率分布不同且未知，而直接估计源域和目标域的概率分布是不可行的，故可以把侧重点放在估计源域和目标域的概率分布比值上。多源域迁移学习的主要解决方法有：① 基于条件概率分布的多源域自适应方法，其主要是校正源域和目标域之间的条件分布差异的域自适应过程，根据每个源域和目标域之间条件分布概率确定分类器的权重值，然后将加权的源域分类器组合在一起构建目标学习模型。② 加权的两阶段自适应框架，其主要是为了纠正源域和目标域之间的边缘分布和条件分布差异。首先根据边缘分布差异来计算源域的权重，并通过条件分布差异进行修正，最后根据这些重新加权的源域样本来训练目标分类器[91，92]。

（2）基于特征的方法。

基于特征的迁移学习方法主要分为两类：对称特征变换和非对称特征变换。对称特征变换是指将两个域的样本特征向量变换到同一空间进行表示，可以通过最大均值差异来计算源域和目标域分布差异，然后在再生核希尔伯特空间学习特征，最终进行分类器识别。此外，还可以通过神经网络学习目标域和源域数据的空间映射关系，训练得到新的空间再学习特征来实现。非对称特征变换是指将源域的样本特征表示变换到目标域特征空间中[92]。可通过构建一个自适应正则化的学习框架，通过流形正则化（即挖掘数据分布的几何形状，将其作为一个增加的正则化项）纠正条件分布差异和边缘分布差异来提高分类性能，同时最小化结构风险和优化边缘分布学习分类器。

（3）基于模型的方法。

基于模型的迁移学习方法是通过找到源域和目标域之间的共同参数来实现的，其前提是两个域之间存在一些共享的参数。目前，绝大多数基于模型的迁移学习方法都与深度学习相结合，对现有的一些神经网络层进行修改，在网络中加入适配层（概率适配层），然后进行训练来实现。

（4）基于关系的方法。

基于关系的迁移学习方法主要侧重源域样本和目标域样本之间的关系。具体实现方式可以通过借助于马尔科夫逻辑网络来挖掘不同领域的相似性关系。

3. 基于迁移学习的特装车辆识别设计

（1）数据准备及模型训练。

基于模型的迁移学习方法是通过找到源域和目标域之间的共享参数来实现的。特装车辆与民用车辆存在较大的相似之处，如两者之间存在轮子、车体、结构体关系等车辆的基本特性。为了开展特种车辆的识别，需要相关数据集，但一般特种车辆数据集少或缺失，而公开的民用汽车数据集较多，并且标注完整。因此，可将民用汽车作为源域，特种车辆作为目标域，采用迁移学习方法进行特种车辆的识别。

为识别图像中的特装车辆，首先在包含大量民用车辆的 coco（common object in context）数据集（该数据集专注于分类、高频次、常见应用场景的图像分类对象收集）进行预训练，再以采集的特种目标车辆进行迁移学习，使得模型可以有效地识别出特装目标车辆。采集的特装目标车辆，见表 8.2，A 车型、B 车型共 2 类，每类约 500 张图片。

根据采集的特装目标车辆数据集的大小，有三种实现方法：一是冻结全部卷积层，只训练自己定制的全连接层；二是先计算出预训练模型的卷积层对所有训练和测试数据的特征向量，然后丢弃预训练模型，只训练自己定制的简配版全连接网络；三是冻结预训练模型的部分卷积层（通常是靠近输入的多数卷积层），训练剩下的卷积层（通常是靠近输出的部分卷积层）和全连接层。

因采集的特装目标车辆数据较少，基于特种车辆和常用的民用车辆都具备车轮、车厢、结构关系等车辆基本特性，可采用第一种迁移学习方法实现特装目标车辆的识别，先在大规模的民用车辆数据上训练得到基础模型，然后迁移到特种车辆数据集上。

（2）模型预测。

模型预测结果见表 8.2，识别准确率都在 90%以上，为实现更高的识别准确率，可改进数据层面和模型及训练方法。例如，采集更多的数据集，丰富数据形式和背景内容，采用特征融合等方法加强模型的表征能力。

表 8.2　模型预测结果

特装车类别	A 型车	B 型无人车
图像		
识别准确率	91.5%	91.8%

8.2.7　端到端无人系统行驶学习

端到端学习是指不经过复杂的中间建模过程，直接从输入端输入，在输出端就可以得到预测结果，将预测结果和真值进行计算得到误差结果；然后采用优化算法使得误差结果减少，模型最终达到收敛，输出最终的结果，这就是端到端学习过程。

端到端无人系统行驶实现的基本思路如图 8.14 所示，主要包含训练和应用两个阶段。首先通过人为操作装有传感器的无人平台，在多种场景下操控无人平台行进，记录无人平台感知到的环境信息，如无人平台安装的多个摄像头、雷达等数据（在实际应用中，常安装多个摄像头、多个雷达采集不同角度周围环境信息），同时记录人为操控无人平台时的平台控制参数，如角速度、刹车、制动等信息；然后构建深度卷积神经网络模型，以传感器感知到的无人平台周围环境数据为输入数据，采集到的人为操控行进的角速度、刹车、油门等信息为监督量，在高性能计算机上训练满足要求的卷积神经网络模型；在实际无人平台应用时，将训练得到的网络模型部署在无人平台控制计算机上，获取与人为操控采集数据时同样安装位置的同种传感器数据，作为训练好的深度卷积神经网络输入量，计算出预测的无人平台控制参数（角速度、刹车、油门等），最后输入到无人平台控制计算机，控制平台自动行驶。

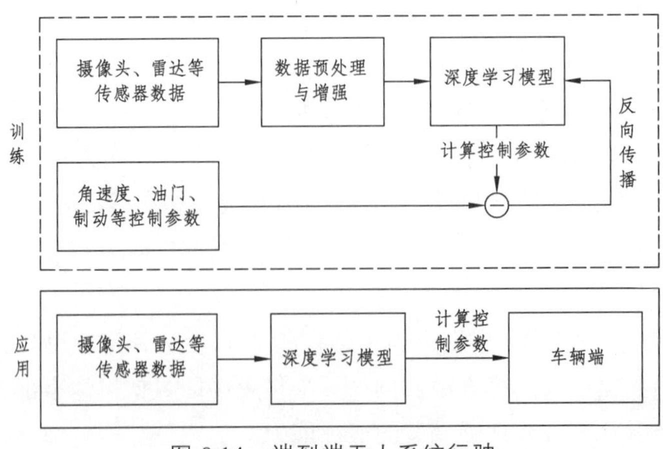

图 8.14　端到端无人系统行驶

端到端无人系统行驶模块划分少，而且通过人为操控行驶行为训练得到，接近人的行为，具有成本低、拟人化等优点。但该技术还处于研究阶段，存在以下难点：① 作为一个黑盒输入感知环境信息，输出控制量在应用中出现行驶失败时，难以找出导致失败的子模块，具有实际调试困难，模型构建难的问题；② 难以完全适应所有位置环境中的自主行驶，无人系统行驶真实路况千差万别，对于常见场景，可以很容易采集数据使得模型学习到人的操控行为，但是对于复杂的未见过的场景，难以完全适应，即提升端到端无人平台自主行驶模型的泛化能力难度较大。

通常在端到端无人系统的网络模型构建与训练时，首先需要在模拟器中模拟行驶，采集模拟环境中传感器数据与操控行为数据，训练神经网络模型，验证模型的可靠性，然后再将网络模型应用于真实环境。模拟端到端无人系统行驶环境由模拟行驶的模拟器和深度学习框架等部分组成。典型的模拟行驶的模拟器有 Udacity 自动驾驶模拟器，可训练和测试模型。该模拟器在无人平台前方安装左中右 3 个摄像头，可以采集 3 路视频图像，同时记录无人平台行驶的角速度、油门和制动数据，供端到端无人平台自主行驶模型训练。

图 8.15 所示为 NVIDIA 公司提出的 PilotNet 端到端无人平台自主行驶模型的网络结构图。在模拟环境中，训练得到的 PilotNet 网络模型具有较好的自主驾驶性能，可以平稳地行进在道路中，甚至在崎岖的山路中都可以长时间行驶，图 8.16 为训练得到的模型在模拟器模拟驾驶示意。NVIDA 公司对 PilotNet 学习到的特征进行可视化，在模型预测过程中，该模型可以学习到障碍物、车道线等影响驾驶的因素。虽然 PilotNet 在平缓的道路中可以稳定行驶在道路中央，但在长时间行驶在崎岖复杂的山路中时，仍然会出现停滞不前等现象，因此该网络模型仍需继续优化。

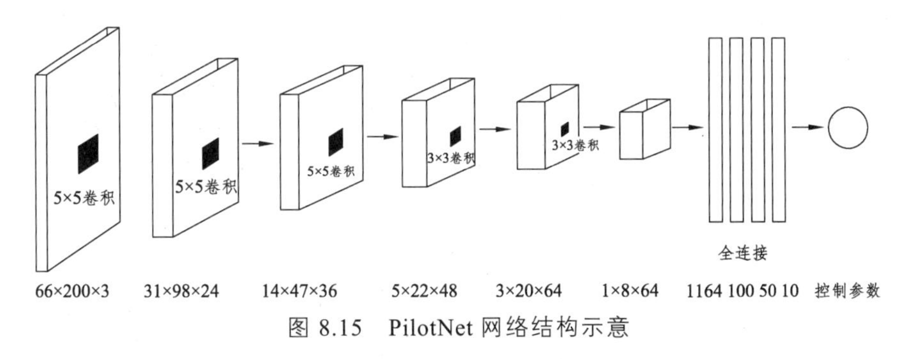

图 8.15 PilotNet 网络结构示意

总的来看，端到端无人平台自主行驶可直接通过输入数据，经过深度卷积神经网络模型计算得到车辆控制参数，实现自动行驶，简化无人平台自主行驶的流程与计算复杂度，但相比其他应用卷积神经网络的任务，端到端无人平台自主行驶目前仍然处于研究阶段，未来可从数据的采集、预处理和端到端网络模型设计与训练多个方面展开深入研究，迁移卷积神经网络在其他任务的成功网络，实现端到端无人平台的自主行驶。

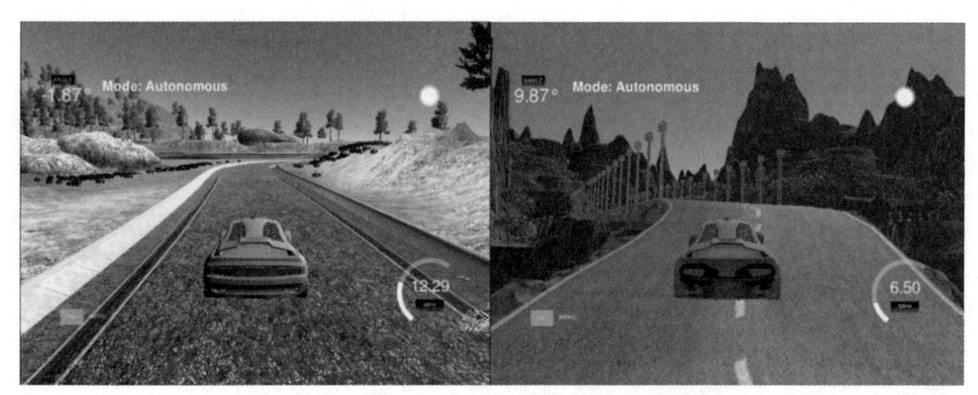

图 8.16 PilotNet 训练模型模拟器行驶 hi2 示意

8.3 操控员学习与训练

8.3.1 系统设计

操控员学习和训练是一项能力驱动工作，面向操控员，重点学习和训练操作技能、合成演练和对抗训练 3 方面能力。3 个方面的训练一般都需要经过理论学习和培训、模拟训练和实装训练 3 个阶段。其学习和训练系统由学习和训练条件、环境构建、方法、数据、效能评估 5 个部分组成，如图 8.17 所示。

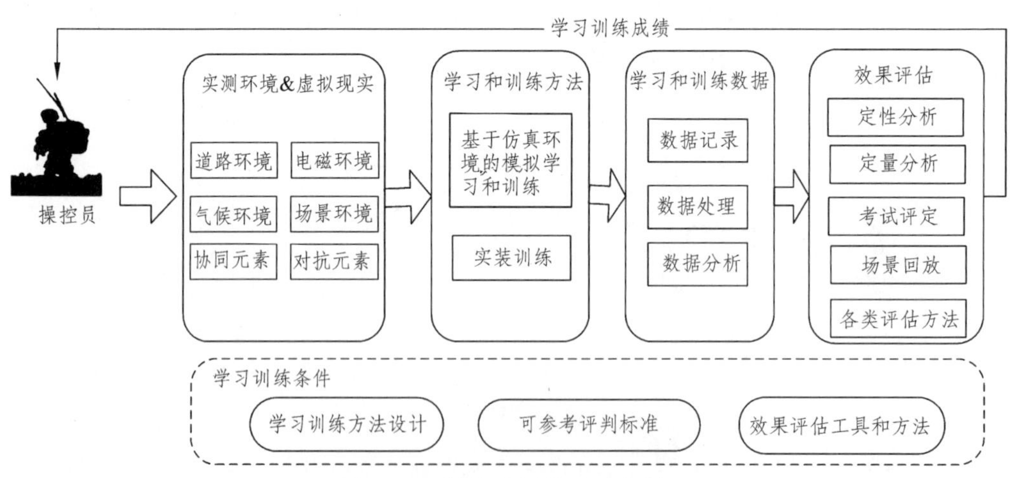

图 8.17 操控员训练系统设计

（1）学习和训练条件为学习和训练提供方法设计、可参考评判标准以及评估工具和评估方法等，是开展学习和训练的基础。

（2）学习和训练环境是基于学习和训练需求，进行组合化环境的构建，包括实际环境、虚拟环境和数据环境等。场景构建是面向训练任务的特定时、空、电的环境系统，可以是实测环境，也可以是虚拟空间。基于实际环境和虚拟环境的测试一般采用异步方式。面向地面无人系统的场景数据库需要逐步构建，可以通过在真实环境中得到的测试数据注入仿真环境，不断更新加强仿真环境。

（3）学习训练方法可以根据不同阶段采用不同的方法。第一阶段的操作技能培训重点在训练操控员应知应会，掌握基本原理和基本操作，能够对无人系统进行规范操作、处理异常情况，熟悉安全注意事项等；第二阶段是合成演练培训，重点在协同，尤其是多个操控员多个任务系统异构下的操作协同；第三阶段是对抗环境下的训练，训练操控员灵活应变能力和系统应用能力。对于面向地面无人系统的操控员训练来说，由于任务空间的时空连续性，采用实测枚举在实施中不太具备可操作性。因此，在训练方法上需要采用一部分虚拟训练来加大学习训练时长和场景样本，降低实装训练构建的复杂度，提升训练覆盖性。

（4）学习和训练过程中所产生的数据，将由数据采集装置进行同步收集，并输出到效能评估系统。

（5）效能评估系统按照需要，选择合适的评估方法进行评估，输出定量、定性和比对等评估结果。对于关键问题可以进行场景回放，进行可视化评判和分析。

8.3.2 模拟学习和训练技术

模拟学习和训练由教学子系统、模拟远程操作子系统、合成训练子系统、无人系统合成训练子系统、承载平台仿真子系统、控制台子系统、综合环境模拟子系统组成，如图 8.18 所示，各子系统之间通过计算机网络进行互联。

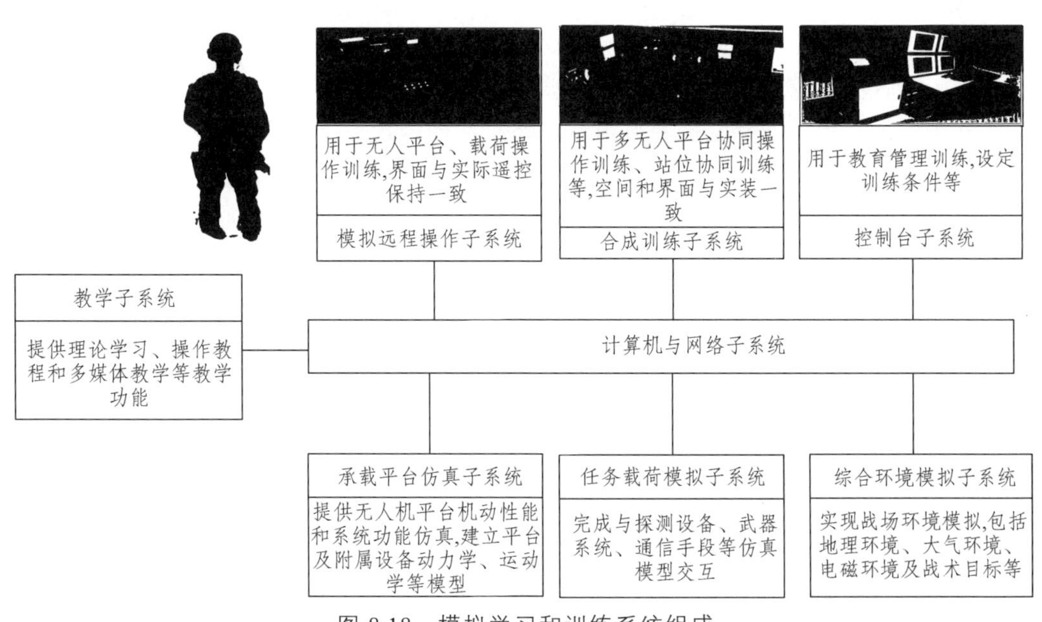

图 8.18　模拟学习和训练系统组成

（1）教学子系统。

教学子系统提供理论学习、操作教程和多媒体教学等功能。

（2）模拟操控员子系统。

模拟远程操控员子系统用于无人平台和载荷操控训练，其遥控界面与实际装备保持一致，遥控设备可以采用实装或训练设备。遥控终端训练设备通过有线/无线方式与模拟训练环境互联，支持操作员对仿真环境中无人平台进行操作，并做出响应。

（3）无人系统合成训练子系统。

模拟操控车开展多无人平台协同操控训练和席位协同训练，提高平台控制与载荷控制的协调性，其空间、界面与实车保持一致。

（4）承载平台仿真子系统。

提供无人平台机动性能和系统功能的仿真，建立平台及附属设备动力学、运动学等模型。无人系统需考虑无人系统的平台几何特性、运动模式、武器参数、攻击与被攻击参数等。特别是虚拟场景中需要考虑无人系统与物体碰撞、受到攻击等特效，对模拟真实运行起到至关重要的作用。例如，判断无人平台是否与障碍物、建筑物等发生碰撞，如果没有碰撞检测，那么无人系统将会直接穿越，而不是直接停止，因此碰撞检测可以更加真实地刻画与场景中对象的交互。

（5）任务载荷模拟子系统。

载荷模拟子系统模拟了无人平台的任务载荷系统，主要包括侦察光电、武器控制、通信中继等载荷，该子系统主要完成一系列功能载荷的仿真交互。可以通过控制台进行按需配置。

（6）控制台子系统。

控制台子系统用于教员管理训练和设定训练条件等，包括训练等级设定、无人平台设定、综合环境设定、载荷设定等。通过设定不同的训练条件，模拟全流程和全场景，并按照由易到难的程度，因材施教，逐步提高操控员的操控技术水平。

（7）综合环境模拟子系统。

综合环境模拟子系统主要用于实现环境模拟，包括地理环境、大气环境、电磁环境及目标等。

环境构建中，将复杂的现实环境分解为简单的组成元素，重新进行排列组合，生成逼真的测试场景环境。组成元素又可以分为静态环境和动态环境元素。静态环境元素包括静态的建筑、道路、设施、指示标志等；动态环境元素包括运动目标、天候、态势、电磁环境等实时变化的内容。

8.3.3 实装学习和训练技术

实装学习和训练主要基于无人实装系统在训练场进行操控技能的训练。操控员所面向的装备包括各类遥控设备和无人系统，重点是进行实装学习和训练规程的落实，尤其是安全措施、异常情况处理和故障处理等，确保在无人系统实装安全的情况下，进行一定强度、频度和复杂度的训练。

实装训练需要参照训练方法加以实施，包括训练环境的构建、流程的安排、异常情况处理和安全保障措施等。实装训练的装备在数量和技术状态上应符合训练的规定，包括实装训练设备、陪试设备和训练监测设备等。在此过程中产生的环境数据、行为数据和行动数据等都将记录，用于效果评估。

8.3.4 学习训练评估技术

评估技术是采用专业的方法，依据考评准则，遵循“公平、公开、公正”的原则，依据设定的流程，运用科学方法，对学习训练成果进行分析、评价和估量的一种技术。本节主要介绍对操控员进行训练效果评估、等级评价等方法。

评估和评级的前提条件是可参考的考评标准、评估工具和评估方法，在此基础上将所记录的训练数据进行处理分析，通过定性分析、定量分析和评估方法，得出考评结论并反馈给操控员。在评估过程中，可以通过场景回放对存疑内容进行核对。

对于操控员学习训练的评估需要结合 3 个方面考虑：一是结果导向评估，即对无人系统的操作结果为重要的评估依据，并占有较大的效果评价比重；二是行为导向评估，对关键环节的行为和反应进行观察，以加强对操控员自身操控行为的评估；三是特质性评估，重点从心理学上对操控员特质（适应性、灵活性、稳定性、潜质等）进行评估。

结果导向评估中，可以采用评分表法，按照参考标准所规定的评估要素对结果进行评估，把结果与规定表中的因素进行逐一比对打分，得出总分，然后根据总分情况和等级评定方法，得出操控员等级结果，如设定为优秀、良好、一般等。这种方法在评估标准确定的情况下使用，具有一定的客观性。结果导向评估也可以采用关键指标评估，即将评判标准简化为几个具体的、可覆盖和可衡量的关键指标，将评估结果与关键指标做比较，这一方法可以减少工作量，但在覆盖全面性上有所不足。对于模拟训练，由于学习培训环境相对可控，建议采用评分表法；对于实装训练，综合考虑在环境设置上场地、时间、经济性等约束以及实装设备的寿命和维修成本等，建议可以采用关键指标评估方法。

行为导向评估可以采用行为观察表法，首先设定合规有效的行为标准，将观察到的操作行为与评价标准进行比较评分，每一个操控行为得分的综合为总成绩。这一方法有利于操控动作的规范化，并可以帮助建立操作指导作业书。需要注意的是所观察到的操控行动最好能客观评价，应通过行为识别技术进行客观评估，并实时打分。

特质性评估可以采用图解式评估表法，将操控员所需要的不同特质进行列举，每个特质给定评价标准和分值。操控员的特质包括面对新事物和新环境的适应性、面向异常情况的灵活应变性、面向不同场景的心理稳定性、基于学习和成长反馈的潜质。这一评估一般不能直接对操作员进行正确的行为引导，但可以在任务执行的人员选拔、筛选培养发展对象等方面提供参考建议。

8.4 本章小结

本章阐述了面向无人系统的学习与训练体系，通过构建持续提升“机”性能的机器学习和提升操作员技能训练的学习与训练平台，形成面向无人系统更快捷、更安全、更有效、更具经济性的学习和训练手段。在机器学习方面，简要介绍了机器学习的系统组成、算法训练基本流程，并对无人系统典型应用中的可行驶区域识别、目标检测和识别、特种装备识别进行了机器学习和训练的方法介绍，对端到端无人系统行驶行为学习进行了探索。在操控员学习与训练方面，概要设计了操控员训练系统，并阐述了模拟学习和训练、实装学习和训练以及学习训练评估技术。

另外，由于未来无人化、智能化作战军事理论还在探索发展中，相关的训练效果评价也未形成体系。本章主要从操控员技能训练的角度进行了学习、训练和评估技术的介绍，未涉及无人作战训练与评估。

9 地面无人系统的发展趋势

当今时代正处在机械化、信息化、智能化融合发展的特殊历史时期，新一轮的科技革命、产业革命乃至军事革命正在加速演变，谁具有技术变革的敏感性并首先实现技术上的突破，谁就能掌握未来“战争游戏”的话语权、控制打赢未来战争的制高点。作为推动战争形态转变的核心力量，地面无人系统发展建设必须深刻了解未来战争形态演变，前瞻设计作战应用模式，牢牢把握关键技术发展方向，进而加速推动地面无人系统向实用化、装备化发展。

9.1 面临的挑战

随着无人化和智能化等新兴技术的不断创新发展与应用，未来战争形态将由当前的信息化战争向智能化引领下的信息化战争过渡，进而向“无人作战”、“智能战争”演进。进入21世纪以来，以美国为代表的军事强国为继续保持其军事优势，依托军事理论的创新和技术的进步，先后提出“多域战”“马赛克战”“算法中心战”“决策中心战”等多种新兴作战概念并陆续展开试验验证，不断催生新的作战理论和颠覆性技术发展。特别是美陆军“多域战”的提出，使得未来陆战领域野外空间、制胜机理、对抗环境、行动样式等发生深刻变化，地面无人系统的建设发展将面临更多挑战。

9.1.1 战场空间大幅拓展

未来的战争空间必将是“物理域、信息域、认知域及社会域”等各作战域的高度交织和相互作用。陆战将由传统的陆地向海洋、空中、太空等物理域，以及网电信息域、智能认知域等作战领域延伸拓展，通过智能化网络信息系统将性质、功用、层级、结构各不相同的人联网、物联网、机联网、弹联网等“集网成云”，形成贯通物理域、信息域、认知域的跨域集成“作战云”，通过广域分布的各作战力量多域联动寻找“即时优势窗口”，达到“一点突破、多域跟进、全域打击”的作战效果，从而实现陆战体系作战效能的最大化。

9.1.2 以智取胜成为关键

未来作战将高度依赖人工智能技术，能否夺取“制智权”“制信息权”将成为决定战争胜负的关键因素。随着人工智能技术在军事中的广泛应用，未来作战体系将具备高自主化、高实时性的“战场态势感知、指挥控制决策、作战行动实施和作战效果评估”等智能化作战能力，智能化网络信息系统将作战要素和战场资源深度耦合，形成“人在回路、物在感知、随遇接入、动态重组”的自学习、自组织、自重构、自协同、自适应、自演进的智能对抗体系。显而易见，拥有更高人工智能水平的作战方，必将拥有战场主动权和控制权。

9.1.3 对抗环境复杂多变

面对多样化的任务场景和不确定的对抗对手，未来陆战场作战将面临多样化的复杂应用环境。一方面，地理空间环境复杂多样，未来陆战不仅要面对传统意义上的平原、沙漠、湿地、丘陵、山地、高原等地形地貌，还要面对壕沟深坑、建筑残骸、河流河沟、阻隔设施等难以直接通行的非自然障碍，甚至将面对城市地下空间狭小、潮湿、昏暗、走向不规则等恶劣战场环境。另一方面，网络电磁环境影响重大，陆地作战不仅将面临对手更为强大的电磁干扰与压制、网络攻击甚至数据诱骗等，与空海作战相比，陆战指挥通信受地形地貌和周边环境的影响更加严重，甚至在深入地下空间时，其通联和定位将面临严峻考验。

9.1.4 “无人作战”成为常态

随着无人系统的不断涌现和规模应用，未来战场上将活跃着数不清的智能化无人兵器，“平台无人，系统有人”的“无人作战”将颠覆传统的作战样式，对陆域作战产生深远的影响。一方面，传统的士兵和武器将部分被无人平台所取代，有人、无人混合编组甚至无人平台独立编队将成为作战力量构成的常态模式，充分融合“人”在感知认知、指挥决策等方面的先天优势与“机器”在精确计算、无畏行动等方面的固有特点，作战行动将呈现“无人在前、有人在后”有/无人协同的典型特征，决策更加精准高效、行动更加坚决有力。另一方面，随着无人平台自主能力不断提升、载荷技术不断发展，新的作战行动样式将不断出现，如远程遥控精准攻击、不间断巡逻监视、无人自主察打一体、狼群/蚁群饱和攻击、隐蔽潜伏突袭攻击等，作战能力将大幅提升。另外，无人平台能够在高温、极寒、有毒、辐射等极恶劣环境条件或“人类禁区”中执行任务，将催生出极地、地下、微小空间等新的作战领域，未来战争将更加复杂多变。

9.2 发展趋势

不断发展演进的战争形态和任务需求，既给地面无人系统的发展建设带来了巨大的挑战，也为其快速发展带来了难得的机遇，在不断创新技术提升执行任务能力的同时，反过来进一步推动未来战争形态的加速演变，呈现螺旋上升的基本形态。

9.2.1 机动平台向高机动、多模态、跨域式发展

适应未来“多域战”应用需求和任务环境的不断变化，地面无人系统的行动空间将从单一的地面机动向低空、水域、地下等多种空间延伸，推动地面无人平台机动能力跨越式发展。

1. 快速地面机动

适应各种地形地貌的高速机动能力，既是地面无人系统发展建设的基础，也是其

始终追求的目标。未来的地面无人平台将能够适应平原、沙漠、城镇、湿地、高原、丘陵等更加广泛的地形地貌和地质环境，行驶速度更快、越野能力更强，用更短的时间到达指定地域执行各种任务。

2. 高能跨障通行

克服各种地面障碍的跨障通行能力是对地面无人系统的基本要求。未来地面无人平台将不仅能够跨越当前有人平台能够跨越的壕沟、深坑、矮墙、残骸等，还将充分挖掘其不受人的生理条件约束的优势，以更高的机动速度、更大的垂直/水平倾斜角度、甚至更为“诡异”的姿态，跨越有人平台难以跨越的障碍，从而大幅度提升战场的机动通行能力。

3. 多样化行走样式

适应多样化的任务环境系列化发展地面无人平台多种行走机构，是地面无人系统的重要发展方向。除了常规的履带/轮式、两足/多足等独立行走机构，未来也将逐步实现可变行走机构的多模态无人平台，它不仅能够在相对平坦开阔地面采用履带、轮式等行走机构高速机动，还能够在室内、楼梯等某些特殊场景下变换行走样式，利用两足或多足等仿生结构快速灵活通行。另外，为适应孔洞、管道、裂缝等微小空间任务需求，还可能出现类蜘蛛式的爬行机构、类蠕虫式的软体机构等，大幅度拓展地面无人平台的应用范围。

4. 跨域空间机动

满足多域行动需求，加速推动无人平台从单一地面机动向水陆、陆空跨域机动发展，是地面无人系统的又一个重要发展方向。一方面，水陆两栖无人平台一直是地面无人平台的发展重点之一，在可见的未来，其水下潜渡能力、水上航渡能力以及登陆突击能力都将比肩甚至超越有人平台。另一方面，陆空无人平台近期成为发展的热点，这类无人平台结合了传统的无人车和无人机的机动特点，能够在相对平坦的地面环境下高速机动，又能在短时间内实现低空掠行，从而极大提高了地面无人平台跨障通行和执行任务的能力。但是，当前无论水陆还是陆空无人平台发展还存在很多矛盾和不确定因素，需要紧密结合任务需求推动相关技术突破。

9.2.2 任务载荷向多样化能力集成转变

随着地面无人系统不断发展和走入战场，各种新的作战样式将不断出现，地面无人系统的任务需求也将从适应传统的 3D（Dull、Dirty、Dangerous）恶劣环境执行诸如侦察监视、运输保障、排雷排爆等辅助保障类任务行动，向火力打击、网电攻击等主动攻击类任务行动发展，多样化的任务载荷和能力集成是未来地面无人系统发展的必然要求。

1. 察打一体

基于无人平台的察打一体实现“零伤亡”的“发现即打击”能力，是未来无人化作战的基本样式。未来的地面无人平台将集侦察、火力为一体，充分发挥其小、快、灵等特点快速抵达作战地域，利用其抵前侦察监视和精准目标识别的优势，迅速锁定目标并利用自身携带的武器系统实施攻击，或引导远程、空中火力实施精确打击。因此，高性能的光学、雷达等探测手段和小型化的武器系统以及多载荷集成技术等，将成为未来地面无人系统的重要发展方向。

2. 侦抗通融合

“制电磁权”是未来战场的争夺焦点并将贯穿整个作战过程，电子攻击、防护、支援行动将成为地面无人系统又一个新的应用领域。未来地面无人平台将能够充分发挥其直接面对对手的行动优势，精确探测和认知战场前沿对抗双方的电磁频谱特征，针对对手用频设备实施跟踪或压制干扰，同时能够自动感知和挖掘频谱空穴支持己方用频需求，必要时还可作为中继或补盲节点，增强己方在复杂地形环境和电子对抗环境下的可靠通联能力。因此，智能化的频谱探测和认知能力、宽频段的射频综合能力、多孔径天线与定向辐射能力等将得到快速发展。

3. 多平台集成

未来复杂战场环境特别是地形地貌和各种障碍，将给地面无人系统的侦察和通联能力带来极大影响，而通过携行小型无人机实施低空伴随保障，将有望彻底解决这一难题，这也是地面无人系统的一个重要发展方向。围绕这一能力形成，将需要重点解决地面无人平台和无人机之间的平台集成、机动伴随、信息共享与任务协同等问题以及无人机施放和精准回收等难题。

9.2.3 行为控制向多机群控、自主决策、人机协同转变

随着无人系统自主能力的不断提升，地面无人系统将从简单的“执行体”“受控体”向具备自主决策能力的“自主行为体”转变，其行为控制方式也将从传统的一对一遥控向一对多群控发展，并向全自主、人机协同转变，未来的地面无人系统将逐步发展成为陆战人员的亲密伙伴，进一步推动陆战形态的加速演变。

1. 控制手段由“一对一”向“一对多”转变

随着越来越多的地面无人平台的战场应用，传统的“一对一”甚至“多对一”的

遥控式、保姆式使用方式将使得作战指挥不堪重负，实现对多个无人平台的群控式指挥控制将是地面无人系统发展的必然趋势。未来战场上，伴随着平台自主能力的提高、作战指挥方式的转变，通过一名控制人员直接控制一组地面无人平台，或通过数个中心控制台站实现对整个无人集群的控制将成为可能，从而大幅度提高地面无人平台的应用规模，加速向“无人作战”样式转变。

2. 行为方式由受控执行向自主行动转变

当前受限于技术发展水平，地面无人平台主要以简单的远程遥控和预编程控制为主，无人平台执行任务严重依赖人的预先设计或基于可靠视频链路、人的亦步亦趋操作控制，这种行为方式将难以适应未来复杂多变的战场环境。未来地面无人平台随着自主能力提高，将逐渐摆脱受控的执行体角色，能够正确理解人的概略性、任务式指挥意图，自主机动进入战场、自主探测和认知周边环境、自主优选行动方案并在人的决策干预下自主完成任务行动，甚至实现人在回路之外的全自主决策与行动，地面无人平台将由当前辅助工具式的“士兵机器”逐步发展成为未来具有一定战斗思维的“机器士兵”。其中，多源传感信息处理、高密集度计算、基于学习的行为决策以及高性能处理硬件等，将成为重点发展方向。

3. 指挥决策由辅助计算向虚拟参谋转变

随着微电子、信息处理等技术的不断进步，特别是人工智能技术迅猛发展，算法、算力大幅提升，地面无人系统的信息处理能力和智能化水平不断提高，也越加“聪明能干”，更加深度参与指挥决策过程成为必然的发展趋势。未来地面无人平台不仅将进入“战位”替代士兵进行战斗，还将大量进入指挥机构充当“谋士”辅助指挥员进行作战指挥；不仅能够以超越人的速度和规模来处理业务流程与数据，加快指挥作业进程，而且能够从海量的战场数据中挖掘更多有价值的信息支撑指挥员正确判断，甚至能够以“虚拟参谋”的方式对战场形势进行分析预判并提供行动方案支撑指挥员精准决策，从而使人能够从烦琐的业务活动中解脱出来以更加关注作战进程，可充分发挥人的灵活性、创造性和机器的计算精准性、逻辑性，实现作战指挥的人机协同。随着可信任人工智能的发展，未来还可能出现无人与有人系统之间“互信式”交流互动，地面无人系统将真正成为有人系统的“作战协同伙伴”，未来陆战形态将呈现颠覆性的变化。

9.2.4 平台运用向多智能体协同转变

面对未来高对抗性、高不确定性、高动态性的战场环境，单一无人平台所能执行的任务能力有限，生存能力受到越来越大的挑战。未来地面无人系统将从当前单一平台、分散运用向集群化规模运用的多智能体协同转变，通过采取低成本无人平台编组实施以量增效的集群作战，对敌实施连续密集的饱和式攻击，迅速形成作战优势并大大降低作战成本和效费比，以数量优势弥补单一平台功能或能力的不足，大幅增强无人系统的生存力、突防力和毁伤力。越来越多的“群体式”无人平台的广泛运用作战样式出现，将催生新的作战样式，甚至直接改变战局结果。

1. 母舰式群体协同

母舰式群体协同表现为嵌套组合的机器人系统，通过母舰母机携带大量低成本微小型无人系统，可以按需快速投放/回收。母舰和母机可以以无人集群实施指挥控制、无人集群作为执行体完成作战任务，是相对比较容易实现的一种群体协同模式。母舰、母机可以是有人系统，也可以是无人系统。但未来一段时间内，无人系统难以独立完成复杂的作战任务，有人系统指挥无人集群将是主要的协同模式。目前，典型的研究项目有“小精灵”“山鹑”和“郊狼”等。

2. 领航式群体协同

领航式群体协同表现为单个无人/有人系统引领多个无人系统一起运动，是跟随的模式，模拟狼群觅食行为的“狼群”作战，主要用于解决不同智能体的组合问题。区别于母舰式群体协同，领航式群体协同的无人/有人系统与其他无人系统一样，都需要执行攻击或保障等任务，其作用是引领式的，榜样的作用，而母舰式群体协同一般只提供指挥控制功能，不参与执行具体攻击或保障任务。典型的研究项目有雁群式弹药和跟随式运输车队等。

3. 集群式群体协同

集群式群体协同表现为无中心、自组织的机器人群体，其灵感源于蚁群、蜂群等集群生物，这类生物的共同特点是个体弱小、能力有限，但却能群愚生智，有着非常强大的群体协作能力，能够完成诸如筑巢、越障、搬运等非常精巧复杂的工程。相比母舰式、领航式群体协同，集群式群体协同的显著特点是去中心化、自主化和自治化，系统没有主导节点，一旦集群中任何个体消失或丧失功能，整个群体依然有序地执行任务。无人为操控，所有个体都会观察临近个体的行为，但不对其产生直接控制作用。所有个体形成稳定的集群结构，一旦任何个体脱离集群，新的集群结构会快速形成并保持稳定。典型的研究项目有“蜂群冲刺”等。

9.3 关键技术发展方向

地面无人系统相关领域的关键技术发展，需要时刻聚焦地面无人系统的应用方式和发展趋势，时刻对标未来战争的形势特点，以原创性、颠覆性和交叉性的技术突破，为地面无人系统的发展奠定技术基础。

9.3.1 先进平台技术

先进的地面无人平台，是地面无人系统执行各种作战任务的载体，也是地面无人系统发展建设的基础。当前，制约地面无人平台大规模应用的主要因素是平台机动与越障能力不强、多源信息智能感知与融合处理能力弱、能源动力快速充放与持续稳定性较差等问题，突破这些瓶颈，可以从新型地面无人平台构型设计与行走系统技术、多源信息融合下的复杂环境感知与认知技术、先进的能源与动力技术等方面进行研究。

1. 新型地面无人平台构型设计与行走系统技术

针对传统轮式和履带式行走机构对复杂地形的适应局限性，无法满足多样化的任务需求，应积极探索新概念和新构型行走机构与行走驱动技术。为了全面提升未来战争环境下地面无人系统复杂地形的自主机动能力，即确保平台的高适应性和高通过性，应深入研究机动平台的行走机理、构成型式及控制系统。具体技术方面，包括多轮协调控制技术、轻量化橡胶履带的高机动和高承载无人行走技术等。在足式仿生行走平台上，研究长航程、重载型仿生牦牛技术，对系列化新构型机动系统、多栖机动平台、母舰型多平台搭载技术进行研究，实现极端环境的高效适应和长时自维持，具备超越有人装备的广域机动作战能力。

2. 多源信息融合下的复杂环境感知与认知技术

为了突破无人系统感知与认知中的关键瓶颈问题，可通过融合人工智能与传感器技术，进行无人平台机动环境的探测、认知与理解技术研究。基于红外、可见光、雷达、电磁频谱等单类传感器及多源异质传感器一体化融合，实现匹配感知到“机器学习＋在线认知”的自主实时感知；结合试验、情报、历史数据等进行大数据分析、挖掘和学习，构建地面无人感知与认知系统平台及其测试验证环境，为机器学习、软硬件重构及其工程应用提供物理基础；实现复杂战场环境下对固定、活动、隐身、电磁静默等地面、空中目标的一体化、智能化协同发现、识别、跟踪、指示和预报，提升非结构环境中的凹、凸障碍物，分割可通行区域和不可通行区域的识别能力，为无人平台的自主机动提供支撑。

3. 先进的能源与动力技术

为满足无人平台发展急需，针对无人平台动力亟待解决能源与动力不足不稳、持续时间短、充放电转换速度慢等问题，结合无人平台动力系统的特殊性，主要研究地面无人平台的新型动力能源技术，尤其是轮毂电机驱动、高效轻质柔性薄膜太阳能电池等技术，采取全电式或串联增程式能源动力、基于燃料电池的能源动力模式，提升无人平台的能量功率密度，以确保长时间执行任务的能力。采取自主加油、无线快速充能和拒止环境自补给等模式，研究加油会合智能规划与自动精确对接、能量束高质量生成与驱动跟踪、能量高稳转换与柔性充电材料制造、强/弱磁场快速无线充电等关键技术，解决小型和微小型无人机在复杂气象和地形条件下的能源快速补给问题，实现无人平台长时间、甚至不间断机动与飞行。

9.3.2 自适应可靠通信技术

自适应可靠通信是不依赖卫星通信、可以自主判断通信条件、自动适应通信条件变化的无线电通信技术，具有实时自动选频、自适应跳频、自适应调零天线阵、自动功率控制、自动时延均衡等特性。为满足无人平台对通信的时效性、可靠性、精准性和安全性要求，需要研究高速大容量无人测控数据传输、数据链抗干扰/抗截获/反控制、战场频谱智能探测与控制等关键技术，以保证无人装备高效完成任务信息传输和遥控、跟踪定位等功能，也是达成无人平台间协同控制、有人/无人协同控制的基础。

1. 高速大容量无人测控数据传输技术

为满足地面无人系统协同作战需要，构建无人平台测控数据高速大容量宽带传输骨干网，研究网络化测控通信总体架构、高效数据压缩、高效调制解调、高符号率信号预失真、宽带信道估计与均衡、高效编译码、小型高增益共形天线等技术，以提高频带利用效率，扩大信息传输容量，满足大容量任务载荷和多载荷数据传输的需要。

2. 数据链抗干扰、抗截获、反控制技术

无人平台所处的通信环境恶劣，面临的干扰和截获风险大，数据链安全运行难度大，可从低副瓣定向天线、高透波型和高选择性隐身天线罩、低截获信号、以隐身信号波形、高性能空域陷波、猝发快速扩跳频、信源合法性检测等技术方向进行研究，以进一步提升数据链抗干扰、抗截获、信息安全保密能力，构建地面无人平台隐身性、抗干扰、抗截获能力强的数据链系统，满足地面各类无人系统在复杂战场环境下作战需要。

3. 频谱智能探测与控制技术

在山区、丛林、城镇等复杂地形条件下，地面无人平台行进或机动作战，面临的无线信道环境将复杂多变，智能化通信组网系统需要及时感知全网的频谱情况，进而

调整通信和网络参数。为实现智能化频谱决策、大规模用户的高效接入、环境最优传输和极端条件下的最低限度通信保障能力、有效利用复杂战场环境等，满足通信自适应探测与控制的需求，需要研究多跳网络动态频谱快速感知、基于智能资源管理的多维接入、波形智能重构和参数自适应、基于多维认知的自适应通信控制等关键技术。

9.3.3 集群协同控制技术

同构或异构无人集群在多域空间完成协同控制的相关技术，是完成作战方式转变的颠覆性技术，以“群”的方式对目标实施侦察、干扰、突击、防御等作战行动，能够使对方的探测、跟踪、拦截、打击等各种行动能力迅速饱和，进而形成作战优势。无人集群必须具有高度的自主能力和协同能力，以应对环境的对抗性和任务的复杂性。

1. 集群行动控制技术

编队是无人集群执行任务的形式和基础,常用的编队控制方法主要有基于行为法、领航跟随者法、虚拟结构法、人工势场法、图论法等，这些方法都能实现基本的编队控制，但是同样都存在着一定的缺陷，如跟随者领航法没有明显的队形反馈，基于行为法对机器人的行为确定和分析比较困难等。在未来实现队形控制的技术中，可充分运用各种方法的优点，开发基于状态切换的分布式编队控制策略，同时基于超宽带（UWB）测距构建集群队形反馈机制，在加强群内联系的同时降低编队控制算法的复杂度和对数据处理能力的要求。

2. 集群协同探测技术

集群态势感知和信息共享是集群自主控制和决策的基础，集群系统中的单机既是通信的网络节点，又是信息感知和处理的节点。实现未知环境探索和地图构建是集群首要发展的技术。集群对未知环境的探索需要解决两个核心问题，一是自身定位，二是环境建模。目前，主要采用基于激光和视觉传感器以及二者相融合的同步定位与地图构建技术（即 SLAM 技术），未来更进一步研究相对位姿计算方法以提高定位精度和计算效率。

3. 集群任务规划技术

针对不同作战任务，集群需要选取不同任务策略，对任务进行分组、分发，既要保证任务优先级、利益最大化、任务执行的均衡性，又要尽量减少任务执行时间、缩短任务执行路径。面向未来无人化作战对无人指控系统柔性组合、敏捷重构以及智能化需求，可以从软件定义指控系统架构、无人作战指控任务系统智能生成与重构、无人化作战方案漏洞自主发现、基于自主博弈的实时无人作战推演评估、人机协同的智能化行动控制、多无人作战任务联合行动智能规划等方面进行研究。

9.3.4 有人/无人协同技术

有人系统与无人系统之间在组织、决策、规划、控制、感知等方面既能够进行独立计算、存储、处理，又能够通过自发且平等的交互共融，达成集群的共同目标。有人/无人系统协同技术大致分为有人/无人遥控、有人/无人半自主协同、有人/无人自主协同 3 个阶段，随着无人装备的大量使用，有人/无人协同作战将成为现代战争的主要作战模式。

1. 智能人机交互技术

为实现智能人机操控和对作战任务和战场态势的高效准确理解，为指挥和作战人员的态势认知能力、作战控制能力和指挥决策效率提升提供支撑，可以从作战知识可视化、人机协同的感知与执行一体化模型、基于混合现实和脑机控制的深度情境感知、沉浸式态势展现、基于深度神经网络的语音识别、面向军事领域自然语言处理和任务、态势理解等方面进行研究，便捷实现自然人机交互，对指挥官或操控人员的作战意图或指挥控制指令理解更精准。通过虚拟现实和增强现实技术应用，实现无人装备获取的战场态势立体展示，提升有人/无人协同作战能力。

2. 虚拟参谋技术

针对未来先进指挥方式、指挥手段的需求，针对有/无人混合编队、可控无人作战等作战新特点，对无人化、有/无人协同、智能化、大数据进行持续深入研究，并重点对人机结合的智能化行动控制及协调、决策知识服务、以及智能化辅助决策、智能化指挥控制等技术进行研究，能够快速、准确理解指挥员的意图，精准判断战场情况，支撑同步任务规划和平行推演，在人的监督下筛选出最优方案，自动生成系列化作战行动调整指令，为构建“模型支撑、知识驱动”的智能辅助指挥决策系统，形成群体智能、自主协同、体系作战能力奠定技术基础。

3. 可信任智能技术

智能指挥控制系统是无人作战系统的核心，是完成无人作战任务的“大脑”，而可信任智能决策技术则是智能指挥控制系统实现自主决策行为的关键，处于最核心的地位。深度学习算法存在严重依赖海量数据、泛化学习能力弱且过程不可解释，难以获得人类信任的问题，未来需实现无人系统自动分析总结、给出行为决策推理过程以获得人类信任。相关技术包括基于“脑机”的指挥控制、数据标准与智能化组织和关联、网络与数据安全、基于知识引导的知识推理、可解释的模型和算法、安全介入与控制等，通过相关核心技术的突破，达到人与机器的深度融合。

9.4 本章小结

本章主要介绍了地面无人系统建设发展中面临的挑战、发展趋势和关键技术的发展方向。面临的挑战方面，主要分析了基于新技术、新作战概念的发展情况，包括以智取胜成为野外空间大幅拓展的关键，无人化作战将成为对抗环境复杂多变的常态等。发展趋势一方面来源于人工智能、芯片、无人平台等技术的促进，另一方面来源于环境、装备、技术各方面发展的推动。本章介绍了地面无人系统可能的发展趋势，并针对这些发展趋势，提出了先进平台技术、自适应可靠通信技术、集群协同控制技术、有人无人协同技术等关键技术的发展方向，可为地面无人系统的研究提供参考。

参考文献

[1] 范鹏程，祝利，李政，等. 美陆军无人地面载具现状及发展趋势[J]. 飞航导弹，2016（11）：60-64.

[2] 高明，周帆，陈伟. 地面无人作战系统的发展现状及关键技术[J]. 现代防御技术，2019，47（3）：9-14.

[3] 吴泉源，刘江宁. 人工智能与专家系统[M]. 长沙：国防科技大学出版社，1995.

[4] 王璐菲，李彩军. 美智库：马赛克战是人工智能与自主系统支撑的决策中心战[N/OL]. 国防科技要闻，2020-02-11[2020-02-17]. https：//sohu.com/a/373639466_635792.

[5] 牛轶峰，沈林成，戴斌，等. 无人作战系统发展[J]. 国防科技，2009（5）：1-10.

[6] 朱秋国. 浅谈四足机器人的发展历史、现状与未来[J].杭州科技，2017（2）：47-50.

[7] 周宇，杨俊岭. 美军无人自主系统试验鉴定挑战、做法及启示[EB/OL]. 国防科技要闻，（2017-03-28）[2017-03-27]. https//www.sohu.com/a/130631935_465915.

[8] hawk26 讲武堂. 装车轮的坦克：瑞典 L-30 轮履两用坦克研制实录[EB/OL]. [2018-04-19]. https：//m.sohu.com/a/228839413_612346/?pvid＝000115_3w_a

[9] LI L, LIN Y L, ZHENG L L, et al. Artificial intelligence test：a case study of intelligent vehicles[J]. Artificial Intelligence Review, 2018（50）：441-465.

[10] 郭颖辉，郭继周，詹武. 装备技术体系结构设计方法[J]. 指挥控制与仿真，2015（4）：108-112.

[11] 管磊，胡光俊，王专.基于大数据的网络安全态势感知技术研究[J]. 信息网络安全，2016（9）：45-50.

[12] 刘震，罗欣. 嵌入式实时数据库技术研究[J]. 电子产品世界，2005，000（2A）：57.

[13] 李洋. 智能车辆障碍物检测技术综述[D]. 成都：四川大学，2019.

[14] MA X，WANG Z，LI H，et al. Accurate monocular 3D object detection via Color-Embedded 3D reconstruction for autonomous driving，Mar. 2019.

[15] ZHOU Y，TUZEL O.VoxelNet：End-to-End learning for point cloud based 3D object detection，Nov. 2017.

[16] YAN Y，MAO Y，LI B. SECOND：Sparsely embedded convolutional detection[J]. Sensors，2018，18（10）:

[17] WANG W，SAKURADA K，KAWAGUCHI N. Incremental and enhanced Scanline-Based gsementation method for surface reconstruction of sparse LiDAR data Remote Sensing，2016，8（11）：967.

[18] NARKSRI P，TAKEUCHI E，NINOMIYA Y，et al. A slope-robust cascaded ground segmentation in 3D point cloud for autonomous vehicles[C]//IEEE International Conference on Intelligent Transportation Systems（ITSC）. 2018：497-504.

[19] LAMBERT J，LIANG L，MORALES Y，et al. Tsukuba challenge 2017 dynamic object tracks dataset for pedestrian behavior analysis[J]. Journal of Robotics and Mechatronics（JRM），2018，30（4）：598-612.

[20] CHEN L C，PAPANDREOU G，KOKKINOS I，et al. DeepLab：Semantic image segmentation with deep convolutional nets，atrous convolution，and fully connected CRFs[C]//June 2016. HATA，Wolf D，Road marking detection using lidar reflective intensity data and its application to vehicle localization. in 17th International Conference on Intelligent Transportation Systems（ITSC）. IEEE，2014：584-589.

[21] 柳俊城. 全向移动机器人自主导航技术研究[D]. 广州：华南理工大学，2019.

[22] SUHR J K，JANG J，MIN D，et al. Sensor fusion-based low-cost vehicle localization system for complex urban environments[J]. IEEE Transactions on Intelligent Transportation Systems，2017，18（5）：1078-1086.

[23] 郑道岭. 基于多传感器的移动机器人地图构建方法研究[D]. 南宁：广西大学，2018.

[24] 洪少辉. 基于局部二维图的动态视觉避障研究[D]. 厦门：厦门大学，2018.

[25] 刘晓楠. 基于三维激光雷达的越野环境无人车局部地图重建及道路边界提取研究[D]. 北京：北京理工大学，2016.

[26] 陈白帆. 动态环境下移动机器人同时定位与建图研究[D]. 南京：中南大学，2009.

[27] 邓泽平. 车辆健康管理数据获取平台关键技术研究[D]. 太原：中北大学，2019.

[28] 连光耀，吕晓明，黄考利，等. 基于 PHM 的电子装备故障预测系统实现关键技术研究[J]. 计算机测量与控制，2010（9）：1959-1961.

[29] 卢玉传，江磊，赵洪雷. 地面无人车辆故障预测与健康管理系统研究[J]. 兵工学报，2014（s1）：68-73.

[30] 赵丹丹. 无人驾驶智能车远程监控系统——基于 GPRS 无线网络通信[D]. 西安：西安工业大学，2014.

[31] 车满强，李树斌，葛金鹏.卷积通道裁剪与加权融合的精定位视觉跟踪[J]. 激光与光电子学进展，2020，57，675（16）：332-339.

[32] 廖国鹏，陈民广，褚俊贤. 无人车差速底盘控制方法研究[J]. 科学与技术，2020.

[33] WANG Q，ZHANG L，BERTINETTO L，et al. Fast online object tracking and segmentation：a unifying approach[C]//2019 IEEE/CVF Conference on Computer Vision and Pattern Recognition（CVPR）. Long Beach，CA，USA，2019：1328-1338.

[34] BHAT G，DANELLJAN M，GOOL L V，et al. Learning discriminative model prediction for tracking[C]//2019 IEEE/CVF International Conference on Computer Vision（ICCV）. Seoul，Korea（South），2019：6181-6190.

[35] 车满强，李树斌，葛金鹏. 多模型融合的孪生网络视觉跟踪[J]. 激光与光电子学进展，2021，58（4）：41-50.

[36] 吴畏，赵川. 基于语义的自然语言理解研究[J]. 数字通信，2014，41（4）：32-34.

[37] 杨星. 分布式协同作战任务规划技术研究与应用[D]. 哈尔滨：哈尔滨工程大学，2018.

[38] 李相民，颜骥，刘波，等. 多智能体协同任务分配问题研究综述[J]. 计算机与数字工程，2014（12）：2443-2450.

[39] 胡雄超. 集中式多类型无人机编队任务分配方法研究[D]. 西安：西安电子科技大学，2013.

[40] 姜荣凯. 无人机分布式任务规划技术研究[D]. 南京：南京航空航天大学，2008.

[41] 林晨. 面向无人机集群任务分配的分布式算法研究[D]. 成都：电子科技大学，2019.

[42] 梁艳春，吴春国，时小虎，等. 群智能优化算法理论与应用[M]. 北京：科学出版社，2009.

[43] MICHELE L ATKINSON. Contract Nets for Control of Distributed Agents in Unmanned Air Vehicles[C]//2nd AIAA "Unmanned Uvlimited" Conf. and Workshop & Exhibit. 2003.

[44] 李炜，张伟. 基于粒子群算法的多无人机任务分配方法[J].控制与决策，2010，25（9）：1359-1363.

[45] DIAS M B，STENTZ A. A free market architecture for distributed control of a multirobot system[C]//Conference on Intelligent Autonomous Systems，Venice，2000：115-122.

[46] DIAS M B，ZLOT R M，KALRA N，et al. Market-Based Multi-robot Coordination：A survey and analysis[J]. Proceedings of the IEEE，2006，94（7）：1257-1270.

[47] SUJIT P B，SINHA A，GHOSE D. Multiple UAV task allocation using negotiation[C]//5th International Joint Conference on Autonomous Agents and Multi Agent Systems（AAMAS 2006），Hakodate，Hokkaido，Japan，May 8-12，2006ACM，2006：471.

[48] 宋育武，贾林通，李娟，等. 异构型无人机群体并行任务分配算法[J]. 科学技术与工程，2020，20（4）：1492-1497.

[49] 赵宜鹏，孟磊，彭承靖. 遗传算法原理与发展方向综述[J]. 黑龙江科技信息，2010（13）：79-80.

[50] 赵敏. 分布式多类型无人机协同任务分配研究及仿真[D]. 南京：南京理工大学，2009.

[51] 丁明跃，郑昌文，周成平，等. 无人飞行器航迹规划[M]. 北京：电子工业出版社，2009.

[52] 张梦颖，王蒙一，王晓东，等. 基于改进合同网的无人机群协同实时任务分配问题研究[J]. 航空兵器，2019，26（4）：38-46.

[53] 许可，宫华，秦新立，等. 基于分布式拍卖算法的多无人机分组任务分配[J]. 信息与控制，2018，47（3）：341-346.

[54] 吴俊成，周锐，冉华明，等. 遗传算法和拍卖算法在任务分配中的性能比较[J]. 电光与控制，2016，23（2）：11-15.

[55] 刘建花. K-means 聚类算法的改进与应用[J]. 太原师范学院学报（自然科学版），2020，19（1）：81-83.

[56] 曹雷，谭何顺，彭辉，等. 一种多 UAV 混合动态任务分配方法[J]. 南京理工大学学报，2015，39（2）：206-214.

[57] 竺殊荣. 动态环境下多无人机协同任务规划方法[D]. 南京：南京邮电大学，2019.

[58] 欧阳子路，王洪东，黄一，等. 基于改进 RRT 算法的无人艇编队路径规划技术[J]. 中国舰船研究，2020（3）：18-24.

[59] 李文超. 移动机器人环境建模与路径规划方法研究[D]. 邯郸：河北工程大学，2019.

[60] 彭艳，鲍凌志，瞿栋，等. Multi-Bug 全局路径规划算法研究[J]. 农业机械学报 2020，51（6）：382-391.

[61] 景旭蕊. 用于自动驾驶系统的路径规划技术研究[D]. 北京：中国科学院大学，2019.

[62] 李文涛. 全向 AGV 运动控制及路径规划研究[D]. 西安：西安科技大学，2019.

[63] 徐坤. 基于改进蚁群算法的小区快递配送路径规划研究[D]. 乌鲁木齐：新疆大学，2019.

[64] 夏雨. 林业监测无人机林冠下路径规划方法研究[D]. 北京：北京林业大学，2019.

[65] 卢正勇. SDN 智能多路径规划技术研究[D]. 杭州：浙江工商大学，2019.

[66] 李树斌，葛金鹏，等，无人机集群智能化协同跟踪控制技术[C]//2020 年度 C4ISR 技术论坛论文集，2020.

[67] 指尖点兵. MQ-9“死神”无人机地面控制站内部照片曝光 配备 12 台显示屏[EB/OL]. 中国军网，[2019-12-13]. http：//photo.81.cn/bqtk/2019-12/13content_9695543.htm.

[68] 铁翼苍穹. 乌克兰军工推出新装甲指挥车：配备无人机和战斗系统，能力很强[EB/OL]. 大咖号，[2019-04-17]. http：//www.dakahao.cn/new/131039.

[69] Military Talck Tec 美军班任务无人车设计经验总结[EB/OL]. 知远外军后勤，[2019-11-21]. https：//Mp.weixin.qq.com/s?_biz：M：U4Mig3ODg2MQ = = &mid = 22474843528&idx = 18sn = 3a7.

[70] 利用布雷森汉姆算法绘制在 YUV 图像上画直线，feixuedudiao，2013 年 6 月，https：//it610.com/article/4109596.html.

[71] 通过 de Casteljau 算法绘制贝塞尔曲线，并计算它的切线，实现 1-7 阶贝塞尔曲线的形成动画，Wei_Leng，2016 年 11 月，https：//blog.csdn.net/u014608640/article/details/53063800.

[72] 尹浩. 无人作战系统的通信问题[J]. 中国指挥与控制协同，2018.

[73] 伦一. 自动驾驶产业发展现状及趋势[J]. 电信网技术，2017（6）：40-43.

[74] 刘川，陈金鹰，朱正模，等. 5G 对无人驾驶汽车的影响分析[J]. 通信与信息技术，2017（3）：43-44.

[75] 孙宇，崔娜. 5G 让自动驾驶成为现实[J]. 信息与电脑（理论版），2019（2）：183-184.

[76] 曹学军、刘艳丽，等. 无线电通信设备原理及系统应用[M]. 北京：机械工业出版社，2007.

[77] 葛金鹏. 2020. 有/无人协同作战网络技术研究[C]//2020 年度 C^4ISR 技术论坛论文集.

[78] SHORTEN C，KHOSHGOGTAAR，T M. A Survey on Image Data Augmentation for Deep Learning[J]. Journal of Big Data. 2019，6（1）.

[79] BOCHKOVSKIY A，WANG C Y，LIAO H. YOLOv4：Optimal Speed and Accuracy of Object Detection[J]. 2020.

[80] HAO X, ZHANG G, MA S. Deep Learning[J]. International Journal of Semantic Computing, 2016, 10（3）：417-439.

[81] SYLVESTRE-ALVISE REBUFFI，KOLESNIKOV，GEORG SPERL，et al Lampert，iCaRL：Incremental Classifier and Representation Learning，CVPR，2017.

[82] 宋闯，赵佳佳，王康，等. 面向智能感知的小样本学习研究综述[J]. 航空学报，2020，41（S1）：15-28.

[83] 聂金龙. 基于度量学习的小样本学习研究[M]. 大连：大连理工大学，2019.

[84] TIMOTHY HOSPEDALES，ANTREAS ANTONIOU，PAUL MICAELLI，et al. Meta-Learning in Neural Networks：A survey[J]. IEEE Transactions on Pattern Analysis and Machin a Intelligence，2021.

[85] F ALET，M F SCHNEIDER，et al. Meta-Learning Curiosity Algorithms. ICLR，2020.

[86] BOJARSKI，MARIUSZ，PHILIP YERES，et al. Explaining how a deep neural network trained with end-to-end learning steers a car[J]. arXiv，2017.

[87] WEISS K，KHOSHGOFTAAR T M，WANG D. A survey of transfer learning[J]. Journal of Big Data，2016，3（1）：9.

[88] 汪云云. 基于部分知识的迁移学习方法研究[M]. 南京：南京邮电大学，2019.

[89] HUANG J, SMOLA A, GRETTON A, et al. Correcting sample selection bias by unlabeled data[C]. Proceedings of the 2006 International Conference on Neural Information Processing Systems, 2006: 601-608.

[90] JIANG J, ZHAI C. Instance weighting for domain adaptation in NLP[C]. Proceedings of the 45th annual meeting of the association of computational linguistics, 2007: 264-271.

[91] PAN S J, KWOK J T, YANG Q. Transfer learning via dimensionality reduction[C]. Proceedings of the 23rd national conference on artificial intelligence, 2008, 2: 677-682.

[92] TIMOTHY HOSPEDALES, ANTREAS ANTONIOU, PAUL MICAELLI, et al. Meta-Learning in Neural Networks: A survey. arXiv: 2004.05439. 2020.